Günter Meyer · Rißbreitenbeschränkung nach DIN 1045

Günter Meyer

Rißbreiten-beschränkung

nach DIN 1045

Diagramme
zur direkten Bemessung

Beton-Verlag

Die Deutsche Bibliothek – CIP-Einheitsaufnahme

Meyer, Günter:
Rißbreitenbeschränkung nach DIN 1045: Diagramme zur
direkten Bemessung / Günter Meyer. – 2. Auflage –
Düsseldorf: Beton-Verlag, 1994

ISBN 3-7640-0326-X

© by Beton-Verlag GmbH, Düsseldorf, 1989
2., überarbeitete Auflage, 1994
Satz/Druck/Verarbeitung: Boss-Druck, Kleve

Inhalt

5

Einführung

Die Neuherausgabe von DIN 1045, Juli 1988, hat erhebliche Diskussionen, vor allem über die Höhe der Mindestbewehrung, hervorgerufen. Durch die spätere Herausgabe des Heftes 400 DAfStb wurden wichtige Hinweise zu DIN 1045, 17.6.2 und 17.6.3, gegeben. Die genaueren Nachweise nach Heft 400 sind zwar sehr rechenaufwendig, es ergeben sich jedoch nicht unbedeutende Bewehrungseinsparungen.

Im vorliegenden Buch kann die Mindestbewehrung nach Heft 400 und nach Euro-Code 2 für alle Bauteildicken, Rißbreiten, Betondeckungen, altersabhängigen Betonzugfestigkeiten, sowie für alle Durchmesser aus Diagrammen direkt ohne Rechenarbeit abgelesen werden. Die sich ergebenden Stababstände und Stahlspannungen können schnell abgeschätzt werden.

Besonderer Raum wurde dem wichtigen Lastfall „Zwang aus Hydratationswärme" gewidmet. Die „abliegenden" Bauteile wie der Euro-Code 2 (EC 2) sind ebenfalls erfaßt. Auch für die Rißbreitenbeschränkung infolge Last gemäß DIN 1045, 17.6.3, sind einfach zu handhabende Diagramme aufgestellt worden.

Es wird ausdrücklich darauf hingewiesen, daß in diesem Buch keine neue Rißtheorie vermittelt wird. Sämtliche Grundlagen beruhen auf DIN 1045 bzw. Heft 400 des DAfStb.

Der Zweck dieses Buches ist, dem Ingenieur einfache Diagramme an die Hand zu geben, die ihm Rechenarbeit ersparen und dadurch Zeit zum Konstruieren geben. Da in jedem Diagramm auf einen Blick alle Bauteildicken und Bewehrungsdurchmesser zu erfassen sind, lassen sich vor allem optimale Lösungen finden.

In DIN 1045 sind keine Möglichkeiten gegeben, die zur Einhaltung kleinerer Rißbreiten notwendige Bewehrung, z. B. für wasserundurchlässige Bauwerke, zu ermitteln. In diesem Buch sind dagegen Diagramme bis $W_{cal} = 0,1$ mm vorhanden. Die einzuhaltenden Rißbreiten bei WU-Konstruktionen sind [4] zu entnehmen.

In den nachfolgenden Ausführungen könnte leicht der Eindruck entstehen, daß der Abstand und die Breite von Rissen mechanisch und mathematisch exakt bestimmbar sind. Es muß jedoch darauf hingewiesen werden, daß dies aufgrund der komplexen Materialeigenschaften, schon allein wegen der großen Streuung der Betonzugfestigkeit bei gleicher angestrebter Druckfestigkeit, nicht möglich ist [1].

Die mathematische Lösung kann immer nur mit einem bestimmten Fraktilwert die Bauwerksergebnisse abdecken. Werden jedoch qualitative Unterschiede in Form kleinerer Rißbreiten, wie z. B. bei wasserundurchlässigen Bauwerken, angestrebt, so sollten diese gleichwohl nach derselben mathematischen Lösung gefunden werden, wohlwissend, daß auch dabei nur mit einem bestimmten Fraktilwert die wirklichen Ergebnisse abgedeckt sind.

Besonderer Dank gilt meinem Sohn Ralf, der durch das Aufstellen des Plott- und Rechenprogramms die Anfertigung der umfassenden zahlreichen Diagramme in kurzer Zeit ermöglichte – vor allem deshalb, weil die Ergebnisse druckreif geplottet wurden.

Meinem Kollegen Herrn Dipl.-Ing. Greite gebührt Dank für die zahlreichen Kontrollrechnungen, ebenso meinen Mitarbeitern, den Herren Ralf Melzer und Detlev Hasse, die unter Aufopferung mancher Wochenenden für die Darstellung der Bilder gesorgt haben.

Dem Verlag gebührt Dank für das Eingehen auf vielfältige Wünsche, vor allem, was die Anzahl der Diagramme betrifft.

Daß das Buch geschrieben wurde, ist dem über 30jährigen Ärger zuzurechnen, den ich mit den Rissen, vor allem als Unternehmer-Ingenieur, zu ertragen hatte.

Es ist unverständlich, daß die physikalische Notwendigkeit des Risses, der in der statischen Berechnung nach Zustand 2 vorausgesetzt wird, von einigen Bauherren immer noch als vertraglicher Mangel betrachtet wird.

Überall freut man sich, wenn das Gerechnete als Ergebnis am Objekt bestätigt wird. Wird der nach Zustand 2 rechnerisch vorausgesetzte Riß am Bauwerk gefunden, betrachten ihn Bauherren, Architekten und mitunter auch „rechnende" Ingenieure als Ausführungs- oder Konstruktionsfehler.

Wenn jeder Riß ein Mangel ist, wäre der Stahlbetonbau von Anbeginn eine mangelhafte Bauweise gewesen und hätte durch keine Norm geregelt werden dürfen.

Deshalb sind die Forschungsergebnisse der letzten Jahre, die den Beweis geliefert haben, daß Risse unter einer bestimmten Breite keine Gefährdung der Dauerhaftigkeit darstellen, von allergrößter Wichtigkeit.

Die zahlreichen Diskussionen innerhalb und außerhalb von Arbeitskreis und Unterausschuß, vor allem mit den Herren Dipl.-Ing. Holz, Prof. König, Dr. Litzner und Prof. Schießl, haben mir wichtige Anregungen gegeben.

Günter Meyer

Altenau (Harz), im Oktober 1989

Vorwort zur 2. Auflage

Viele Benutzer des Buches haben den Wunsch geäußert, das Tabellenwerk und die Erläuterungen durch einige Beispiele zu ergänzen. Darauf konnte aus folgenden Gründen weitgehend verzichtet werden.

Kurz nach Erscheinen der 1. Auflage dieses Buches mußte aufgrund der geänderten DIN 1045 das Buch [10] „Beispiele zur Bemessung nach DIN 1045" überarbeitet werden. Diese in der überarbeiteten Fassung aus 20 Beispielen bestehende Sammlung wird vom Deutschen Beton-Verein herausgegeben. In jedem Beispiel wird der Rechengang zur Konstruktion von der Lastannahme bis zur Bewehrungszeichnung dargelegt. Als Mitglied des „Hauptausschusses Technisch-Konstruktive Fragen" des DBV habe ich in diesem Buch das Kapitel Rißbreitenbeschränkung nach DIN 1045, 17.6.2 und 17.6.3, mit bearbeitet.

In den meisten Fällen sind verschiedene Rechnungen zum Vergleich aufgezeigt. Da es kaum eine bessere Ergänzung zum vorliegenden Buch geben kann, wird die Beispielsammlung zur ergänzenden Studie empfohlen, insbesondere das

Beispiel 3: Vollplatte mit großer Dicke   Seiten 30/31
Beispiel 6: Zweifeldriger Durchlaufbalken Seiten 69/70
Beispiel 7: Fundamentbalken   Seiten 84/85
Beispiel 11: Wandartiger Träger   Seiten 134/135
Beispiel 15: Rahmenecke   Seiten 174/175

Darüber hinaus wurde in die hier vorliegende 2. Auflage der „Rißbreitenbeschränkung" ein Kapitel 4 mit Beispielen aufgenommen, die vor allem zeigen, wie durch falsche Auslegung der DIN 1045 [2] bzw. von Heft 400 des DAfStb [1] „Stahlbegräbnisse" geschaffen werden.

Meist wird dabei die Mindestbewehrung nach Tabelle 14 mit $k_{z,t} = 1,0$ ermittelt, obwohl aufgrund konstruktiver Maßnahmen wie Sollrißfugen, Vermeidung von Zwang usw. die volle Rißschnittgröße nach obiger Ermittlung gar nicht auftreten kann.

Es wird nachgewiesen, daß im Extremfall 10% der nach obiger Berechnung ausgewiesenen Bewehrung reichen. Dabei werden nur die Möglichkeiten genutzt, die die DIN 1045 [2] bzw. das Heft 400 [1] bietet.

Günter Meyer

Hildesheim, im Juni 1994

1 Bewehrung zur Rißbreitenbeschränkung unter Zwang

1.1 Allgemeines

Die meisten Risse, über die man sich am Bau zu ärgern hat, entstehen aus Zwang, insbesondere aus zentrischem Zwang infolge abfließender Hydratationswärme. Die Risse entstehen dabei schon ein bis drei Tage nach dem Betonieren. Selbst wenn sie erst nach Wochen auftreten, haben sie oft ihren Ursprung in der „Gefügestörung" des Betons infolge des Hydratationswärmezwanges und werden unter Umständen erst sichtbar bei einer geringen äußeren Belastung oder gegebenenfalls auch weiterem Zwang.

Parallel zum Hydratationswärmezwang treten fast immer noch Zwänge aus Differenzschwinden auf. Das Schwinden läuft jedoch zeitlich viel später ab, erzeugt einige zusätzliche Risse und vergrößert die vorhandenen ein wenig. Dies braucht in der Regel nicht weiter verfolgt zu werden.

Wenn ein Querschnitt unter Zwang aufreißt, muß eine *Mindestbewehrung* unkontrollierte Rißbreiten vermeiden. In keinem Fall kann durch eine noch so große Bewehrung der Riß vermieden werden. Das wird schon deutlich, wenn man allein den Lastfall „Hydratationswärmezwang" betrachtet. Gemäß Bild 1 entsteht in der Wand, weil sie auf dem vorweg betonierten Fundament erstellt wurde, eine verhinderte Dehnung. Sie kann sich infolge Hydratationswärmeabnahme nicht zusammenziehen. In der Regel beträgt der Temperaturunterschied Δt bei normalen Konstruktionen während des Erhärtens des Betons zwischen Wand und Fundament ungefähr 20° C. Ist das Fundament mit oder ohne dem untergelagerten Boden im Verhältnis zur Wand unendlich steif, ergibt sich für die Wand eine verhinderte Zwangverformung von $\varepsilon_{b_w} = 0,2‰$. Die Betonzugbruchdehnung von max. 0,1 bis 0,15‰ – sie ist zu keinem Zeitpunkt größer – wird also bei weitem überschritten. Das heißt, der Beton muß reißen, auch

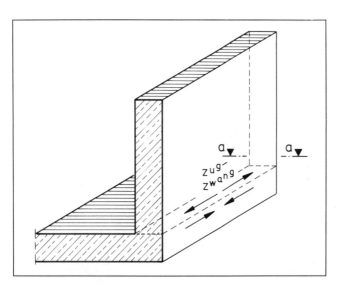

Bild 1: Zentrischer Zwang aus Hydratationswärme in einer Wand, die auf einem vorweg hergestellten Fundament betoniert wurde.

wenn das Fundament wesentlich weicher wird als oben angenommen. Wobei zu berücksichtigen ist, daß das Fundament beim Auftreten des Risses aufgrund seines höheren Alters einen wesentlich größeren E-Modul hat als die junge Wand.

Die Dehnung der Bewehrung liegt im üblichen Stahlspannungsbereich bei ungefähr 1,0‰. Sie ist damit sechs- bis zehnfach größer als die Betonzugbruchdehnung. Es wird deutlich, daß die Bewehrung den Riß nicht verhindern kann. Zu der verhinderten Hydratationswärmedehnung kommen noch Dehnungen aus Differenzschwinden und gegebenenfalls später noch Dehnungen aus schnellerer Außentemperaturabnahme der Wand gegenüber dem Fundament hinzu.

Durch betontechnologische Maßnahmen oder durch Nachbehandlung lassen sich die verhinderten Dehnungen aus Hydratation und Schwinden verringern, jedoch nicht unter die Zugbruchdehnung bringen. Wie wir in den nachfolgenden Ausführungen feststellen werden, bringt die Verbesserung des Betons eine höhere Betonzugfestigkeit, damit eine größere Rißlast beim Auftreten des Risses und folgerichtig etwas mehr an Bewehrung (siehe Abschnitt 1.3.1):

$$A_{S_2} = A_{S_1} \cdot \sqrt{\frac{\beta_{bZw_2}}{\beta_{bZw_1}}}$$

Da mit Rücksicht auf die Dauerhaftigkeit unter anderem die Güte der Betondeckungsschicht von entscheidender Bedeutung ist, darf die größere Rißlast nicht von einer optimalen Betontechnologie und Nachbehandlung abhalten. Die Möglichkeit der Kühlung des Betons während des Abbindens bleibt schon aus Kostengründen ein Sonderfall des Massenbetonbaus.

Die Zugbruchdehnung in einer Wand wird unter Umständen dann nicht erreicht, wenn das Fundament einschließlich der Bodensteifigkeit sehr weich ist. Nach [5] wurden auf Straßen-Trogbaustellen (Weiße Wanne) 9,0 m hohe Wände und 20,0 m breite Sohlen bis zu 35,0 m fugenlos in einem Arbeitsgang betoniert. Damit wurden Zwängungen aus Hydratationswärme und Differenzschwinden vermieden. Es traten keine Trennrisse auf. Werden in den Wänden Fugen angeordnet, entstehen zwischen den Fugen Scheiben, deren Ränder sich verkrümmen. Dadurch wird der Zwang abgebaut. Hat die Scheibe die Abmessungen etwa H/L ≤ 1, kann in der Regel davon ausgegangen werden, daß die Rißschnittgröße nicht mehr erreicht wird. Bei sehr hohen Scheiben sollte aber L maximal ≤ 8,0 m betragen. Bei niedrigeren Wänden muß der Fugen- bzw. Sollrißfugenabstand nicht kleiner als 4,50 m sein (vgl. [4]).

In solchen Fällen, bei denen erfahrungsgemäß die Rißschnittgröße nicht erreicht wird, erlaubt [1] es grundsätzlich, weniger als die Mindestbewehrung einzulegen. Hierauf wird später noch eingegangen (siehe Abschnitt 1.4). Die Mindestbewehrung nach der zur Zeit gültigen ZTV-K, zum Beispiel für Widerlager, reicht aus, wenn entsprechende Raum- oder Sollrißfugen ausgebildet werden.

Die Betontechnologie bestimmt in erster Näherung die Summe der Rißbreiten auf einem Wandstück. Die Rißbreite und damit die Anzahl der einzelnen Risse wird durch die Bewehrung beeinflußt.

Zum Beispiel wird die Summe der Rißbreiten aus Hydratationswärmezwang für eine 10 m lange Wand unter Abzug der Zugbruchdehnung (totale Behinderung vorausgesetzt):

$$\Sigma W = [0,2 - 0,15 \text{ bis } 0,1] \cdot 10 = 0,5 \text{ bis } 1,0 \text{ mm}$$

Bei zu geringer Bewehrung kann dieser Wert in einem einzigen Riß auftreten. Bei ausreichender Bewehrung verteilt sich ΣW auf mehrere kleinere Risse, das heißt, durch die Größe der Bewehrung kann die Breite und Anzahl der Risse gesteuert werden.

Bei Zwang ist die geometrische Verträglichkeit in aller Regel erfüllt, wenn sich einige wenige Risse eingestellt haben. Damit braucht die Bemessung nur für die Rißschnittgröße entsprechend der Erstrißbildung durchgeführt zu werden.

1.2 Ableitung der Formeln

Die zunächst für den Rechteckquerschnitt abgeleiteten Formeln gelten näherungsweise auch für den Plattenbalken. Nach [1] wird für Rippenstahl und Dauerlast: die Verbundstörlänge nach Gleichung (5) aus [1]

$$a_m = 50 + 0,25 \cdot k_2 \cdot k_3 \cdot \frac{d_s}{\mu_{z_w}}$$

die mittlere Stahldehnung innerhalb der Verbundstörlänge bei $\sigma_s = \sigma_{s_R}$ nach Gleichung (11) aus [1]

$$\varepsilon_{s_m} = 0,5 \cdot \frac{\sigma_s}{E_s}$$

die Rißbreite

$$w_m = a_m \cdot \varepsilon_{s_m};$$

$$w_{cal} = k_4 \cdot a_m \cdot \varepsilon_{s_m} \text{ nach Gleichung (4) aus [1]}$$

$$w_{cal} = k_4 \left(50 + 0,25 \cdot k_2^* k_3 \cdot \frac{d_s}{\mu_{z_w}}\right) \cdot 0,5 \cdot \frac{\sigma_s}{E_s}$$

nach Gleichung (29) aus [1]

die Höhe der wirksamen Betonzugzone

$$h_w = 2,5 \cdot (d - h) \le \frac{d - x}{3}$$

für Biegung nach Gleichung (8) aus [1]

$$h_w = 2,5 \cdot (d - h) \le \frac{d}{2} \text{ für Zug.}$$

In Gleichung (29) wird bei Zwang k_2 zu k_2^*, weil sich die Eigenspannungen auf die Betonzugfestigkeit, nicht aber auf die Verbundeigenschaften auswirken.

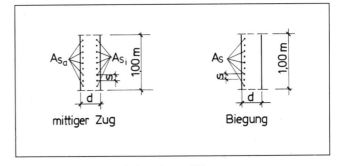

Bild 2: Bewehrung für mittigen Zug und Biegung

$$k_2^* = \frac{k_E \cdot k_{z,t} \cdot \beta_{bZ_m}}{k_{z,t} \cdot \tau_m} \rightarrow \frac{\beta_{bZ_m}}{\tau_m} = k_2$$

$k_2^* = k_E \cdot k_2$ nach Gleichung (28) aus [1].

Bei Zwang muß für die Rißschnittgröße bemessen werden. Für jeden Betonquerschnitt gibt es für ein bestimmtes $\beta_{bZw,t}$ nur eine Riß- und damit nur eine Bemessungsschnittgröße.

Die Gleichung (9) kann deshalb direkt nach $A_{S_{erf}}$ aufgelöst werden.

Für zentrischen Zug infolge Zwang folgt (Bild 2):

$$A_{si} = A_{sa} = \frac{1}{2 \cdot E_s \cdot W_{cal}} \cdot (12,5 \cdot k_4 \cdot \beta_{bZw} \cdot b \cdot d + \qquad \text{(I)}$$
$$+ \sqrt{\begin{array}{l}(12,5 \cdot k_4 \cdot \beta_{bZw} \cdot b \cdot d)^2 + \\ (+0,2 \cdot k_4 \cdot E_s \cdot W_{cal} \cdot k_E \cdot d_s \cdot A_{b,ef} \cdot d \cdot b \cdot \beta_{bZw})\end{array}}$$

Für Biegung infolge Zwang (Bild 2):

$$A_s = \frac{1}{2 \cdot E_s \cdot W_{cal}} \cdot (5,0 \cdot k_4 \cdot \beta_{bZw} \cdot b \cdot d + \qquad \text{(II)}$$
$$+ \sqrt{\begin{array}{l}(5,0 \cdot k_4 \cdot \beta_{bzw} \cdot b \cdot d)^2 + \\ (+0,04 \cdot k_4 \cdot E_s \cdot W_{cal} \cdot k_E \cdot d_s \cdot A_{b,ef} \cdot d \cdot b \cdot \beta_{bZw})\end{array}}$$

Dimensionen: [N], [mm], [mm²], [N/mm²]

Der Faktor 12,5 in Gleichung (I) bzw. 5,0 in Gleichung (II) ergibt sich aus der totalen Verbundstörung von 50 mm in Gleichung (5) und ist damit dimensionsbehaftet.

Durch die Gleichungen (I) und (II) ist es möglich, die bei Zwang erforderliche Bewehrung in Abhängigkeit von der Konstruktionsdicke als geschlossene Lösung in Diagrammen darzustellen. Parameter sind die Betonzugfestigkeit, die Betondeckung sowie die Rißbreite und der Stabdurchmesser.

Für $d_s = 16$ mm und $W_{cal} = 0,25$ mm ist in Bild 3 ohne Rücksicht auf Stababstände aus Vergleichsgründen $A_{S_{erf}}$ für alle Wandstärken dargestellt, und zwar nach

○ DIN 1045, Tabelle 14 [2]
○ Heft 400 [1]
○ EC 2 [6]
○ Verfahren nach Noakowski

Tabelle 14 (DIN 1045) erfordert im Mittel ungefähr 30% mehr an Bewehrung als die „genauere" Lösung nach Heft 400 (Bild 4). Diese Tabelle erfaßt Zug und Biegung

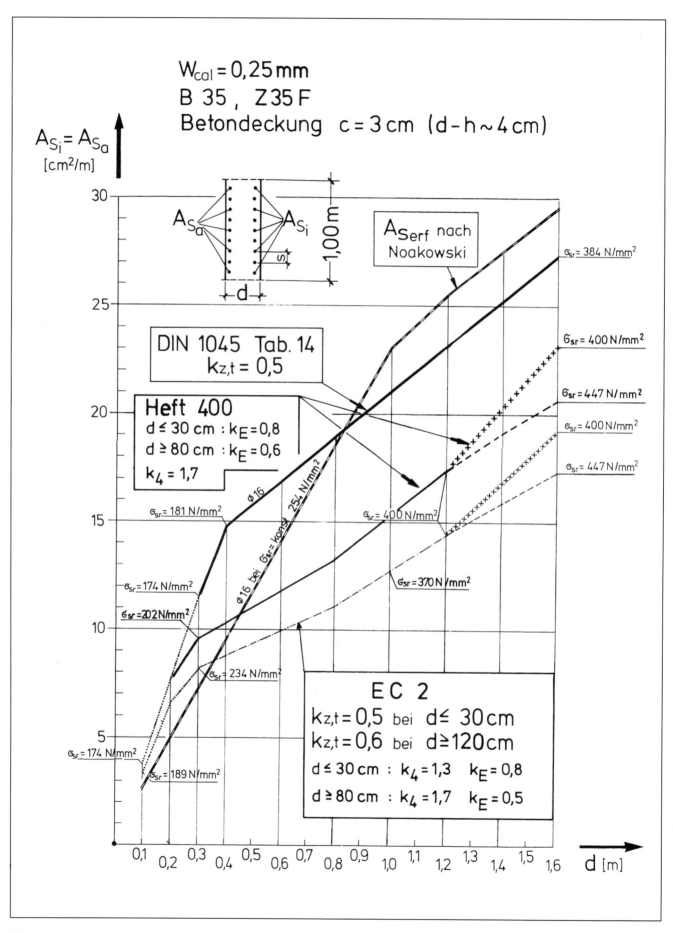

Bild 3: Zentrischer Zug infolge Zwang aus Hydratation

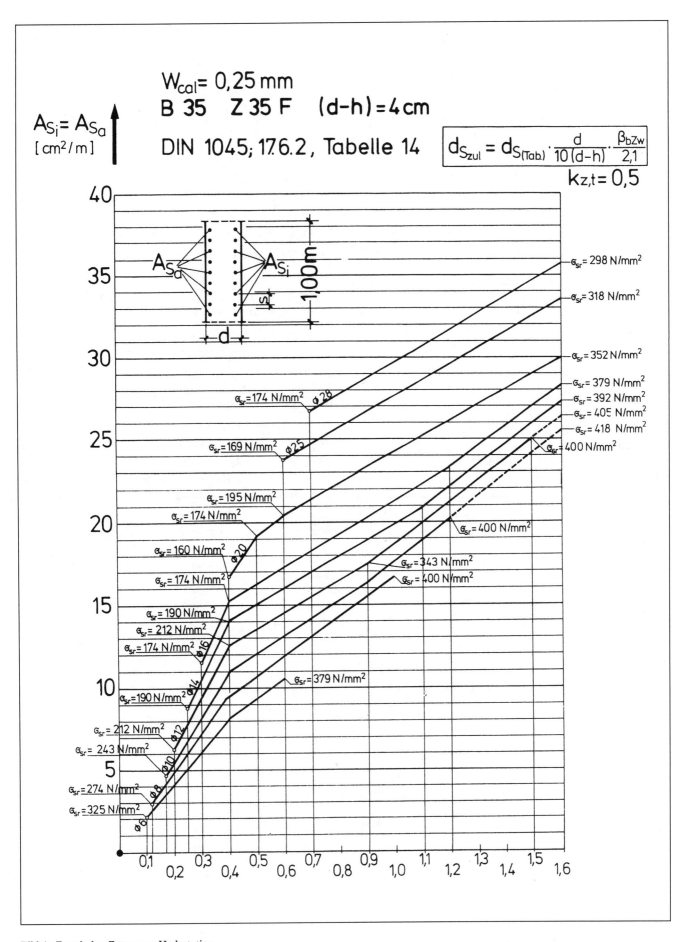

Bild 4: Zentrischer Zwang aus Hydratation

infolge Last und Zwang. Von der Näherungslösung nach DIN 1045, die ungünstigste Ergebnisse mit einzugrenzen hat, kann daher für einen Spezialfall, wie hier den mittigen Zug infolge Zwang, keine größere Genauigkeit erwartet werden. Deshalb lohnen sich für Zwang immer die nach [2] und [1] erlaubten genaueren Nachweise.

Auf die Kurven nach EC 2 soll später eingegangen werden.

Das Verfahren nach Noakowski berücksichtigt nicht die allgemein anerkannte Tatsache der Wirkungszone der Bewehrung. Es führt daher bei größeren Bauteildicken zu allzu hohen Bewehrungen und ist für diese Bereiche ungeeignet.

Den folgerichtigen Verlauf des erforderlichen Bewehrungsgrades μ in Abhängigkeit von der Bauteildicke d zeigt Bild 5.

Wenn bei Noakowski über alle Bauteildicken die gleiche Betonzugfestigkeit angesetzt würde, ergäbe sich für alle Dicken d ein konstanter Bewehrungsgrad μ. Das deckt sich nicht mit den heutigen Erkenntnissen.

1.3 Erläuterungen zu den Diagrammen

1.3.1 Umrechnungen

Grundsätzlich kann zwischen allen Werten der Diagramme linear inter- und extrapoliert werden. Das gilt für die Konstruktionsdicken [d], die Rißbreiten [W_{cal}] sowie für den Zeitbeiwert [$k_{z,t}$], die Betonzugfestigkeit [β_{bZw}] und die Betondeckung [c].

Von einem zunächst ermittelten Ergebnis ① kann auch unmittelbar auf ein neues Ergebnis ② infolge geänderter Ausgangswerte umgerechnet werden:

$$A_{S_{2erf}} = A_{S_1} \cdot \sqrt{\frac{\beta_{bZw_2}}{\beta_{bZw_1}}}$$

$$= A_{S_1} \cdot \sqrt{\frac{d_2}{d_1}}$$

$$= A_{S_1} \cdot \sqrt{\frac{W_{cal_1}}{W_{cal_2}}}$$

$$= A_{S_1} \cdot \sqrt{\frac{k_{4_2}}{k_{4_1}}}$$

Voraussetzung ist, daß der Stabdurchmesser nicht geändert wird.

Wird der Stabdurchmesser geändert, wird:

$$A_{S_2} = A_{S_1} \cdot \sqrt{\frac{\varnothing_2}{\varnothing_1}}$$

Selbst bei der Änderung der Betondeckung c wird, wenn $(d - h)$ ungefähr $(c + 1)$ ist, genügend genau:

$$A_{S_2} = A_{S_1} \cdot \sqrt{\frac{c_2 + 1}{c_1 + 1}}$$

Die Näherung ist mathematisch genau genug, da sich eine Erhöhung der Bewehrung linear auf ε_{S_m} (11) und fast linear auf a_m (5) auswirkt.

Da die Rißbreite das Produkt aus ε_{S_m} und a_m ist, wirkt sich eine Veränderung von A_S quadratisch aus.

Wenn der veränderte Wert doppelt so groß wird wie die Ausgangsgröße, beträgt der Fehler – je nachdem, ob es sich um d, $k_{z,t}$, β_{bZm} oder W_{cal} handelt – 5 bis 10%.

Die Abweichung wird auf 2 bis 5% reduziert, wenn sich ein Wert nur um das 1,5fache ändert. Bei der in der Einleitung

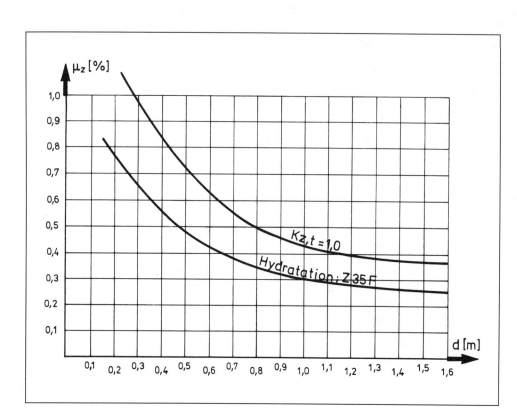

Bild 5: Erforderlicher Bewehrungsgrad bei mittigem Zwang für $\varnothing$ 16: W_{cal} = 0,25 mm; Betondeckung c = 3,0 cm; B 35; Heft 400

erwähnten Unzulänglichkeit ist es völlig ohne Bedeutung, ob 10,0 oder 10,8 cm² Bewehrung eingelegt werden.

Bei Veränderung des k_E-Wertes (Berücksichtigung der Eigenspannungen) wird $A_{S_{erf}}$ linear kleiner bzw. größer:

$$A_{S_{2erf}} = A_{S_1} \cdot \frac{k_{E_2}}{k_{E_1}}$$

Der Grund dafür ist, daß sich k_E auf die Betonzugfestigkeit β_{bZw} und auf die Verbundstörlänge a_m über k_2^* auswirkt. Wenn vorweg in β_{bZw} der k_E-Wert berücksichtigt wurde, wird der Umrechnungsfaktor zu $\sqrt{\dfrac{k_{E_2}}{k_{E_1}}}$.

1.3.2 Ausnutzbare Stahlspannungen

Nach [1] sind die Stahlspannungen $\sigma_s \leq 0,8\,\beta_s$ zu begrenzen. Überall dort, wo nur Zwang auftritt – also da, wo sich zum Zwang keine Last einstellt und damit kein Standsicherheitsproblem vorhanden ist – darf die Stahlspannung bis zur Streckgrenze ausgenutzt werden:

$$\sigma_s \leq \beta_s$$

Beim häufigen Fall des Hydratationswärmezwanges in einer Wand (Bild 1) treten in Längsrichtung im allgemeinen ausschließlich Zwängungen auf. Es liegt damit kein Standsicherheitsproblem vor.

Da in der Bemessungsarbeit die Stahlspannung:

$$\sigma_s = 0,8 \quad \beta_s = 0,8 \cdot 500 = 400 \ \mathrm{N/mm^2}$$

für den St IV eine wichtige Grenze darstellt, ist diese in jeder Stabdurchmesserkurve durch einen Punkt gekennzeichnet (Bild 6). Links vom Punkt ist $\sigma_s < 400 \ \mathrm{N/mm^2}$ und rechts davon zwischen $400 \ \mathrm{N/mm^2} < \sigma_s \leq 500 \ \mathrm{N/mm^2}$.

Auf der Verbindungslinie der Punkte der einzelnen Stabdurchmesser-Kurven ist die Stahlspannung grundsätzlich $\sigma_s = 400 \ \mathrm{N/mm^2}$.

Wenn die Stahlspannung $\sigma_s \leq 400 \ \mathrm{N/mm^2}$ gehalten werden muß, darf über die Verbindungslinie nicht hinausgegangen werden.

Auf der Verbindungslinie zwischen zwei Durchmessern gilt der untere, also der kleinere Stabdurchmesser. Damit wird rechnerisch die Rißbreite kleiner als die, die dem Diagramm zugrunde liegt:

$$W_{cal} \sim W_{cal_{Diagramm}} \cdot \left(\frac{400}{\sigma_{s_u}}\right)^2$$

σ_{s_u} läßt sich aus den für jede Stabdurchmesser-Kurve angegebenen Stahlspannungen abschätzen, da die Spannung zwischen den Bereichen nahezu linear anwächst.

In der praktischen Bemessungsarbeit wird der obige Nachweis ohnehin entfallen, da auf der Verbindungslinie W_{cal} vorh. kleiner W_{cal}-Diagramm ist und damit die gestellte Forderung erfüllt wird.

In den Diagrammen werden – um die Übersichtlichkeit nicht zu gefährden – nur wenige Stahlspannungen angegeben. Grundsätzlich ist eine Angabe jedoch erforderlich, um schnell abschätzen zu können, in welchem Spannungs-

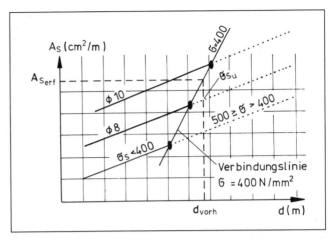

Bild 6: Beispiel für Einhaltung von $\sigma_s \leq 400 \ \mathrm{N/mm} \leq 0,8\,\beta_s$ hier $\sigma_s = 0,8\,\beta_s$

bereich man sich befindet. Da zwischen- und untereinander ein annähernd linearer Verlauf vorhanden ist, reichen die wenigen Werte für die tägliche Konstruktionsarbeit aus.

1.3.3 Inhalt und Aufbau der Diagramme

Betongüten

Nach [2] muß bei Zwang mindestens die Zugfestigkeit eines B 35 berücksichtigt werden, wenn nicht nach [1] der Nachweis geführt wird, daß eine geringere Betongüte *mit Sicherheit vorhanden* sein wird. In der nach [1] anzusetzenden Betonzugbruchspannung von:

$$\beta_{bZm} = 0,3 \cdot \beta_{WN}^{2/3}$$

sind bis zu rund 30% Überfestigkeit berücksichtigt. Das heißt, bei einem B 35 ist die Größe der angesetzten Zugspannung noch in Ordnung, wenn die mittlere Serienfestigkeit kleiner oder ungefähr gleich $50 \ \mathrm{N/mm^2}$ ist.

Demzufolge ist ein B 25 im Sinne der Zwangbemessung noch ein B 25, wenn seine mittlere Serienfestigkeit ca. $39 \ \mathrm{N/mm^2}$ beträgt. Er erreicht damit ja auch noch nicht die Festigkeit eines B 35.

Beim Zwang treten ohnehin die Risse an den Stellen der Konstruktion auf, an denen nicht die höchsten Festigkeiten vorhanden sind. Die sogenannten Baustellenüberfestigkeiten sollten deshalb nicht noch über das oben Gesagte hinaus dramatisiert werden.

Da in der täglichen Bemessungsarbeit der B 35 die dominierende Rolle einnimmt, wurden die Diagramme auch der besseren Handhabbarkeit wegen für diese Betongüte aufgestellt.

Zur Umrechnung auf andere Betongüten dienen die unter 1.3.1 angegebenen Faktoren (Tafel 1). Über die mittlere Betonzugfestigkeit β_{bZm} einer jeden Betongüte erhält man im Vergleich zum „Standard-Beton" B 35 die erforderliche Mehr- oder Minderbewehrung.

Bei einer anderen Betongüte als B 35 braucht der aus dem Diagramm abgelesene Wert für $A_{S_{erf}}$ nur mit dem in Tafel 1 angegebenen Faktor multipliziert zu werden.

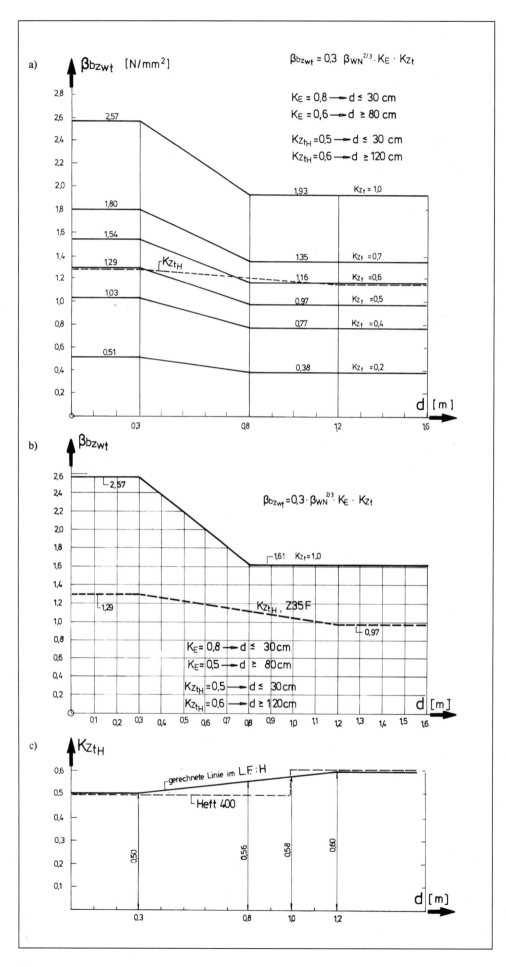

Bild 7a: Verlauf von β_{bzwt}; Heft 400 B 35, Z 35 F für K_{Zt_H}

Bild 7b: Verlauf von β_{bzwt}; EC 2 B 35, Z 35 F für K_{Zt_H}

Bild 7c: Verlauf von K_{Zt_H} für Z 35 F im Lastfall Hydratationswärme Zwang [H]

Tafel 1: Umrechnungsfaktoren für Betongüten $\leq$ B 35

	B 25	B 35	B 45	B 55
$\beta_{bZm} = 0,3\,\beta_{WN}^{2/3}$ [N/mm²]	2,57	3,21	3,8	4,34
Umrechnungs-faktor	$\sqrt{\dfrac{2,57}{3,21}}$ ~0,9	1	$\sqrt{\dfrac{3,8}{3,21}}$ ~1,1	$\sqrt{\dfrac{4,34}{3,21}}$ ~1,16
Bewehrungs-änderung gegenüber B 35	−10%		+10%	+16%

In Tafel 1 wird aber auch deutlich, daß der Wechsel in die benachbarte Betongüte nur eine Minder- bzw. Mehrbewehrung von 10% erfordert. Dieser Hinweis scheint im Hinblick auf die teilweise übertriebene Dramatisierung von Überfestigkeiten wichtig. Für den Konstrukteur und den Ausführenden wird auch deutlich, ob sich der Aufwand, den der Nachweis der geringeren Güteklasse B 25 mit sich bringt, lohnt, wenn man nur 10% der Mindestbewehrung spart. Da in einem Bauwerk nicht alles Mindestbewehrung ist, wird der Gesamtverbrauch an Bewehrung nicht um 10% kleiner. Bei kleineren Bauvorhaben wird sich der Aufwand nicht rechtfertigen, da die Nachweise, daß die niedrigere Betongüte eingehalten wird, logischerweise vor der Ausführung zu erbringen sind. Das ist im allgemeinen nur dann gewährleistet, wenn Tragwerksplaner und ausführender Unternehmer schon vor Baubeginn und Aufstellen der statischen Berechnung gemeinsam auf dieses Ziel hinarbeiten.

Zwang aus Hydratationswärme

Da es sich beim Zwang aus Hydratationswärme um den wichtigsten Lastfall handelt, ist er in den Diagrammen geschlossen dargestellt.

Die Berücksichtigung der Eigenspannungen durch k_E (siehe Abschnitt 1.1) wirkt sich auf die Verbundstörlänge a_m verkürzend und auf die wirksame Betonzugfestigkeit β_{bZw} vermindernd aus. Wenn k_E wie in [1] vorgeschlagen zwischen d = 30 cm und d = 80 cm von 0,8 auf 0,6 interpoliert wird, ergibt sich für $A_{S_{erf}}$ ein parabelförmiger Verlauf, der im Gesamtbild betrachtet wenig realitätsnah ist. Es erscheint deshalb sinnvoll, die Ergebnisse von A_S zwischen d = 30 cm und d = 80 cm zu interpolieren. Nach [1], Tabelle 5, sind bei Zwang aus Hydratationswärme für die Betonzugfestigkeit $k_{z,t}$-Beiwerte angegeben. Die Diagramme für den Lastfall Zwang wurden für den Normalzement Z 35 F bzw. Z 45 L - der häufigste Anwendungsfall - ausgelegt.

Da die Natur keine Sprünge macht, wurde mit einem gleitenden Übergang von $k_{z,t}$ = 0,5 bei d = 30 cm und $k_{z,t}$ = 0,6 bei d = 120 cm gerechnet (Bilder 7a, 7b u. 7c). Eigentlich hätte der Übergang zwischen d = 50 cm und d = 100 cm stattfinden sollen. Da wegen der Interpolation von k_E zwi-

schen d = 30 cm und d = 80 cm schon ein gleitender Übergang vorgenommen werden mußte, ist aus rechentechnischen Vereinfachungsgründen die obige Verschiebung gewählt worden. Die damit in Kauf genommene Abweichung liegt maximal mit 2% im Rahmen von üblichen Rechengenauigkeiten. Für denjenigen, der mit den in [1], Tabelle 5, angegebenen $k_{z,t}$-Werten (nicht gleitend) arbeiten will, sind die weiteren Diagramme mit $k_{z,t}$-Werten von 0,4 bis 0,7 gedacht. Dies gilt vor allem auch bei der Verwendung von anderen Zementsorten wie Z 35 L ($k_{z,t} \geq 0,4$) und Z 45 F ($k_{z,t} \leq 0,7$) (Bild 8).

Es muß dann nur für die entsprechende Zementsorte und Bauteildicke das richtige $k_{z,t}$-Diagramm herausgesucht werden. Das gleiche gilt im übrigen auch für [1], Tabelle 4. Zwischenwerte können zwischen den Diagrammen interpoliert werden (siehe Abschnitt 1.3.1).

In Bild 8 sind die Abweichungen der Bewehrung von der Kurve des „Normalzementes" eingetragen. Sie ergeben sich aus den Umrechnungen der Bewehrung nach Abschnitt 1.3.1 mit

$$\sqrt{\frac{k_{z,t_2}}{k_{z,t_1}}}$$

Wenn die anderen Zementsorten im Anfangs- und Endbereich der Bauteildicken vom „Normalzement" im Bewehrungsbedarf A_S um 10% abweichen, ist anzunehmen, daß sich diese Abweichung in erster Näherung konstant über den gesamten Bereich der Bauteildicken erstreckt. Es wird deshalb vorgeschlagen, im Vergleich zu den Diagrammen für „Zwang aus Hydratationswärme" des „Normalzementes" (Z 35 F) bei Verwendung von Z 35 L (Z 25) 10% weniger und bei Z 45 F (Z 55) 10% mehr an Bewehrung einzulegen. Wenn alle Kurven in einem Diagramm aufgetragen werden, wird deutlich, daß diese Regelung sinnvoll ist.

Wie oben erwähnt, ist es jedoch freigestellt, für die gewählte Zementsorte und Bauteildicke das entsprechende $k_{z,t}$-Diagramm ($k_{z,t}$ von 0,4 bis 0,7) aufzusuchen.

Abliegende Bauteile

Das Bemessungsprogramm wäre ohne zusätzliche Diagramme für die „abliegenden" Bauteile nicht vollständig. Sie unterscheiden sich von den Normalbauteilen nur durch die größere Auswirkung der Eigenspannungen.

Nach [1] wird k_E gleich k_R gesetzt.

Für alle Bauteildicken ist k_R = 0,6. Die Abweichung zu den „Normal-Diagrammen" liegt also nur im Bereich bis d = 80 cm, weil darüber hinaus für abliegende und „normale" Bauteile $k_E = k_R$ = 0,6 ist.

Die Diagramme für „abliegende" Bauteile enden deshalb bei d = 80 cm. Bei größeren „abliegenden" Bauteildicken können die „Normal-Diagramme" benutzt werden ([10]; S. 84/85).

Ist eine Gurtplatte durch Biegung beansprucht und liegt die Spannungsnullinie innerhalb des Gurtes, kann im Diagramm anstatt d hierfür 2 × aufgesucht werden (Bild 9). In der Regel wirken in normalen Flanschen mittige Zwängungskräfte.

Bild 8: K_{Zt}-Werte

% gibt bei gleichem ⌀ die Bewehrungsänderung gegenüber der Normalkurve an.

Hydratationswärme – Zwang

K_{Zt}	Zement	Bauteildicke		
		< 50 cm	50 ÷ 100 cm	> 100 cm
	Z 25 / Z 35 L	0,4	0,5	
	Z 35 F / Z 45 L	0,5		0,6
	Z 45 F / Z 55	0,5	0,6	0,7

(–10% markings at left and right; +10% markings at center-bottom and right-bottom)

Auftreten des Risses nach x-Tagen

K_{Zt}	Zement	Alter des Betons in Tagen			
		3	7	28	> 90
	Z 25 / Z 35 L	(0,4)	(0,6)		(1,2)
	Z 35 F / Z 45 L	0,5	0,75	1,0	1,1
	Z 45 F / Z 55	(0,7)	(0,9)		(1,05)

(–10% markings above 3 and 7 columns; +20% and +10% markings below)

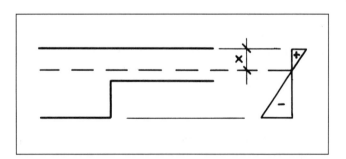

Bild 9: Spannungsverteilung Gurtplatte

Darstellung von Stababständen und Stahlspannung

Gemäß der Legende von Bild 17 ist in den Diagrammen eine unterschiedliche Darstellung der Kurven vorgenommen worden:

Für Stahlspannungen $\sigma_s < 400 \ \text{N/mm}^2$
$400 \ \text{N/mm}^2 < \sigma_s < 500 \ \text{N/mm}^2$

und Stababstände: $d_s + 2{,}0 \leq s \leq 25 \ \text{cm}$
$s > 25 \ \text{cm} < 35 \ \text{cm}$
$s < d_s + 2{,}0 \ \text{cm}$

Die Gültigkeit der zugrundeliegenden „Rißtheorie" erstreckt sich auf Stababstände s kleiner 25 cm. Sollten aus irgendwelchen Gründen, zum Beispiel bei dickeren „untergeordneten" Bauteilen ausnahmsweise größere Abstände bis 35 cm gewählt werden, ist zu bedenken, daß sich zwischen den Bewehrungsstäben breitere Risse einstellen.

Abstände für $s < d_s + 2{,}0$ cm sind für evtl. doppellagige Bewehrungen aufgenommen worden. Dabei ist zu berücksichtigen, daß der Abstand von $c + \dfrac{d_s}{2}$ des benutzten Diagramms bis zur Schwerachse der doppellagigen Bewehrung reicht (c = Betondeckung). Die im Diagramm angegebene Betondeckung bezieht sich auf den betrachteten Bewehrungsstrang.

Die oben erläuterte Darstellung in den Diagrammen wurde gewählt, damit der Konstrukteur sofort ablesen kann, in welchen Zonen sich die gewählte Bewehrung befindet. Bewußt ist der Bereich, über den man kaum nachzudenken hat ($\sigma_s < 400$ und $d_s + 2,0 \leq s \leq 25$ cm), als durchgezogene Linie aufgenommen.

1.4 Zwängungsschnittgröße kleiner als Rißschnittgröße

Ist eine errechnete Zwängungsschnittgröße deutlich niedriger als die Rißschnittgröße, braucht nach [1] und [2] nicht die volle Mindestbewehrung eingelegt zu werden. Im Abschnitt 1.1 wurde hierzu schon einiges gesagt.

Wird zum Beispiel aus einer gerechneten Zwängungsschnittgröße die drei Tage nach dem Betonieren auftritt, bei einer Bauteildicke $d = 1,0$ m die Betonzugspannung $\sigma_b = 0,5$ N/mm² so ist aus Bild 7a ersichtlich, daß der Querschnitt eigentlich nicht aufreißen kann, denn nach drei Tagen ist bei $k_{z,t} = 0,5$ für einen B 35 $\beta_{bZw} = 0,97$ N/mm².

An irgendeiner Stelle des Konstruktionsteils könnte der Beton jedoch eine so geringe Zugfestigkeit aufweisen, daß er dennoch aufreißt. Gemäß Bild 7a liegt für $d = 1,0$ m die Spannung $\sigma_b = 0,5$ N/mm² zwischen den Kurven $k_{z,t} = 0,2$ mit $\beta_{bZw} = 0,38$ N/mm² und $k_{z,t} = 0,4$ mit $\beta_{bZw} = 0,77$ N/mm².

Zwischen den beiden entsprechenden Diagrammen kann $A_{S_{erf}}$ durch Interpolation ermittelt werden. Die Diagramme für $k_{z,t} = 0,2$ sind nur zur Bewehrungsermittlung für vorgenannte Fälle mit aufgenommen worden (s. auch Kap. 4.1 und [10] S. 30/31).

Aus Scheibenspannungszuständen, zum Beispiel zwischen Sollrißfugen in Wänden oder bei Wänden auf „weichen" Fundamenten, können über eine „statisch unbestimmte" Rechnung Zwängungsschnittgrößen ermittelt werden, die gegebenenfalls wie im obigen Beispiel erheblich unter der „normalen" Rißschnittgröße liegen. In solchen Fällen kann wie vor verfahren werden (s. auch Kap. 4.3).

Die Schwierigkeit bei der Aufstellung der Verformungsgleichung liegt mit Rücksicht auf die Erhärtungsgeschichte des jungen Betons in der wirklichkeitsnahen Erfassung der Verkürzung aus Hydratationswärmeabfluß, vom Kriechen und Kriecherholen, des Elastizitätsmoduls und der Wärmeausdehnungszahl.

Dem gegenüber steht die Zugfestigkeitsentwicklung des jungen Betons.

Der Riß stellt sich dann ein, wenn die auftretende Spannung aus den obigen Einflüssen genau so groß ist wie die Betonzugfestigkeit, das heißt, der Rißzeitpunkt wird aus dem Schnittpunkt der Spannungs- und Zugfestigkeitskurve gefunden (Bild 10).

Es wird darauf hingewiesen, daß das Kriecherholen beim Temperaturzwang [7] größer ist als bei normalen Zwängen. Wie schon mehrfach darauf hingewiesen, nimmt unter Dauerzugbelastung die Zugfestigkeit gegenüber der zugrundeliegenden Laborzugfestigkeit ab.

Grundsätzlich muß aber immer dringend untersucht werden, ob nicht doch größere Zwänge auftreten, die auch den „Normalbeton" mit seiner „Normal-Festigkeit" zum

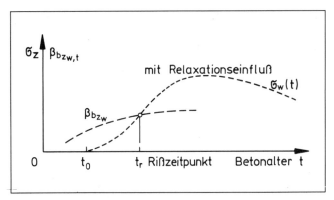

Bild 10: Entwicklung der Zwängungsspannung beim Abfluß der Hydratationswärme nach [8]

Reißen bringen. Dabei ist zu bedenken, daß bei der „Normalfestigkeit" mit einem oberen Fraktilwert gerechnet werden mußte. Bei „kleinen" Zwängungsschnittgrößen ist ohnehin eine untere Fraktile der Bezugfestigkeit einzusetzen. Der Konstrukteur sollte in den wie vor beschriebenen Fällen stets darauf achten, daß noch eine sinnvolle Bewehrung eingelegt wird. Sie sollte nicht wesentlich unter den Bewehrungsgehalten für $k_{z,t} = 0,2$ liegen.

1.5 Mindestbewehrung nach EC 2

In Bild 3 wird die Abweichung zwischen Heft 400 [1] und EC 2 [6] deutlich.

Die Differenzen ergeben sich bei vollkommen gleichen Ausgangsgleichungen aus den unterschiedlichen Beiwerten nach Tafel 2.

Da sich bei der für Zwang zutreffenden Erstrißbildung die Verbundstörlängen nie überschneiden, ist vor allem bei den geringeren Bauteildicken der gemäß EC 2 anzusetzende niedrige Streubeiwert k_4 zu vertreten. Wenn man bedenkt, daß unter Dauerzugbelastung die Betonzugfestigkeit gegebenenfalls bis zu 20% unter den zugrundeliegenden Laborzugfestigkeiten liegt, scheint auch der kleinere k_E-Wert, der eigentlich nur die Auswirkung der Eigenspannungen berücksichtigen soll, gerechtfertigt.

Nach Meinung des Verfassers bestehen keine Bedenken, die Werte des EC 2 anzuwenden. Es ist davon auszugehen, daß sich die deutschen Risse in Zukunft „europäisch" verhalten werden. Auch diese Diagramme wurden für die jetzige Betonsorte B 35 nach DIN 1045 – dem in der Praxis häufigsten Anwendungsfall – aufgestellt. Jedoch kann $A_{S_{erf}}$ nach EC 2 mit den in Abschnitt 1.3.1 angegebenen Umrechnungsfaktoren aus den Diagrammen nach Heft 400 des DAfStb schnell ermittelt werden.

Tafel 2: Beiwerte k_4 und k_E nach Heft 400 und EC 2

	k_4		k_E	
	d ≤ 30 cm	d ≥ 80 cm	d ≤ 30 cm	d ≥ 80 cm
Heft 400	1,7		0,8	0,6
EC 2	1,3	1,7	0,8	0,5

Für d ≤ 30 cm wird infolge der geänderten k_4-Werte:

$$A_{S\,EC2_{erf}} = A_{S\,Heft\,400} \cdot \sqrt{\frac{1,3}{1,7}} = A_{S\,Heft\,400} \cdot 0,87.$$

Für d ≥ 80 cm wird durch die Veränderung von k_E:

$$A_{S\,EC\,2_{erf}} = A_{S\,Heft\,400} \cdot \frac{0,5}{0,6} = A_{S\,Heft\,400} \cdot 0,83.$$

Der Umrechnungsfaktor kann zwischen d = 30 cm und d = 80 cm interpoliert werden.

Es wird nochmals auf die Ausführungen in Abschnitt 1.3.1 hingewiesen. Danach geht die Veränderung von k_E deshalb linear ein, weil sich dieser Wert auf die wirksame Betonzugspannung und auf die Verbundstörlänge auswirkt.

Der Vollständigkeit halber sei erwähnt, daß im EC 2 bei Zwängungsbeanspruchung der Stahl bis zu β_s ausgenutzt werden darf.

In den EC 2-Diagrammen wurde die Spannungsgrenze 400 N/mm² < σ_s < 500 N/mm² trotzdem aufgenommen, weil die in [1] getroffenen Regelungen sinnvoll sind.

Im EC 2 werden für Außenbauteile Rißbreiten W_{cal} von 0,3 mm zugelassen. Wenn sich diese gegenüber DIN 1045 geminderte Bedingung später auch bei uns durchsetzt, können die Werte der entsprechenden Diagramme mit W_{cal} = 0,25 mm nach 1.3.1 umgerechnet werden.

$$A_{S_{W_{cal\,0,3}}} = A_{S_{W_{cal\,0,25}}} \cdot \sqrt{\frac{0,25}{0,30}} \sim 0,9\, A_{S_{W_{cal\,0,25}}}$$

Es kann auch zwischen W_{cal} = 0,4 mm und W_{cal} = 0,25 mm interpoliert werden.

1.6 Mindestbewehrung bei „dicken" Bauteilen

Bislang wird nach [1] die Wirkungszone der Bewehrung mit h_w = 2,5 · (d–h) nur bei der Verbundstörlänge a_m berücksichtigt.

Die Rißlastspannung wird jedoch aus der Rißlast des gesamten Betonquerschnittes errechnet. Für Bauteildicken bis 60 cm erhält man damit Ergebnisse, die sich mit den Erfahrungen und Beobachtungen in der Praxis decken.

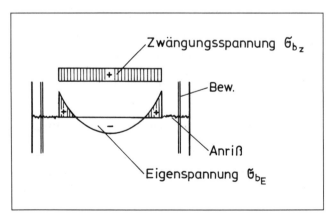

Bild 11: Überlagerung von Zwängungs- und Eigenspannung

Nirgendwo ist die Rückkopplung zwischen Konstruktionsbüro und Baustelle schneller als bei Rissen, vor allem wenn sie aus Hydratationswärmezwang, zum Beispiel in Wänden, schon einige Tage nach dem Betonieren entstehen. Schließlich lassen verschiedene Bauherren unverständlicherweise Risse auch unter 0,2 mm immer noch auf Kosten der Bauausführenden verpressen.

Bei Bauteildicken von 1,6 m bis 2,0 m scheint die obige Theorie nicht mehr zuzutreffen: Für mittigen Zwang gehen deshalb die Diagramme nur bis d = 1,60 m.

Die in Bild 11 dargestellten Anrisse infolge Eigenspannungen werden zwar durch k_E erfaßt, jedoch tritt darüber hinaus gewissermaßen ein „Reißverschlußeffekt" auf. Dieser kommt dadurch zustande, daß der Querschnitt infolge der Eigenspannungen von außen nach innen aufreißt. Wenn innen noch Druckspannungen vorhanden sind, werden außen durch Einreißen die Zugspannungen Null – das Gleichgewicht muß natürlich bewahrt bleiben – und entlasten damit die Spannungen in der Bewehrung.

Vor allem bei „dicken" Bauteilen treten entsprechend der Abkühlung die Betonzugspannungen im Inneren erst später auf, um letzten Endes den ganzen Querschnitt durchzureißen.

Nicht nur nach Meinung des Verfassers werden bei einem 2 m oder 3 m dicken Bauteil, das unter Hydratationswärmezwang steht, die Risse nicht breiter, wenn die gleiche Bewehrung eingelegt wird. Praktisch bedeutet das, daß die Stahlspannung nur durch die Rißlast einer Randzone beeinflußt wird.

Wenn die obigen Vermutungen und Beobachtungen zutreffen, kann zwischen Dicken von 30 cm und ca. 200 cm nur ein stetiger Übergang vorhanden sein. Der in Bild 12 dargestellte „nachempfundene" Verlauf der „wirksamen" Bauteildicke d′ ergibt, daß ab d = 160 cm eine konstante „Rißlastzone" von je 50 cm an beiden Rändern vorhanden ist.

Die Reduzierung der Bauteildicke d auf die wirksame Bauteildicke d′ hat den Vorteil, daß alle Diagramme und Gleichungen, zum Beispiel auch nach DIN 1045, beibehalten werden können, wenn man für d ≙ d′ einsetzt.

In Bild 12 sind auch die aus obigen Annahmen resultierenden Bewehrungsverringerungen angegeben. Mit den in Abschnitt 1.3.1 erläuterten Umrechnungsformeln wird deutlich, daß bei einer Wanddicke d von 2 m mit einer wirksamen Dicke d′ von 1 m nicht etwa nur die Hälfte an Bewehrung erforderlich wird. Es wird vielmehr

$$A_{S_{erf\,d_1}} = A_{S_{d_2}} \cdot \sqrt{\frac{1,0}{2,0}} = A_{S_{d_2}} \cdot 0,71$$

Damit ergibt sich eine Verringerung der Bewehrung um „nur" 29%.

Die hohe Mindestbewehrung bei „dicken" Bauteilen wurde in letzter Zeit vielfach diskutiert. Dies zeigt, daß eine verstärkte und gezielte Forschung auf diesem speziellen Teilgebiet nötig ist.

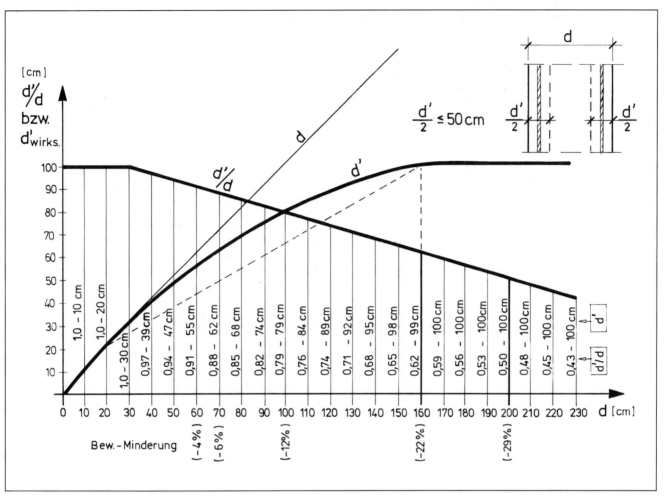

Bild 12: Wirksame Bauteildicken bei Zwang

Trotzdem bestehen nach Meinung des Verfassers keine Bedenken, vorläufig mit den wirksamen Bauteildicken d' nach Bild 12 zu arbeiten.

Es muß nochmals in diesem Zusammenhang darauf hingewiesen werden, daß unter Dauerzugbeanspruchung die Betonzugfestigkeit gegenüber der zugrundeliegenden Laborzugfestigkeit erheblich absinkt. Dies wird bislang nicht berücksichtigt.

1.7 Anwendung der Diagramme für DIN 4227 bzw. Heft 320 DAfStb

Vor allem können die Diagramme der „abliegenden" Bauteile nach Abschnitt 1.3.3 für die Gurtplatten von Brückenquerschnitten benutzt werden. Wenn keine Spannglieder in den Flanschen liegen, können Rißbreiten $W_{cal} = 0,25$ mm zugelassen werden, sonst ist W_{cal} auf 0,20 mm zu reduzieren.

Zwischen den Diagrammen für $W_{cal} = 0,15$ mm und $W_{cal} = 0,25$ mm kann linear interpoliert werden. Die Bewehrung aus dem Diagramm für $W_{cal} = 0,25$ mm läßt sich auch mit dem Erhöhungsfaktor $\sqrt{\dfrac{0,25}{0,20}} = 1,12$ ermitteln.

Bei Zwang aus Biegung kann nach 1.3.3 und Bild 9 für $d = 2 \times$ gesetzt werden. Gemäß Heft 320 des DAfStb [9] wird die Stegrißlast infolge Biegung:

$$T = 0,9 \, Z^{I} \cdot \left(1 - \frac{\sigma_{b_s}}{\sigma_{b_s}{}^{*}}\right) \text{ nach Gleichung (2a) aus [9]}$$

Der Faktor $\left(1 - \dfrac{\sigma_{b_s}}{\sigma_{b_s}{}^{*}}\right)$ kann im Sinne der Diagramme als $k_{z,t}$-Faktor interpretiert werden. Der Faktor 0,9 in Gleichung (2a) entspricht der Verbesserung des inneren Hebelarmes von Zustand 1 nach Zustand 2. Er ist in den Diagrammen für Biegung bereits enthalten.

19

2 Bewehrung zur Rißbreitenbeschränkung unter Last

2.1 Allgemeines und Ableitungen der Formeln

Die Gleichungen aus [1] lassen sich auch nach $d_{s_{zul}}$ auflösen. Zum Vergleich werden auch die Gleichungen für Zwang mit aufgeführt.

1.) Zug infolge Zwang

$$d_s = \frac{1}{k_E \cdot \sigma_{sr}} \cdot \left(\frac{W_{cal} \cdot E_s}{0,5 \cdot k_4 \cdot \sigma_{sr}} - 50 \right) \cdot \beta_{bZw} \cdot \frac{d}{(d-h)} \quad \text{(III)}$$

2.) Biegung infolge Zwang

$$d_s = \frac{1}{1,25 \cdot k_E \cdot \sigma_{sr}} \cdot \left(\frac{W_{cal} \cdot E_s}{0,5 \cdot k_4 \cdot \sigma_{sr}} - 50 \right) \cdot$$
$$\beta_{bZw} \cdot \frac{d}{(d-h)} \quad \text{(IV)}$$

3.) Zug infolge Last

$$d_s = \mu \cdot \left(\frac{W_{cal} \cdot E_s}{1,7 \cdot \sigma_s \left[1 - 0,5 \cdot \left(\frac{\beta_{bZw}}{\mu \cdot \sigma_s} \right)^2 \right]} - 50 \right) \cdot$$
$$\frac{d}{(d-h)} \quad \text{(V)}$$

4.) Biegung infolge Last

$$d_s = 4\mu \cdot \left(\frac{W_{cal} \cdot E_s}{1,7 \cdot \sigma_s \left[1 - 0,5 \cdot \left(\frac{0,2 \cdot \beta_{bZw}}{\mu \cdot \sigma_s} \right)^2 \right]} - 50 \right) \cdot$$
$$\frac{d}{(d-h)} \quad \text{(VI)}$$

Werden für Lastbeanspruchung die Gleichungen ausgewertet, erhält man die in den Diagrammen dargestellten Kurven. Bei Last ergeben sich im Gegensatz zum Zwang für einen Betonquerschnitt unendlich viele Schnittkraftmöglichkeiten. In den Diagrammen wird dies durch den Bewehrungsgrad μ ausgedrückt. Zwangsläufig ergibt sich für jedes μ ein anderer zulässiger Durchmesser. Aus den Gleichungen (III-VI) ist ersichtlich, daß dieser linear von der Bauteildicke d und umgekehrt linear von der Betondeckung abhängt. Die zulässigen Durchmesser sind auf mehreren Ordinatenachsen für verschiedene Bauteildicken angegeben.

Zu beachten ist, daß sich bei mittigem Zug μ aus einem Bewehrungsstrang (Unter- oder Oberseite) nur auf den halben Betonquerschnitt bezieht.

Bei Biegung bezieht sich μ jedoch auf den ganzen Betonquerschnitt. Wenn also die gleiche Bewehrungsmenge je Seite vorhanden ist, ergibt sich bei Biegung nur ein halb so großes μ wie beim mittigen Zug (Bild 13).

Aus den Diagrammen ist sofort ersichtlich, daß bei großen Bauteildicken oder hohem Bewehrungsgrad Rißbreiten auftreten, die viel kleiner sind als die nach DIN 1045, 17.6.3 einzuhaltenden. Die Diagramme sind besonders für Bauwerke mit „gehobenen Ansprüchen" sehr hilfreich, z. B. für wasserundurchlässige Konstruktionen, weil man sie auch für kleinere Rißbreiten ($W_{cal} = 0,15$ oder $0,1$ mm) aufstellen kann.

Die Kurven erleichtern das Konstruieren. Das für die normale statische Bemessung gefundene μ, in Abhängigkeit von der Stahlspannung (natürlich für den zu rechnenden Lastfall mind. $0,7$ q $\geq$ g), ergibt auf der jeweiligen Bauteildicken-Ordinatenachse den zulässigen Durchmesser ([10] S. 174/175).

Läßt sich dieser Durchmesser nicht einlegen, kann für den möglichen Durchmesser anhand der Kurven der erforderliche Bewehrungsgrad μ schnell bestimmt werden.

Es gilt näherungsweise

$$\mu_2 = \mu_1 \cdot \left(\frac{d_{s_2}}{d_{s_1}} \right)^{0,4} \quad \text{(VII)}$$

Hierin bedeuten:

d_{s_1} : der aus den Diagrammen zunächst gefundene Durchmesser, der sich aus Platzmangel nicht einlegen ließ,

d_{s_2} : der Durchmesser, der eingelegt werden soll,

μ_1 : der aus der statischen Berechnung entsprechend d_{s_1} zunächst erforderliche Bewehrungsgrad,

μ_2 : der Bewehrungsgrad, der erforderlich wird, um d_{s_2} einlegen zu können.

Die Gleichung (VII) gilt sowohl für Biegung als auch für mittigen Zug.

Da heute auf fast jedem Taschenrechner die Berechnung gebrochener Exponenten fest verdrahtet ist, ist die obige Rechenoperation leicht zu bewerkstelligen.

Ist der gewählte Durchmesser kleiner als der nach Diagramm geforderte, wird sich eine kleinere Rißbreite einstellen.

2.2 Grenze zwischen Rißlast und Lastschnittgröße

Wenn in einem Querschnitt die Lastschnittgröße unter die Rißlast absinkt, sind zusätzliche Überlegungen nötig. Zunächst muß in den Kurvenscharen der Diagramme die

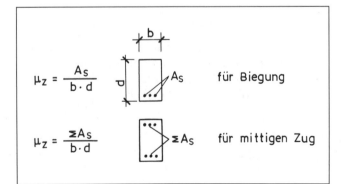

Bild 13: Bewehrungsgrad μ_Z

Grenze zwischen Last- und Zwangschnittgrößen gefunden werden.

In Gleichung (V) ist das Abzugsglied für die Mitwirkung des Betons innerhalb der Verbundstörlänge a_m:

$$\text{Abzugsglied} = 0{,}5 \cdot \left(\frac{\beta_{bZw}}{\mu \cdot \sigma_s} \right)^2$$

Darin ergibt sich die Rißspannung:

$$\sigma_{sr} = \frac{\beta_{bZw} \cdot A_b}{\mu \cdot A_b}$$

Die gesuchte Grenze liegt bei dem Bewehrungsgrad μ, bei dem die Rißlaststahlspannung σ_{sr} (der Querschnitt reißt gerade auf) gleich der Laststahlspannung σ_s ist.

Daraus folgt:

$$\sigma_{sr} = \frac{\beta_{bZw}}{\mu} = \sigma_s \quad \text{und}$$

$$\mu_{Grenz} = \frac{\beta_{bZw}}{\sigma_s}$$

Für Biegung nach Gleichung (VI) wird in gleicher Weise vorgegangen.

Die Kurven der Diagramme zeigen rechts vom „Punkt" Bewehrungsgrade, bei denen die Lastschnittgröße größer als die Rißschnittgröße ist.

Links vom Grenzpunkt ist entsprechend die Lastschnittgrößer kleiner als die Rißlast.

In diesem Bereich sollte deshalb gewissenhaft überprüft werden, ob nicht doch Zwang im Bauwerk vorhanden ist, durch den die Rißschnittgröße erreicht wird.

Ist dies der Fall, sollte in diesem Bereich die Mindestbewehrung nach DIN 1045, 17.6.2, unter Benutzung der Diagramme für Zwang eingelegt werden. Anderenfalls treten erheblich größere Risse auf.

Kann eine Zwängungsbeanspruchung jedoch ausgeschlossen werden, kann für die statische Last bemessen werden.

Es fällt auf, daß an den Grenzpunkten der Lastdiagrammkurven für Zwang – bei gleichem Durchmesser – eine kleinere Bewehrung erhalten wird als bei Last, auch bei gleichem β_{bZw}. Das liegt daran, daß bei Zwang k_E in die Verbundstörlänge a_m eingeht. Die Bewehrung wird um $\sqrt{k_E}$ kleiner, wenn der gleiche Grenzdurchmesser d_{sGrenz} gewählt wird (Bild 14).

Ein Vergleich von Gleichung (III) und (V) zeigt, daß der Grenzdurchmesser um $\dfrac{d_s}{k_E}$ vergrößert werden kann, wenn die gleiche Bewehrungsmenge μ eingelegt wird. Das heißt, für den neuen Schnittpunkt ($\mu_{Grenz} - d_{sz}$) wäre die Bewehrungsmenge für Zwang und Last gleich, aber der zulässige Bewehrungsdurchmesser bei Zwang größer. Dabei ist Voraussetzung, daß beim Zwang von einer Vorschädigung aus Eigenspannungen ausgegangen werden kann.

Die oben angegebenen Erläuterungen sollen nur die Zusammenhänge aufzeigen. Für die praktische Bemessungsarbeit können diese Feinheiten entfallen.

Ist die Konstruktion absolut zwängungsfrei, muß die Frage gestellt werden, ob der Querschnitt nicht auch bei kleineren Lasten, durch die die normale Rißschnittgröße nicht erreicht wird, aufreißen kann.

Das ist selbstverständlich dann der Fall, wenn die Betonzugfestigkeit geringer ist als zunächst angenommen. Sehen wird uns noch einmal in Gleichung (V) das Abzugsglied gemäß Abschnitt 2.2 für die Mitwirkung des Betons an:

$$\frac{\beta_{bZw}}{\mu \cdot \sigma_s} = \frac{\sigma_{sr}}{\sigma_s}$$

Mit der Annahme, daß β_{bZw} links vom Grenzpunkt proportional zum Bewehrungsgrad abnimmt, würde in diesem Bereich immer:

$$\frac{\beta_{bZw}}{\mu \cdot \sigma_s} = 1$$

Damit muß der Querschnitt bei noch so kleinem μ reißen.

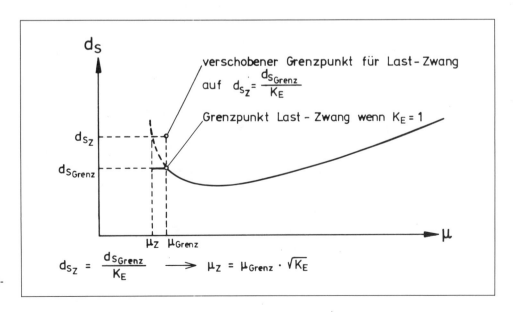

Bild 14: Lastschnitt – < Rißschnittgröße

Bei $\mu = 0$ wäre theoretisch $d_s = 0$ und der Beton nicht mehr vorhanden.

Die obigen Überlegungen machen deutlich, daß man nicht bedenkenlos für den Fall, daß die Lastschnittgröße kleiner ist als die zunächst rechnerische Rißschnittgröße, irgendeine Bewehrung einlegen kann. Auch dann nicht, wenn in dem Bauteil kein Zwang vorhanden ist.

Die in Bild 15 dargestellte Gerade zwischen dem Koordinatennullpunkt und μ_{Grenz} stellt nach den obigen Ableitungen eine mögliche Abnahme der Betonzugfestigkeit dar.

Da in den Ausgangsgleichungen für die Kurven nicht die unteren Fraktilwerte der Betonzugfestigkeit zugrunde liegen, wird vorgeschlagen, den waagerechten Ast der Linie bei $0{,}7 \cdot \beta_{\text{bZw}}$ anzusetzen. Das entspricht auf der Ordinate $0{,}7 \cdot d_{s_{\text{Grenz}}}$.

Auch hier ist sicherzustellen, daß eine sinnvolle Bewehrung den Gegebenheiten Rechnung trägt. Im allgemeinen wird im Bereich kleiner Bewehrungsgrade die gestellte Bedingung konstruktiv durch die Wahl kleinerer Durchmesser und damit vernünftiger Stababstände erfüllt.

2.3 Ausgangswerte für die Diagramme

Nach [1] wird für Lasten der Streubeiwert $k_4 = 1{,}7$ für alle Bauteildicken.

Die Wirkungszone der Bewehrung wird wie bei Zwang auch für Last:

$$h_w = 2{,}5 \cdot (d-h) \leq \frac{d - x}{3} \quad \text{für Biegung und}$$

$$h_w = 2{,}5 \cdot (d-h) \leq \frac{d}{2} \quad \text{für mittigen Zug.}$$

Für Biegung wird die Bedingung $\dfrac{d - x}{3}$ maßgebend, wenn x ungefähr 0,2 d ist und damit für h_w dann 0,267 d gesetzt wird, bei

Tafel 3: Angesetzte Betonzugfestigkeiten bei Lastbeanspruchung

	B 25	B 35	B 45	B 55
$\beta_{\text{bZmw}}[\text{N/mm}^2]$	2,06	2,57	3,04	3,47

$d \leq 30$ cm und Betondeckung $c > 3$ cm

$d \leq 50$ cm und Betondeckung $c > 5$ cm

$d \leq 80$ cm und Betondeckung $c > 8$ cm

Für mittigen Zug wird die Bedingung $\dfrac{d}{2}$ maßgebend bei

$d \leq 30$ cm und Betondeckung $c > {\sim} 5$ cm

$d \leq 45$ cm und Betondeckung $c > {\sim} 8$ cm

Das heißt, daß zum Beispiel bei einem auf Biegung beanspruchten Bauteil mit einer Dicke d von 30 cm und einer Betondeckung c von 6 cm das Diagramm mit 3 cm Deckung benutzt werden kann.

Die Größe der Betonzugfestigkeit bestimmt das Mittragen des Betons zwischen den Rissen und vermindert damit die Rißbreite. Es kann deshalb nicht mit dem oberen Fraktilwert der Betonzugfestigkeit gerechnet werden. In den Diagrammen wird deshalb nur:

$$\beta_{\text{bZmw}} = 0{,}8 \cdot 0{,}3 \cdot \beta_{\text{WN}}^{2/3}$$

angesetzt.

2.3.1 Wichtiger Hinweis für kleinere Bauteildicken

Zunächst wurden die Lastdiagramme für Bauteildicken $d \geq 30$ cm aufgestellt. Dies konnte in der gewählten Form für die verschiedenen Bauteildicken-Ordinatenachsen deshalb durchgeführt werden, weil gemäß Gleichung (V) und (VI) $d_{s_{\text{zul}}}$ linear von d und umgekehrt linear von $d - h$ abhängt, solange $h_w = 2{,}5 \cdot (d - h)$ bleibt.

Bei den kleineren Bauteildicken wird jedoch je nach Betondeckung die oben genannte Bedingung für die Wir-

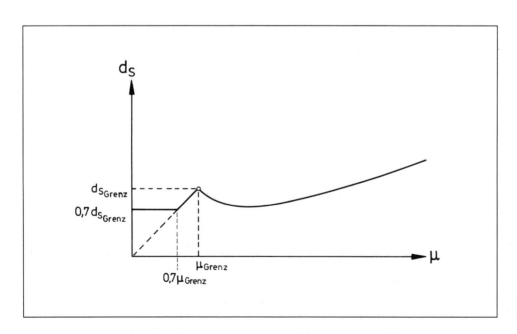

Bild 15: $\beta_{\text{bz}} < \beta_{\text{bz normal}}$ im Bereich Lastschnitt $-<$ der „normalen" Rißschnittgröße

Bild 16: Darstellung von d_{grenz} im Durchmesserkurvenscharen-Diagramm

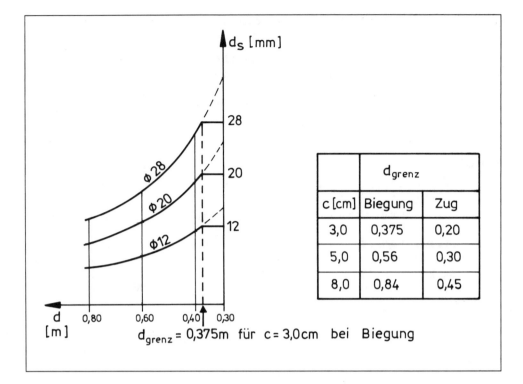

c [cm]	d_{grenz} Biegung	d_{grenz} Zug
3,0	0,375	0,20
5,0	0,56	0,30
8,0	0,84	0,45

$d_{grenz} = 0{,}375\,m$ für $c = 3{,}0\,cm$ bei Biegung

kungszone bei Biegung $h_w = \dfrac{d-x}{3}$ und bei mittigem Zug $h_w = \dfrac{d}{2}$ maßgebend.

Damit wird der zulässige Durchmesser gemäß Gleichung (V) und (VI) nicht mehr abhängig von d und d − h.

Die Gleichung (V) für mittigen Zug wird durch entsprechendes Einsetzen zu:

$$d_s = 5\mu \cdot \left(\frac{W_{cal} \cdot E_s}{1{,}7 \cdot \sigma_s \left[1 - 0{,}5 \cdot \left(\frac{\beta_{bZw}}{\mu \cdot \sigma_s}\right)^2\right]} - 50 \right) \quad \text{(V a)}$$

Die Gleichung (VI) wird für Biegung zu:

$$d_s = 37{,}5\mu \cdot \left(\frac{W_{cal} \cdot E_s}{1{,}7 \cdot \sigma_s \left[1 - 0{,}5 \cdot \left(\frac{0{,}2 \cdot \beta_{bZw}}{\mu \cdot \sigma_s}\right)^2\right]} - 50 \right) \quad \text{(VI a)}$$

Bei mittigem Zug wird die Bedingung, daß die Wirkungszone h_w gleich $\dfrac{d}{2}$ ist, bei d = 30 cm und einer Betondeckung von c = 5 cm erreicht. Damit wird für d_s nach Gleichung (V) und (V a) das gleiche Ergebnis ermittelt.

Deshalb gelten die Diagramme mit einer Betondeckung von 5 cm und der entsprechenden Bauteildicken-Ordinatenachse von 30 cm für alle Bauteildicken mit 0 < d < 30 cm, und zwar unabhängig von der Betondeckung.

Bei Biegung infolge Last wird die Bedingung $h_w = 0{,}267 \cdot d$ (siehe oben) bei einer Bauteildicke von 80 cm und 8 cm Betondeckung fast erfüllt.

Die Gleichungen (VI und VI a) liefern dafür annähernd den gleichen zulässigen Durchmesser d_s.

Damit gelten genau genug für alle Bauteildicken d < 30 cm unabhängig von der Betondeckung die Diagramme für 8 cm Betondeckung und der Bauteildicken-Ordinatenachse von 80 cm.

Mit der geringen Abweichung von 5% liegt man auf der sicheren Seite.

Es war jedoch möglich, die Durchmesserkurvenscharen der Bauteildicken-Ordinatenachsen in den Diagrammen so darzustellen, daß die Bereiche aller Bauteildicken in einem Diagramm erfaßt werden konnten (Bild 16).

Wie zuvor erläutert, wird d_s von der Bauteildicke und der Betondeckung unabhängig, wenn bei Biegung $h_w = \dfrac{d-x}{3} = 0{,}267\,d$ und bei mittigem Zug $h_w = \dfrac{d}{2}$ wird (siehe Gleichung V a und Gleichung VI a).

Damit ergibt sich bei jeder Betondeckung und Lastart eine Grenzbauteildicke, unter der der Bewehrungsdurchmesser für ein bestimmtes μ und σ_s konstant bleibt (Bild 16 und Tafel 4).

Tafel 4: Grenzbauteildicken, unter denen d_s konstant bleibt

[cm]			Biegung [cm]	Zug [cm]
c	d − h	$h_w = 2{,}5 \cdot (d-h)$	$d_{grenz} = \dfrac{2{,}5 \cdot (d-h)}{0{,}267}$	$d_{grenz} = \dfrac{2{,}5 \cdot (d-h)}{0{,}5}$
3	~4	10	37,5	20
5	~6	15	56	30
8	9	22,5	84	45

Die Grenzbauteildicken für die verschiedenen Betondeckungen sind Tafel 4 zu entnehmen.

Nach Bild 16 werden links von der Grenzbauteildickenordinatenachse gemäß Tafel 4 für die entsprechenden Bauteildicken die „genauen" zulässigen Bewehrungsdurchmesser d_s abgelesen. Rechts von d_{grenz} bleibt d_s wie in Bild 16 angegeben konstant.

Schrifttum

[1] Deutscher Ausschuß für Stahlbeton (Hrsg.): Heft 400 „Grundlagen der Neuregelung zur Beschränkung der Rißbreite"

[2] DIN 1045 „Beton und Stahlbeton; Bemessung und Ausführung" Ausg. 7. 88

[3] Deutscher Beton-Verein (Hrsg.): Merkblatt „Begrenzung der Rißbildung im Stahlbeton- und Spannbetonbau"

[4] Deutscher Beton-Verein (Hrsg.): Merkblatt „Wasserundurchlässige Baukörper aus Beton"

[5] Meyer, G.: Wasserdichte Trogbauwerke aus wasserundurchlässigem Beton. Beton- und Stahlbetonbau 5/1984, S. 127–131

[6] Eurocode 2 „Planung von Stahlbeton- und Spannbetontragwerken. Teil 1: Grundlagen und Anwendungsregeln für den Hochbau". Deutsche Fassung ENV 1992-1-1: 1991–Juni 1992

[7] Springenschmid, R.: Temperaturspannungen in Beton. Bauingenieur 1982, S. 265–267

[8] Henning, W.: Zwangrißbildung und Bewehrung von Stahlbetonwänden auf steifen Unterbauten. Dissertation 1987, TU Braunschweig

[9] Deutscher Ausschuß für Stahlbeton (Hrsg.): Heft 320 „Erläuterungen zu DIN 4227 „Spannbeton" Ausgabe Dezember 1979

[10] Deutscher Beton-Verein (Hrsg.): Beispiele zur Bemessung nach DIN 1045. 5. neubearbeitete und erweiterte Auflage. Wiesbaden, 1991

[11] Horn, A.: Sohlreibung und räumlicher Widerstand bei massiven Gründungen in nichtbindigen Boden. Reihe: Straßenbau und Straßenverkehrstechnik, herausgegeben vom Bundesminister für Verkehr, Abt. Straßenbau, Heft 110, 1970

3 Anhang – Diagramme

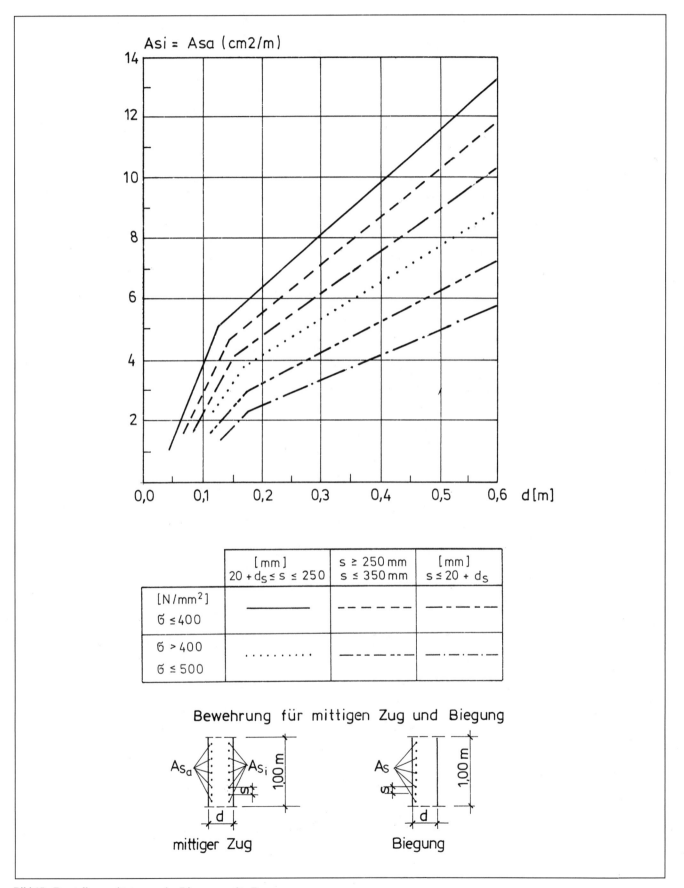

Bild 17: Darstellungserläuterung der Diagramme für Zwang

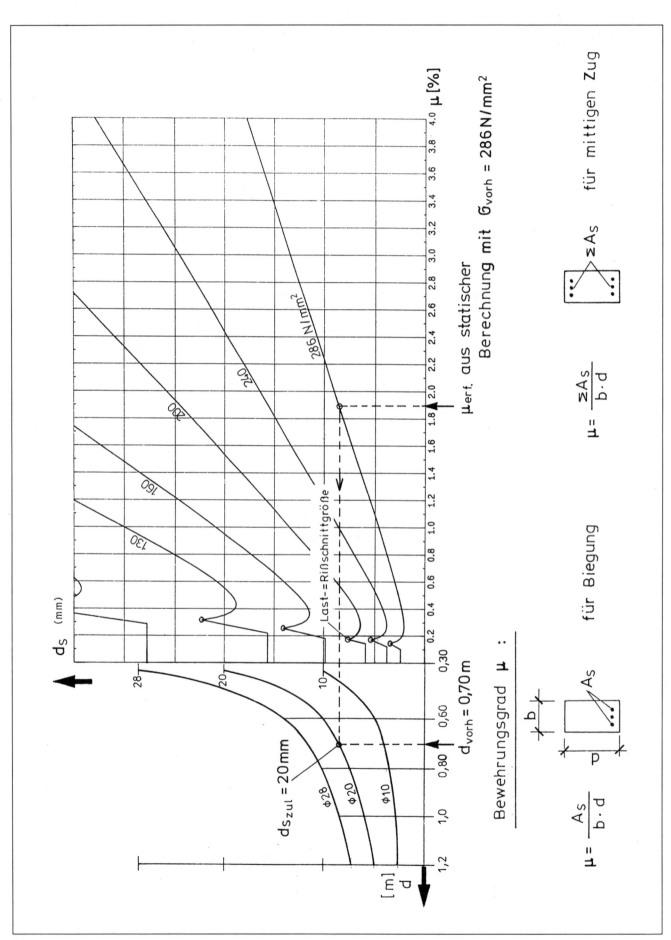

Bild 18: Darstellungserläuterung der Diagramme für Last

Asi = Asa (cm2/m)

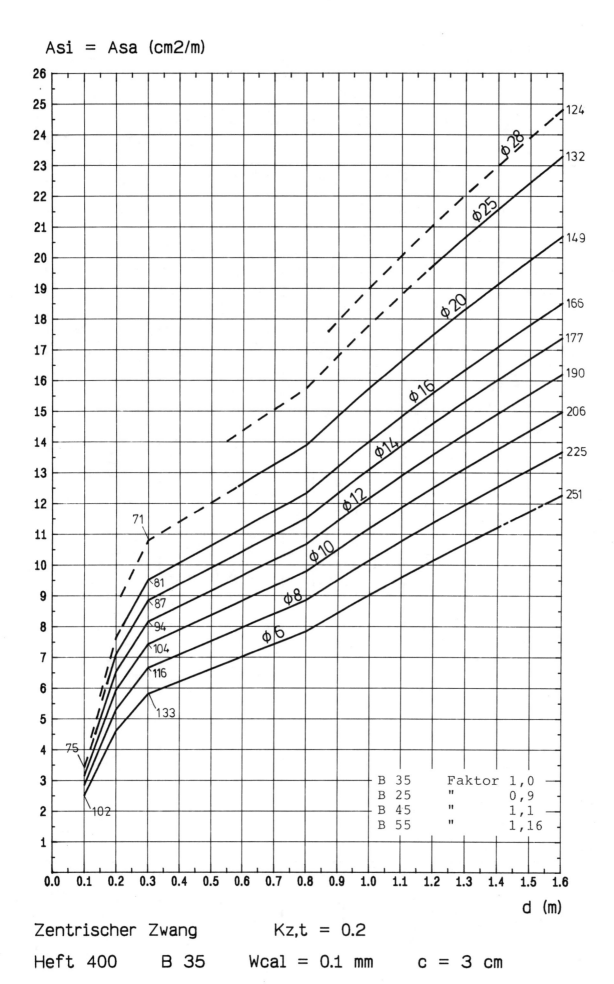

Zentrischer Zwang   Kz,t = 0.2

Heft 400   B 35   Wcal = 0.1 mm   c = 3 cm

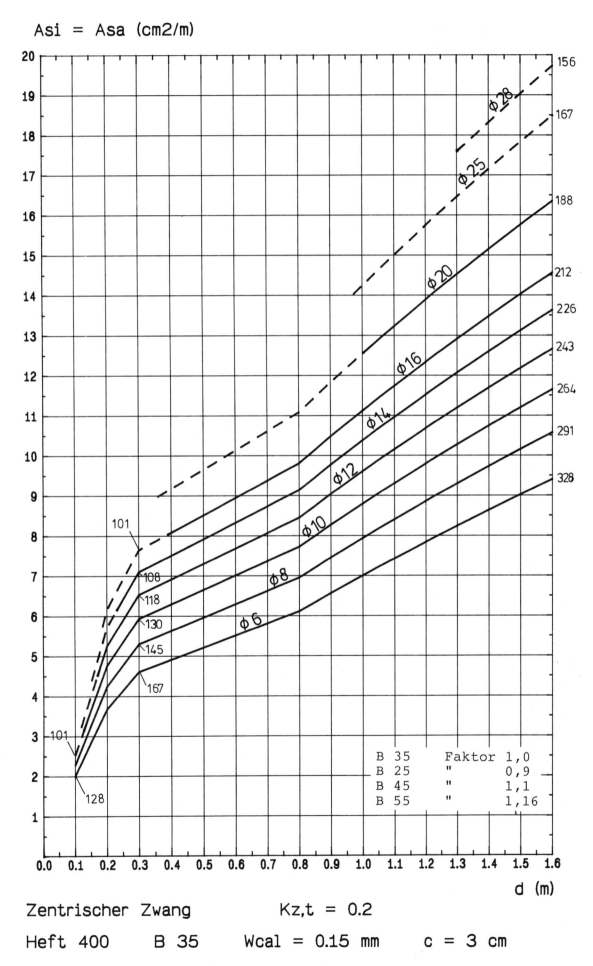

Asi = Asa (cm2/m)

Zentrischer Zwang   Kz,t = 0.2

Heft 400   B 35   Wcal = 0.15 mm   c = 3 cm

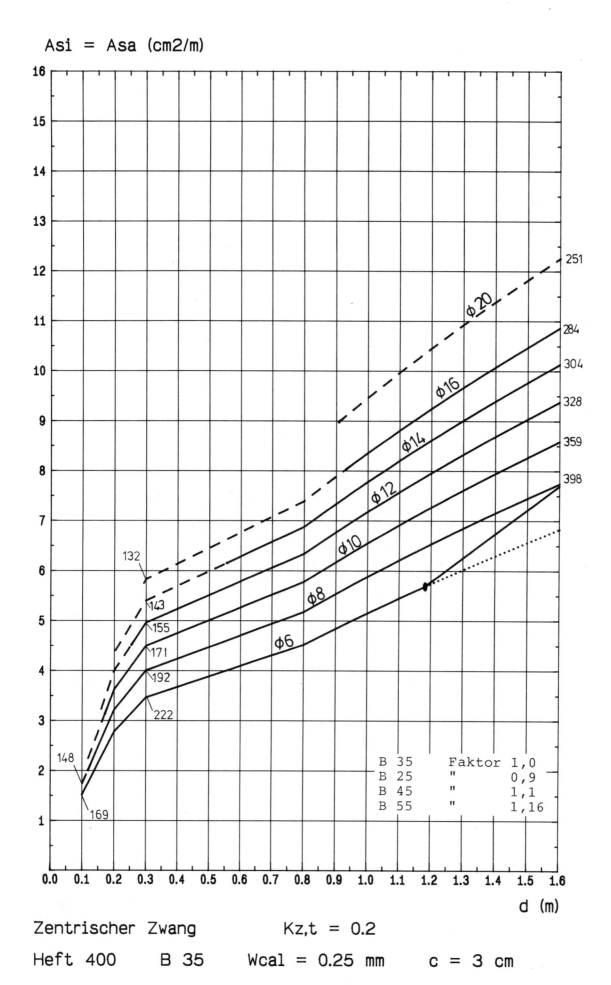

Asi = Asa (cm2/m)

d (m)

Zentrischer Zwang   Kz,t = 0.2

Heft 400   B 35   Wcal = 0.25 mm   c = 3 cm

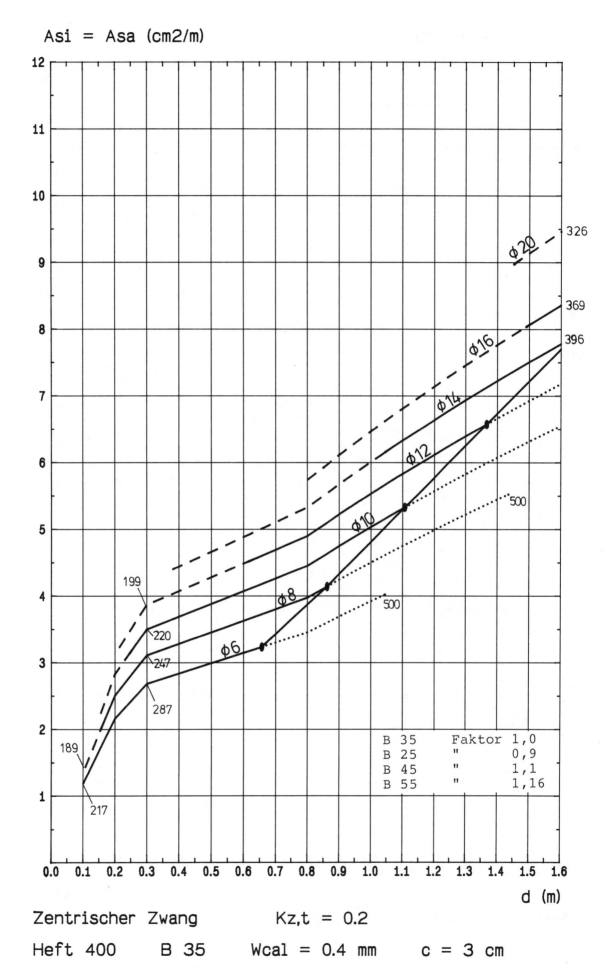

Asi = Asa (cm2/m)

Zentrischer Zwang   Kz,t = 0.2

Heft 400   B 35   Wcal = 0.4 mm   c = 3 cm

Asi = Asa (cm2/m)

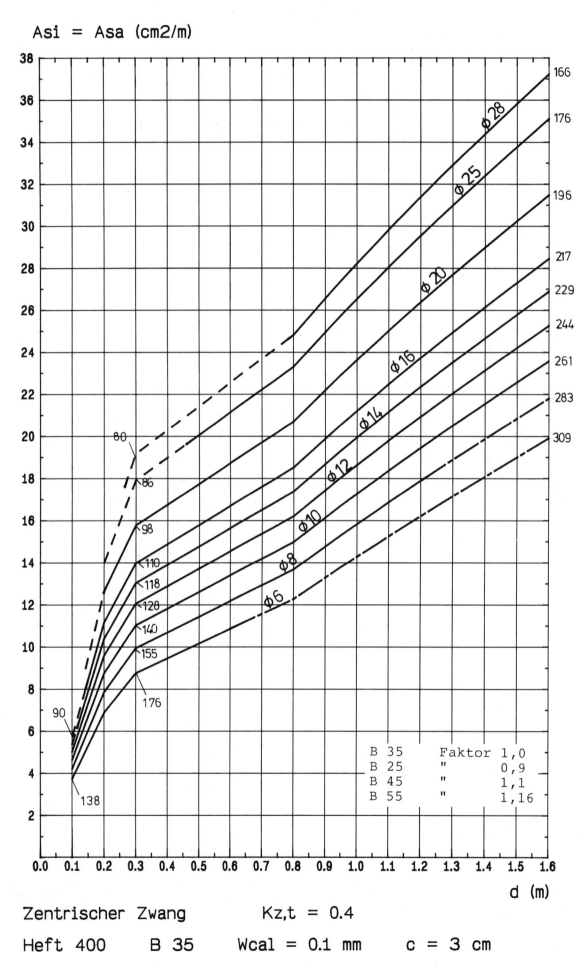

Zentrischer Zwang   Kz,t = 0.4

Heft 400   B 35   Wcal = 0.1 mm   c = 3 cm

Asi = Asa (cm2/m)

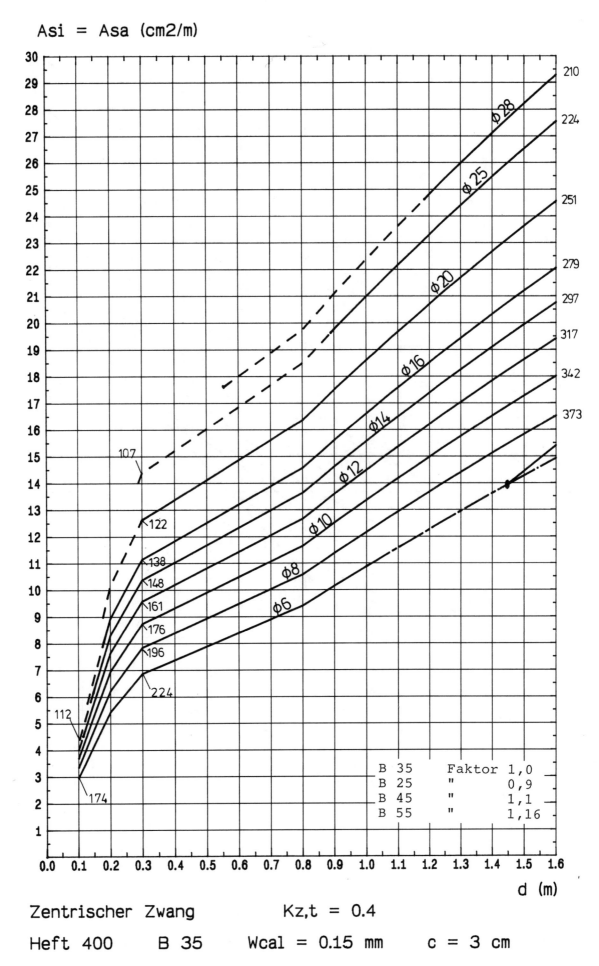

Zentrischer Zwang   Kz,t = 0.4

Heft 400   B 35   Wcal = 0.15 mm   c = 3 cm

Asi = Asa (cm2/m)

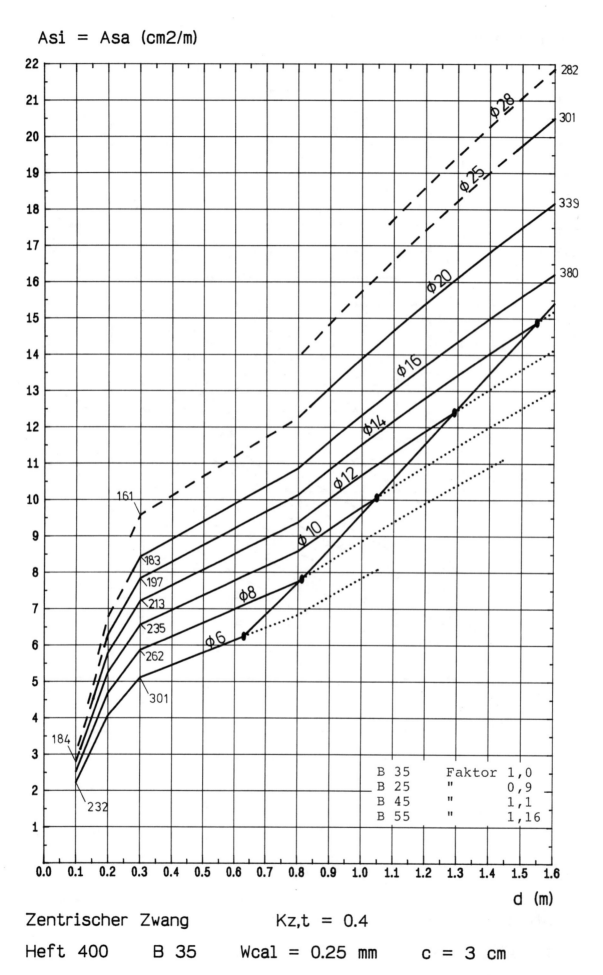

Zentrischer Zwang   Kz,t = 0.4

Heft 400   B 35   Wcal = 0.25 mm   c = 3 cm

Asi = Asa (cm2/m)

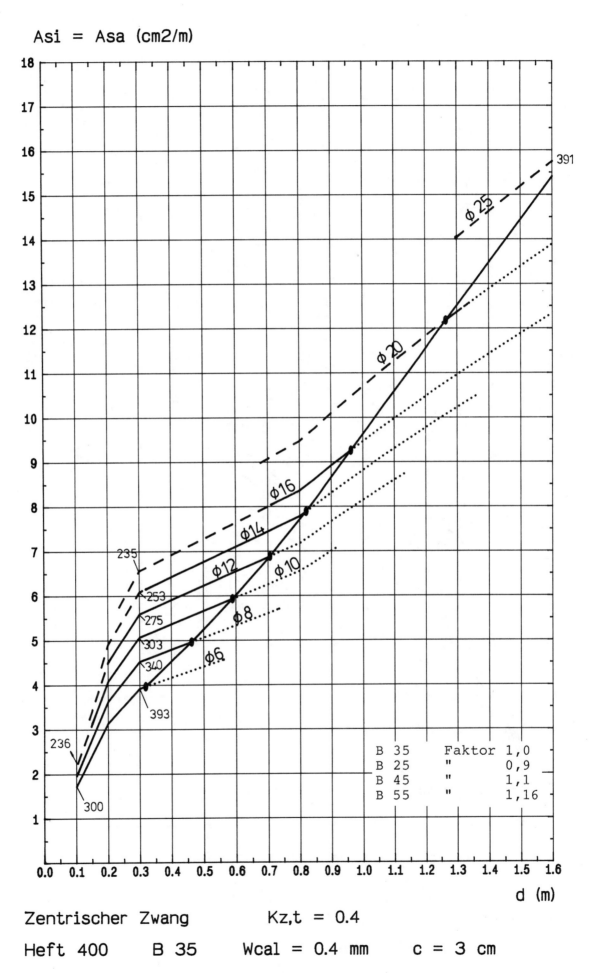

Zentrischer Zwang   Kz,t = 0.4

Heft 400   B 35   Wcal = 0.4 mm   c = 3 cm

Asi = Asa (cm2/m)

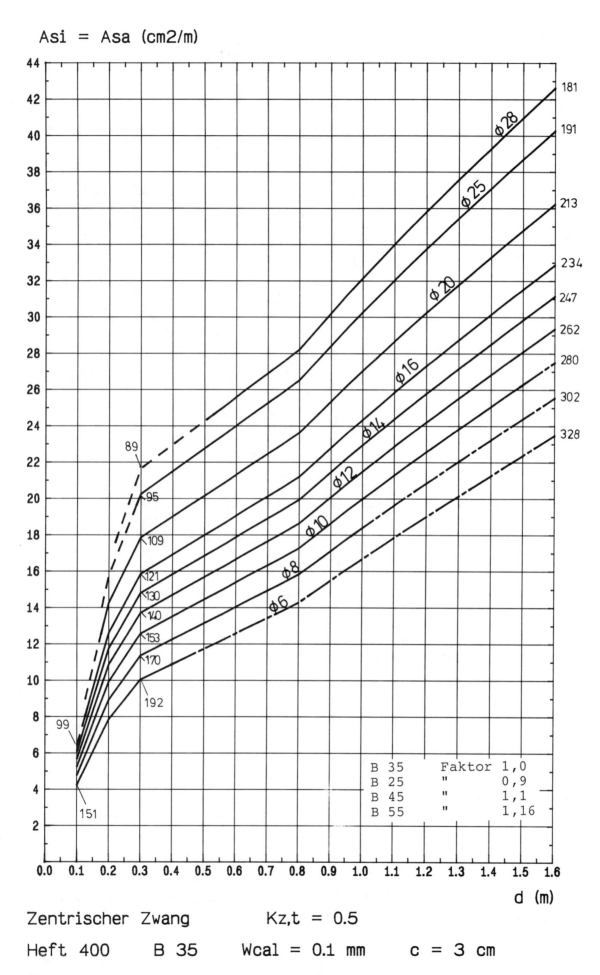

Zentrischer Zwang   Kz,t = 0.5

Heft 400   B 35   Wcal = 0.1 mm   c = 3 cm

Asi = Asa (cm2/m)

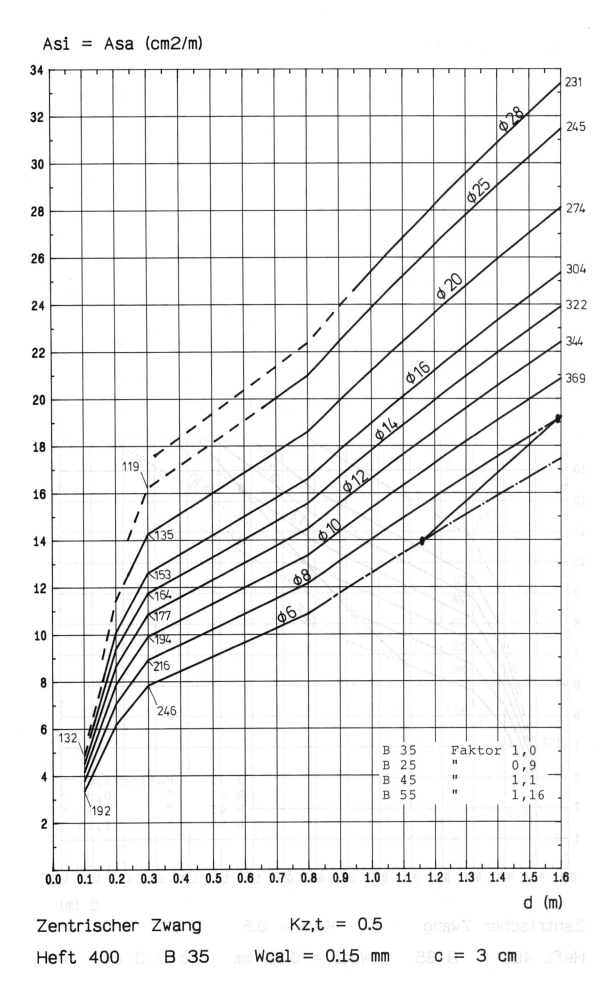

Zentrischer Zwang   Kz,t = 0.5

Heft 400   B 35   Wcal = 0.15 mm   c = 3 cm

Asi = Asa (cm2/m)

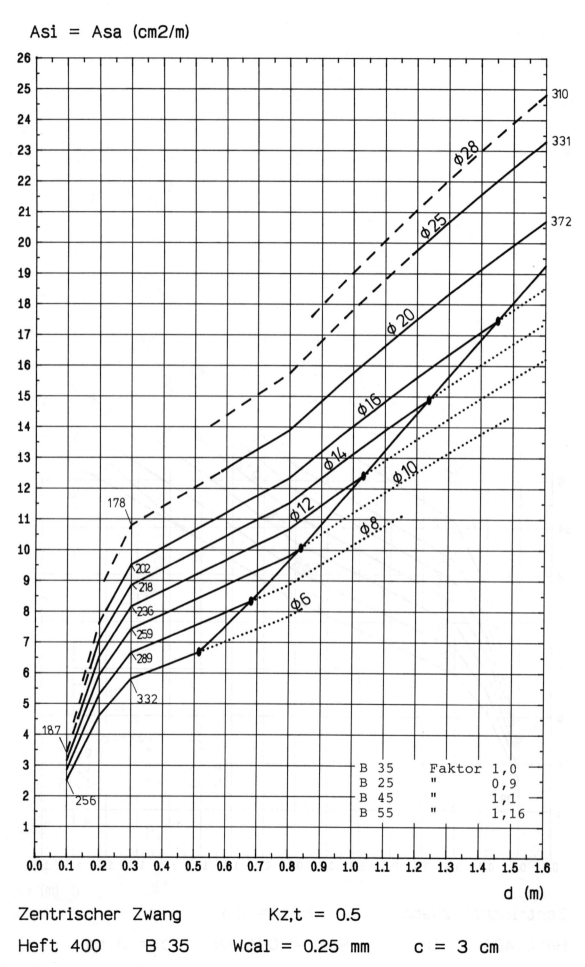

Zentrischer Zwang   Kz,t = 0.5

Heft 400   B 35   Wcal = 0.25 mm   c = 3 cm

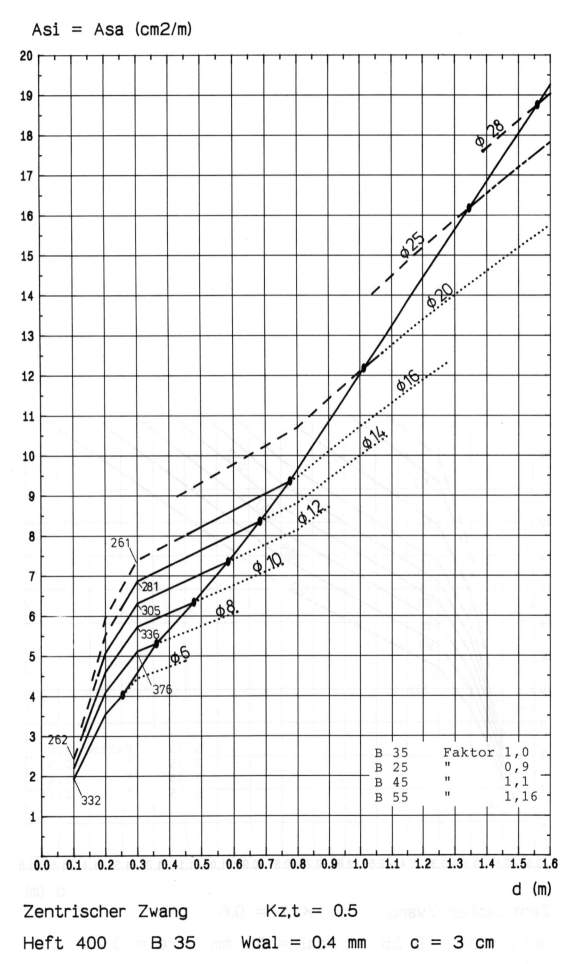

Asi = Asa (cm2/m)

B 35	Faktor 1,0
B 25	" 0,9
B 45	" 1,1
B 55	" 1,16

d (m)

Zentrischer Zwang   Kz,t = 0.5

Heft 400   B 35   Wcal = 0.4 mm   c = 3 cm

Asi = Asa (cm2/m)

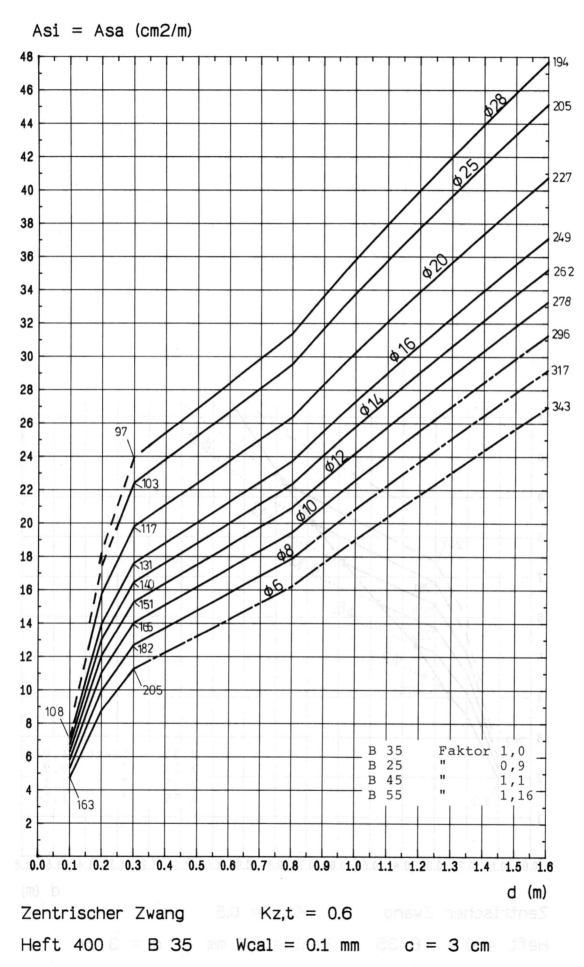

Zentrischer Zwang   Kz,t = 0.6

Heft 400   B 35   Wcal = 0.1 mm   c = 3 cm

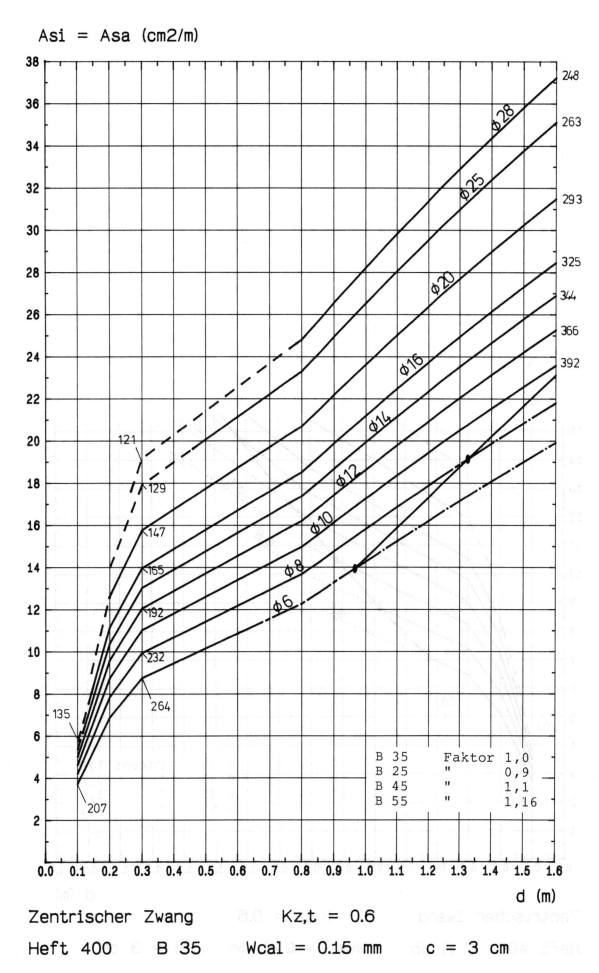

Asi = Asa (cm2/m)

Zentrischer Zwang   Kz,t = 0.6

Heft 400   B 35   Wcal = 0.15 mm   c = 3 cm

B 35   Faktor 1,0
B 25   "   0,9
B 45   "   1,1
B 55   "   1,16

Asi = Asa (cm2/m)

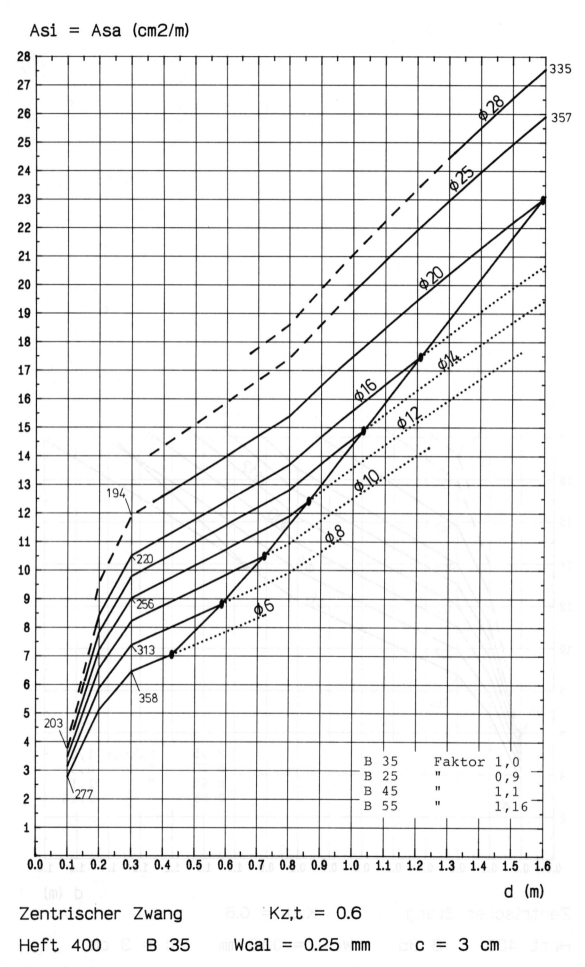

Zentrischer Zwang   Kz,t = 0.6

Heft 400   B 35   Wcal = 0.25 mm   c = 3 cm

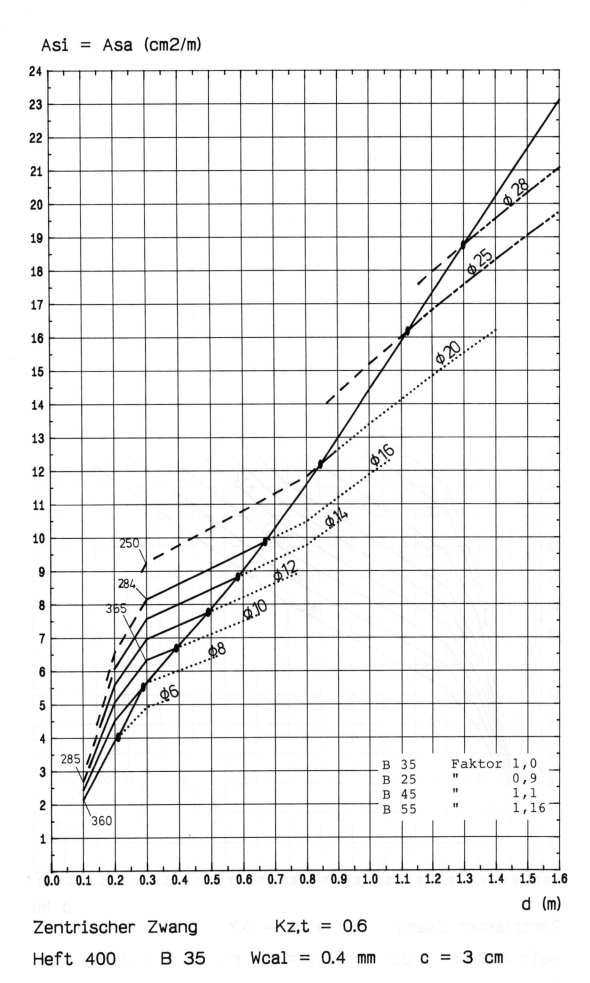

Asi = Asa (cm2/m)

d (m)

Zentrischer Zwang   Kz,t = 0.6

Heft 400   B 35   Wcal = 0.4 mm   c = 3 cm

Asi = Asa (cm2/m)

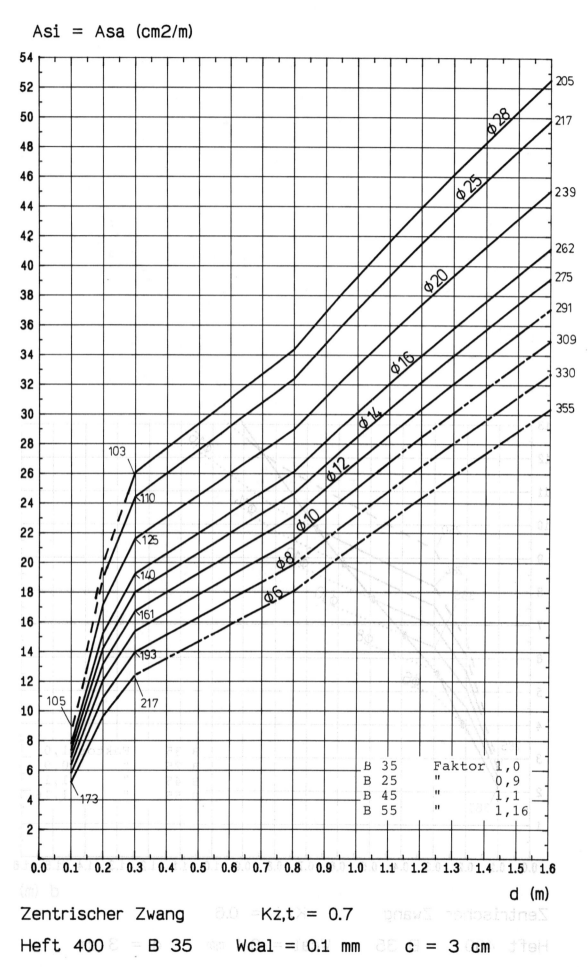

Zentrischer Zwang   Kz,t = 0.7

Heft 400   B 35   Wcal = 0.1 mm   c = 3 cm

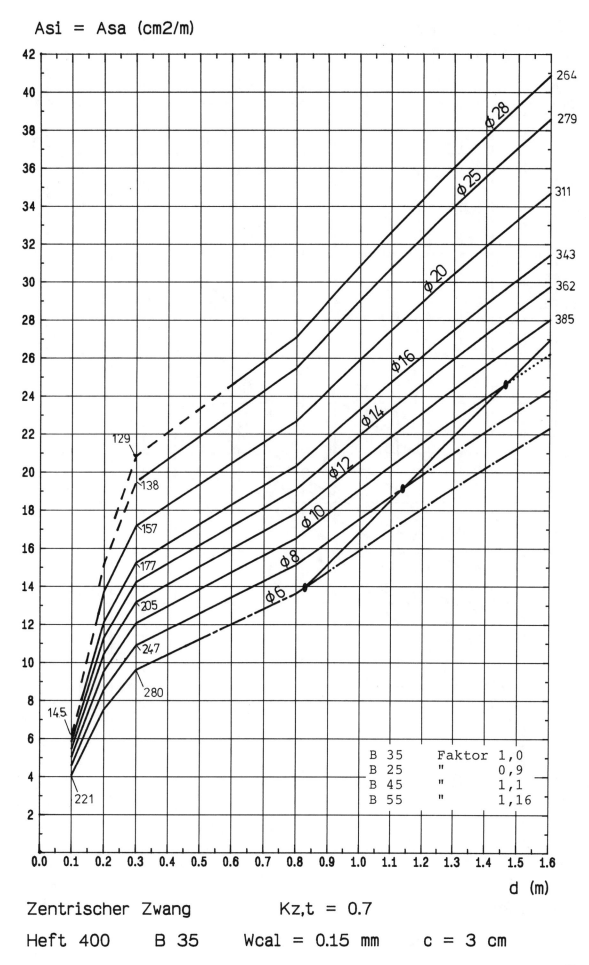

Asi = Asa (cm2/m)

Zentrischer Zwang   Kz,t = 0.7

Heft 400   B 35   Wcal = 0.15 mm   c = 3 cm

Asi = Asa (cm2/m)

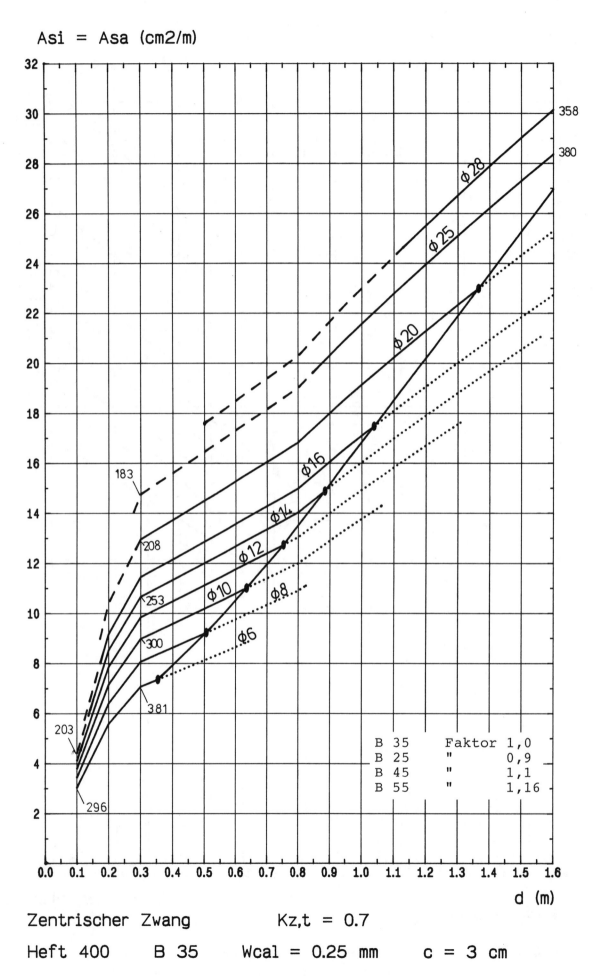

d (m)

Zentrischer Zwang   Kz,t = 0.7

Heft 400   B 35   Wcal = 0.25 mm   c = 3 cm

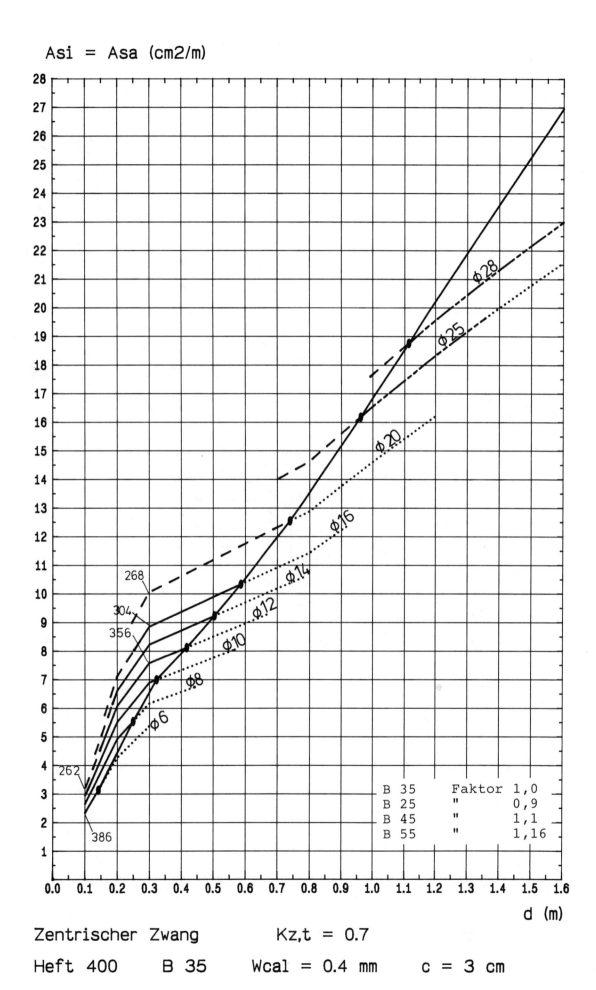

Asi = Asa (cm2/m)

Zentrischer Zwang   Kz,t = 0.7

Heft 400   B 35   Wcal = 0.4 mm   c = 3 cm

B 35	Faktor	1,0
B 25	"	0,9
B 45	"	1,1
B 55	"	1,16

Asi = Asa (cm2/m)

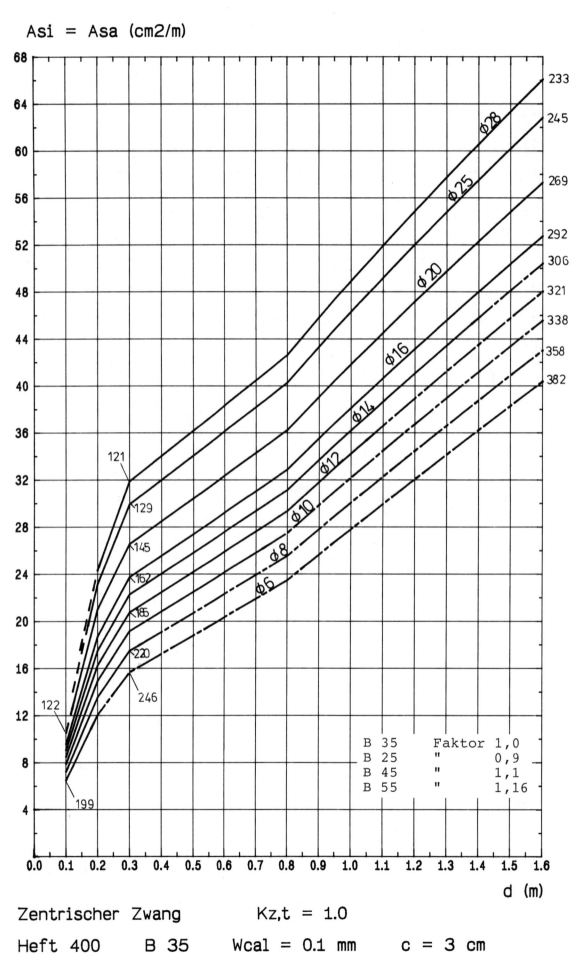

Zentrischer Zwang   Kz,t = 1.0

Heft 400   B 35   Wcal = 0.1 mm   c = 3 cm

Asi = Asa (cm2/m)

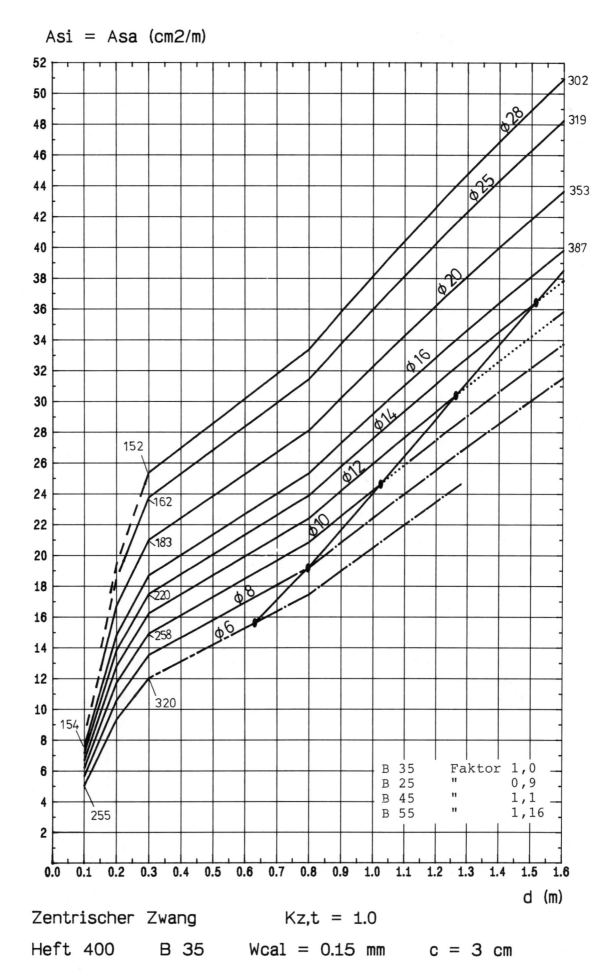

Zentrischer Zwang   Kz,t = 1.0

Heft 400   B 35   Wcal = 0.15 mm   c = 3 cm

Asi = Asa (cm2/m)

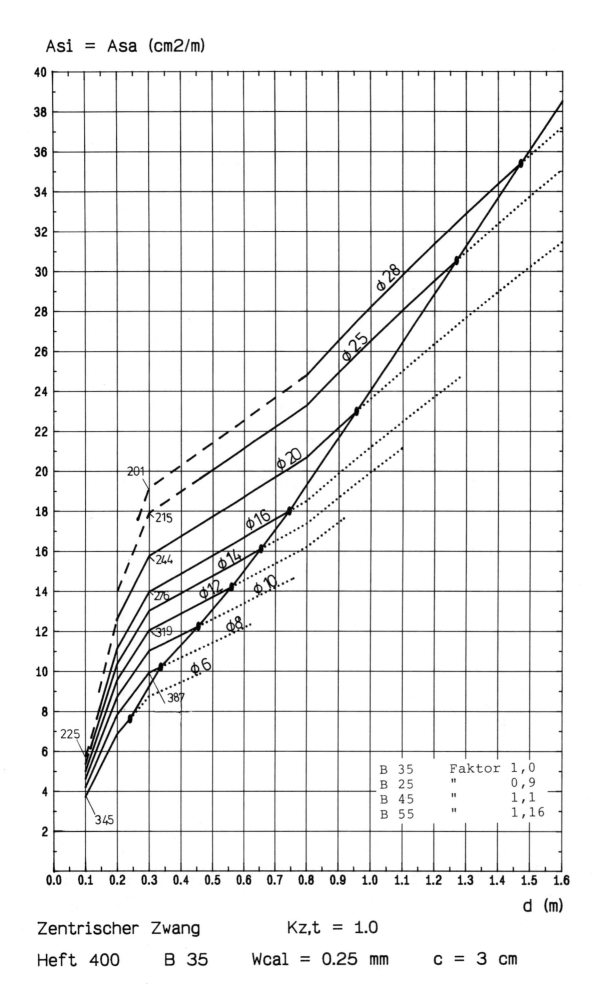

Zentrischer Zwang   Kz,t = 1.0

Heft 400   B 35   Wcal = 0.25 mm   c = 3 cm

Asi = Asa (cm2/m)

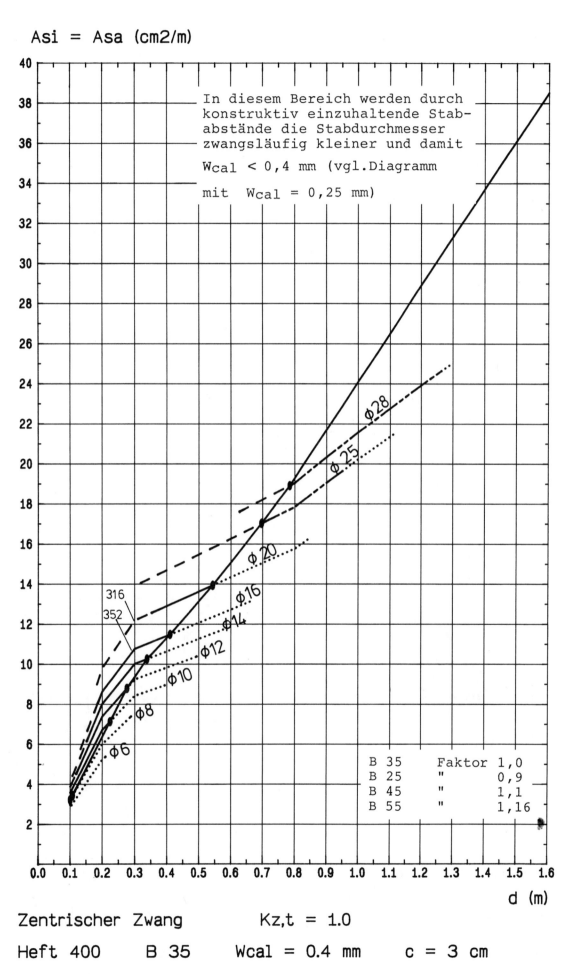

In diesem Bereich werden durch
konstruktiv einzuhaltende Stababstände die Stabdurchmesser
zwangsläufig kleiner und damit

$W_{cal} < 0,4$ mm (vgl.Diagramm

mit $W_{cal} = 0,25$ mm)

B 35	Faktor	1,0
B 25	"	0,9
B 45	"	1,1
B 55	"	1,16

d (m)

Zentrischer Zwang   Kz,t = 1.0

Heft 400   B 35   Wcal = 0.4 mm   c = 3 cm

Asi = Asa (cm2/m)

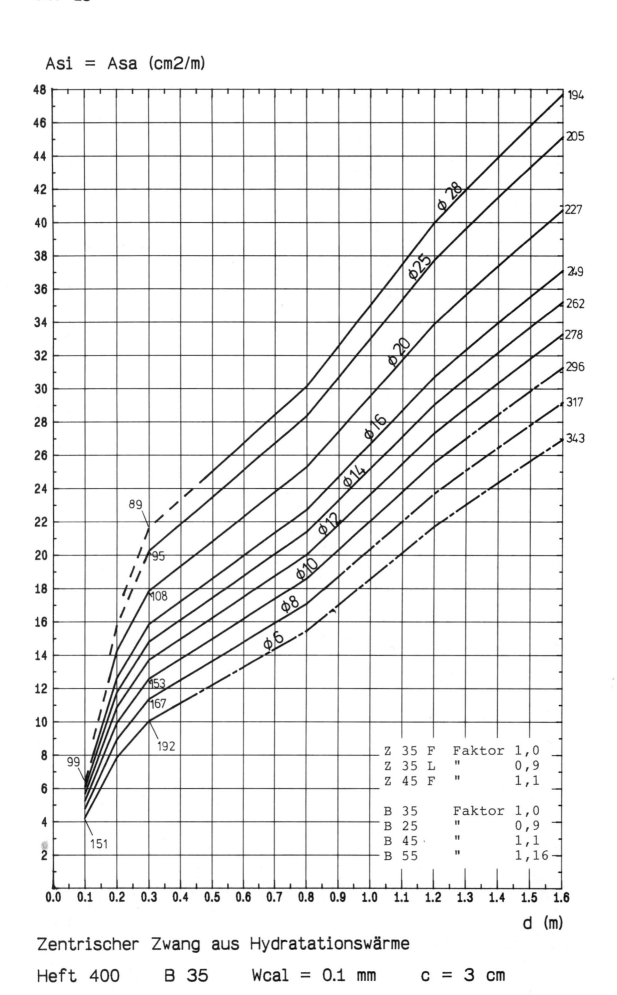

d (m)

Zentrischer Zwang aus Hydratationswärme

Heft 400   B 35   Wcal = 0.1 mm   c = 3 cm

Asi = Asa (cm2/m)

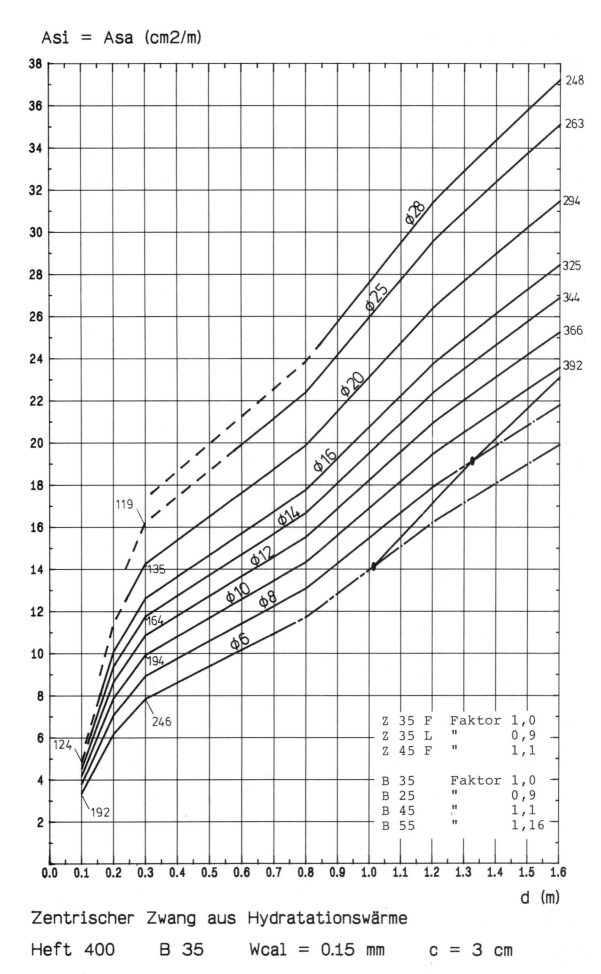

Zentrischer Zwang aus Hydratationswärme

Heft 400   B 35   Wcal = 0.15 mm   c = 3 cm

Asi = Asa (cm2/m)

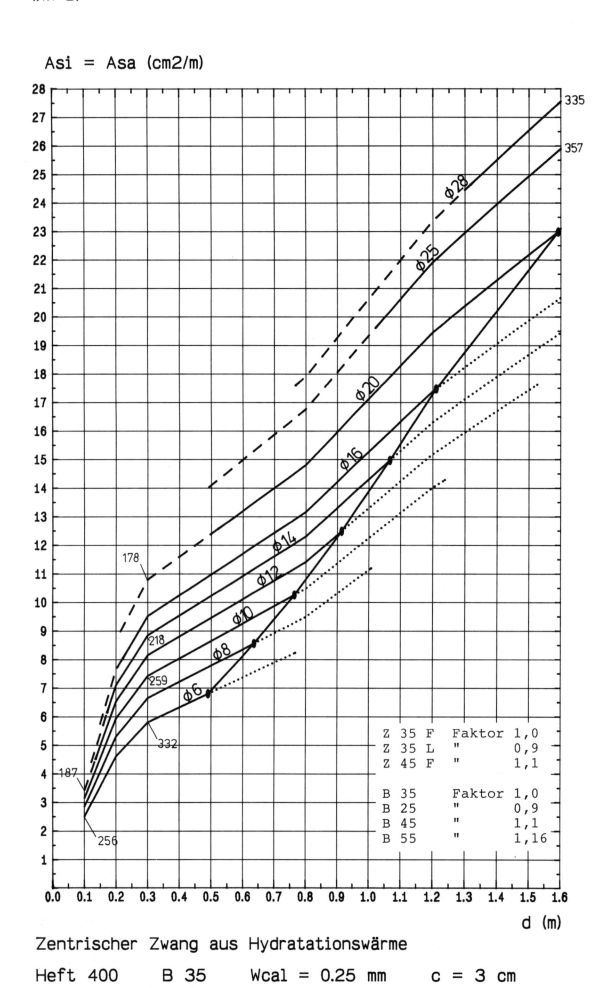

Z 35 F   Faktor 1,0
Z 35 L   "   0,9
Z 45 F   "   1,1

B 35   Faktor 1,0
B 25   "   0,9
B 45   "   1,1
B 55   "   1,16

d (m)

Zentrischer Zwang aus Hydratationswärme

Heft 400   B 35   Wcal = 0.25 mm   c = 3 cm

Asi = Asa (cm2/m)

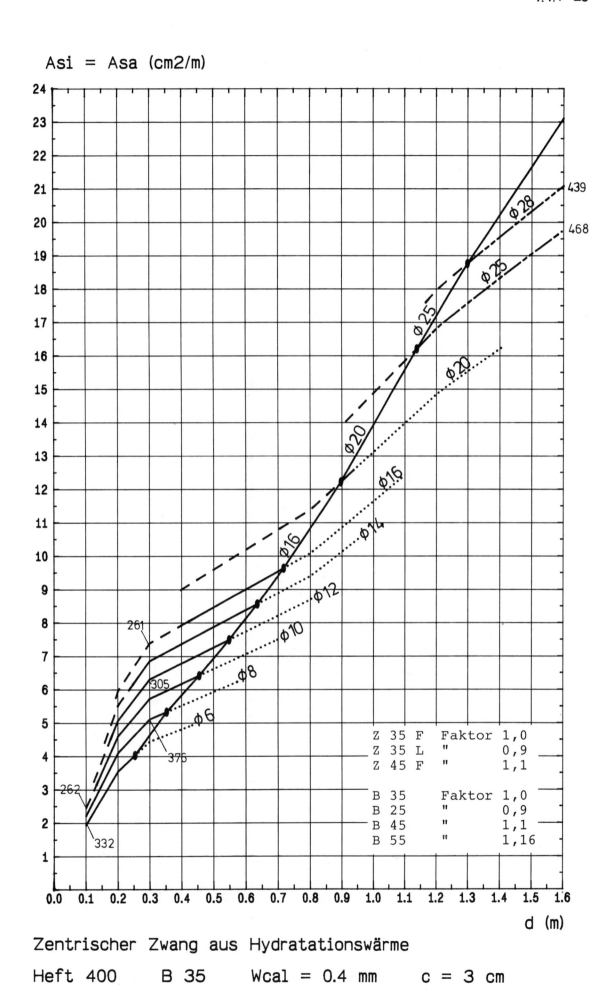

Zentrischer Zwang aus Hydratationswärme

Heft 400   B 35   Wcal = 0.4 mm   c = 3 cm

Asi = Asa (cm2/m)

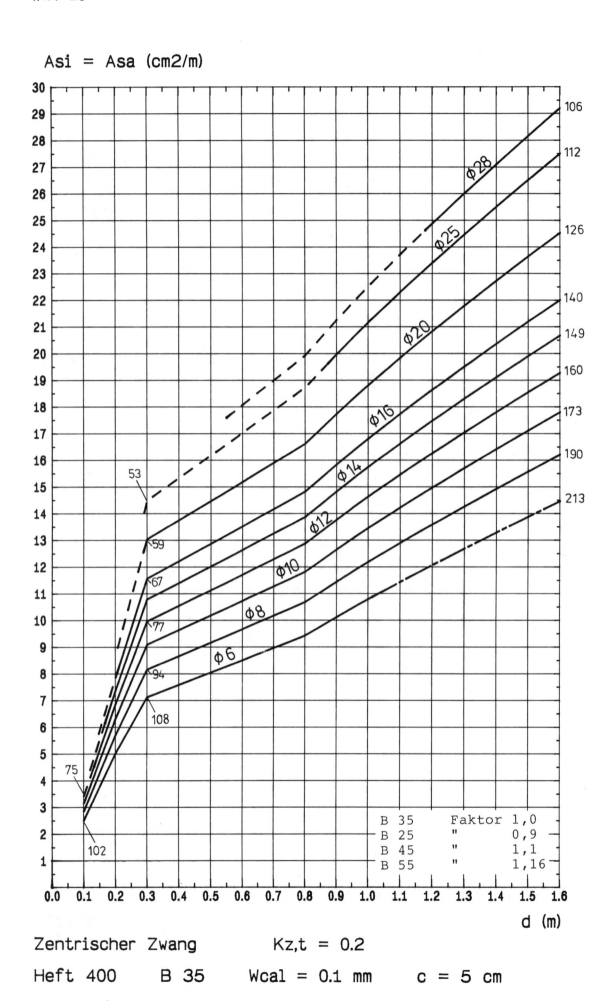

Zentrischer Zwang   Kz,t = 0.2

Heft 400   B 35   Wcal = 0.1 mm   c = 5 cm

Asi = Asa (cm2/m)

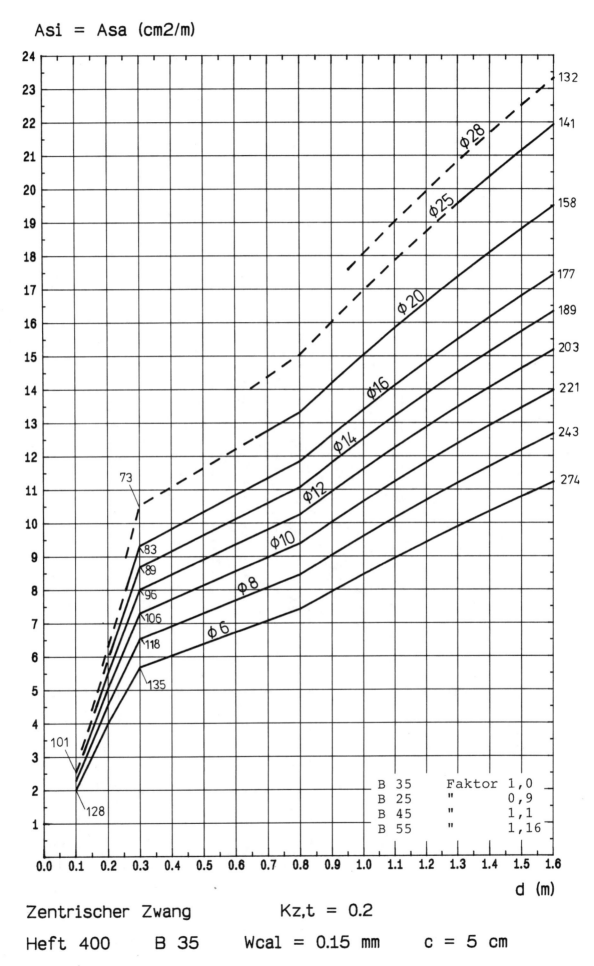

Zentrischer Zwang   Kz,t = 0.2

Heft 400   B 35   Wcal = 0.15 mm   c = 5 cm

Asi = Asa (cm2/m)

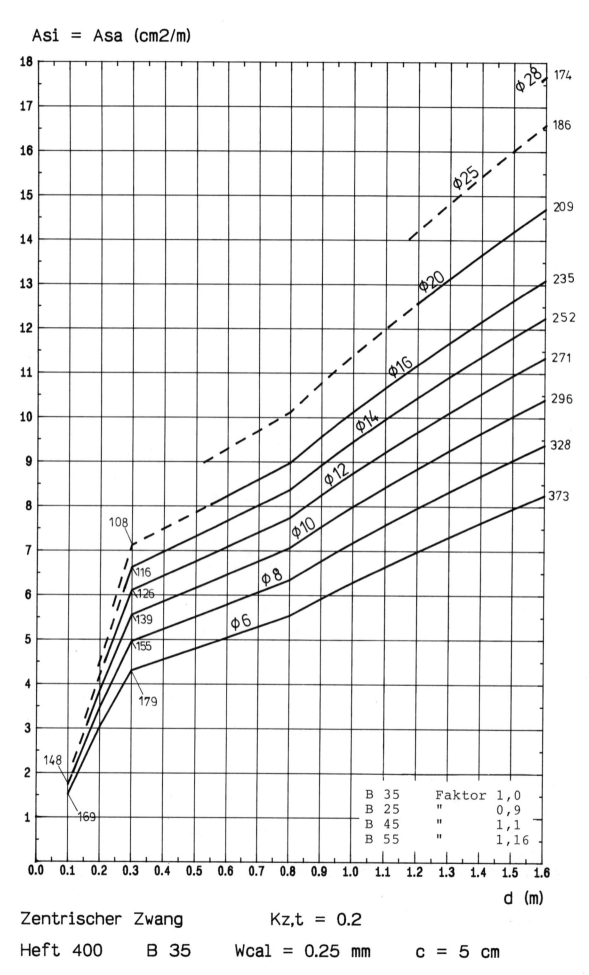

d (m)

Zentrischer Zwang   Kz,t = 0.2

Heft 400   B 35   Wcal = 0.25 mm   c = 5 cm

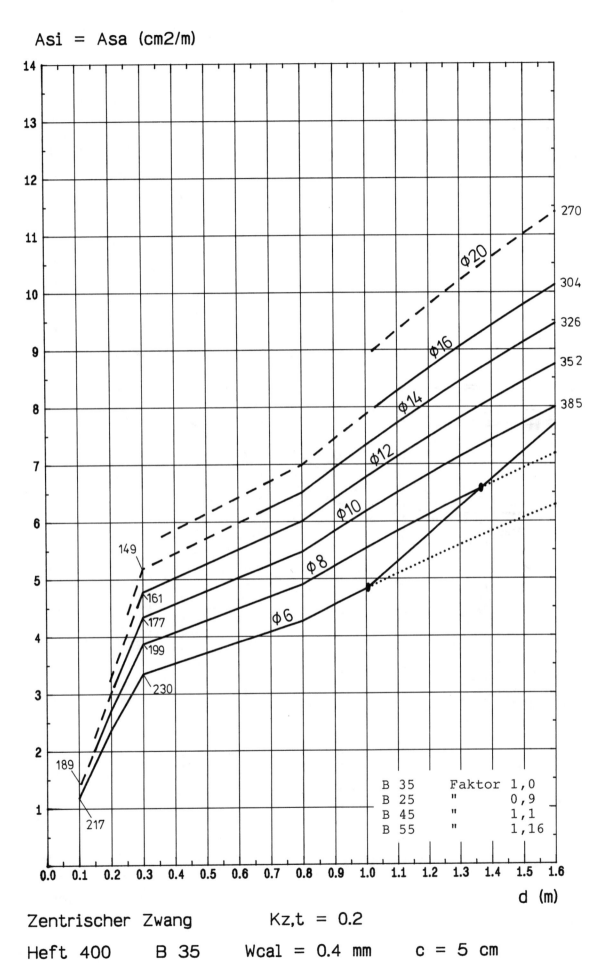

Asi = Asa (cm2/m)

Zentrischer Zwang   Kz,t = 0.2

Heft 400   B 35   Wcal = 0.4 mm   c = 5 cm

Asi = Asa (cm2/m)

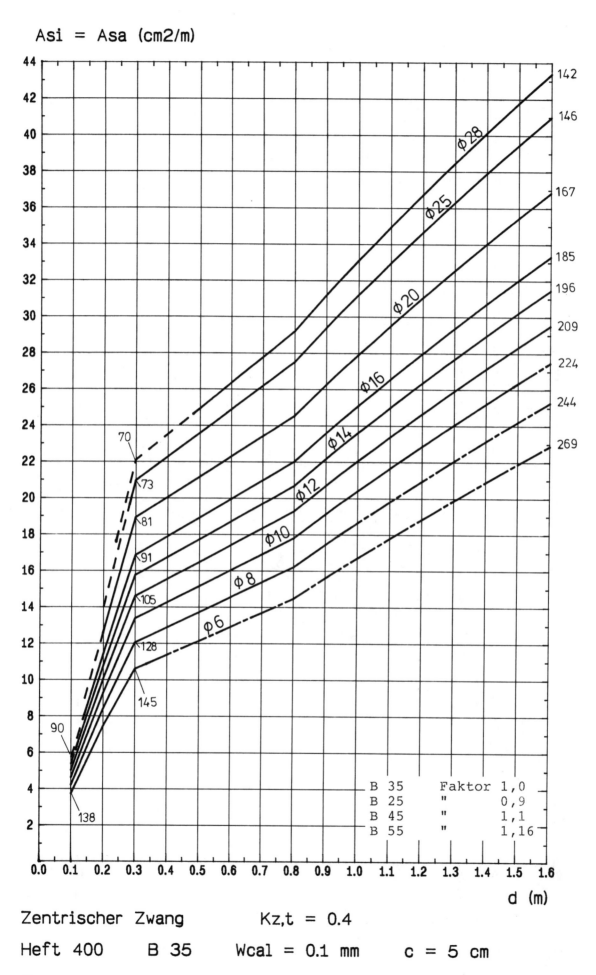

Zentrischer Zwang   Kz,t = 0.4

Heft 400   B 35   Wcal = 0.1 mm   c = 5 cm

Asi = Asa (cm2/m)

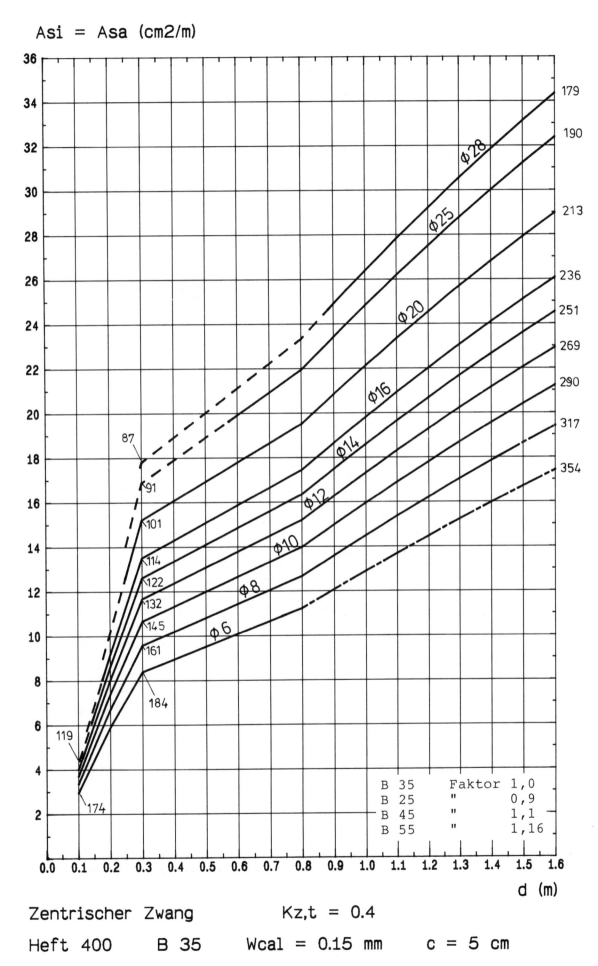

Zentrischer Zwang   Kz,t = 0.4

Heft 400   B 35   Wcal = 0.15 mm   c = 5 cm

Asi = Asa (cm2/m)

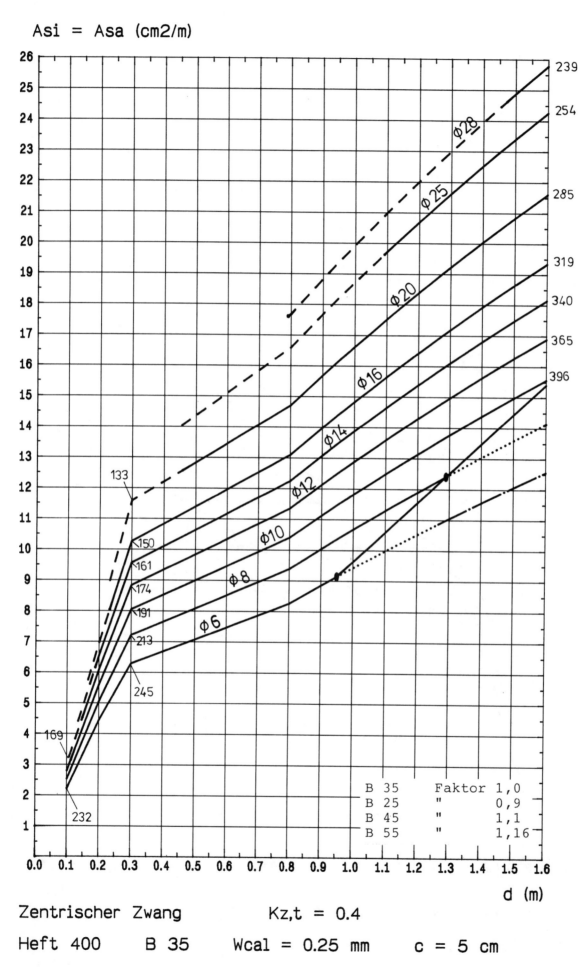

d (m)

Zentrischer Zwang   Kz,t = 0.4

Heft 400   B 35   Wcal = 0.25 mm   c = 5 cm

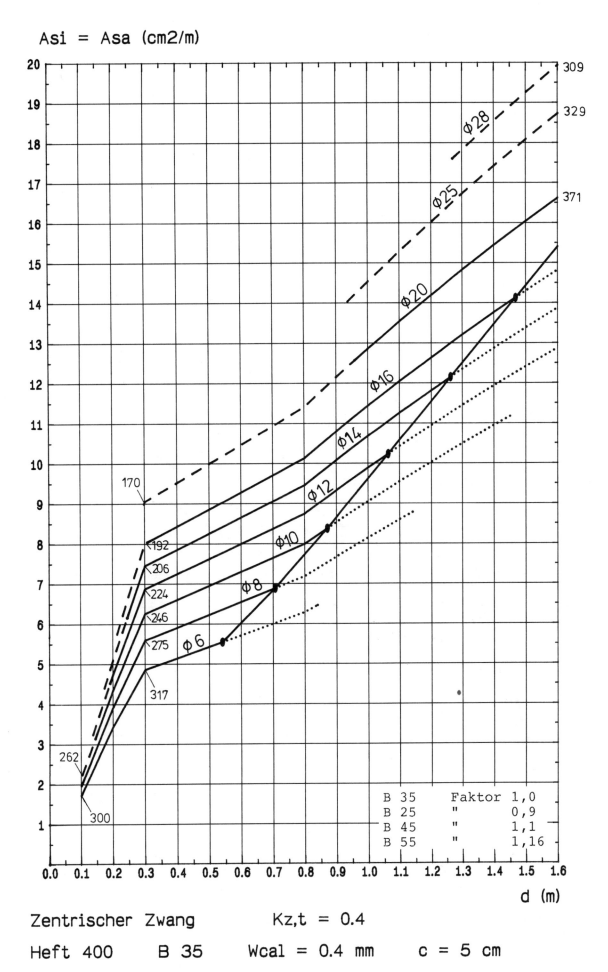

Asi = Asa (cm2/m)

Zentrischer Zwang   Kz,t = 0.4

Heft 400   B 35   Wcal = 0.4 mm   c = 5 cm

1.1.1-37

Asi = Asa (cm2/m)

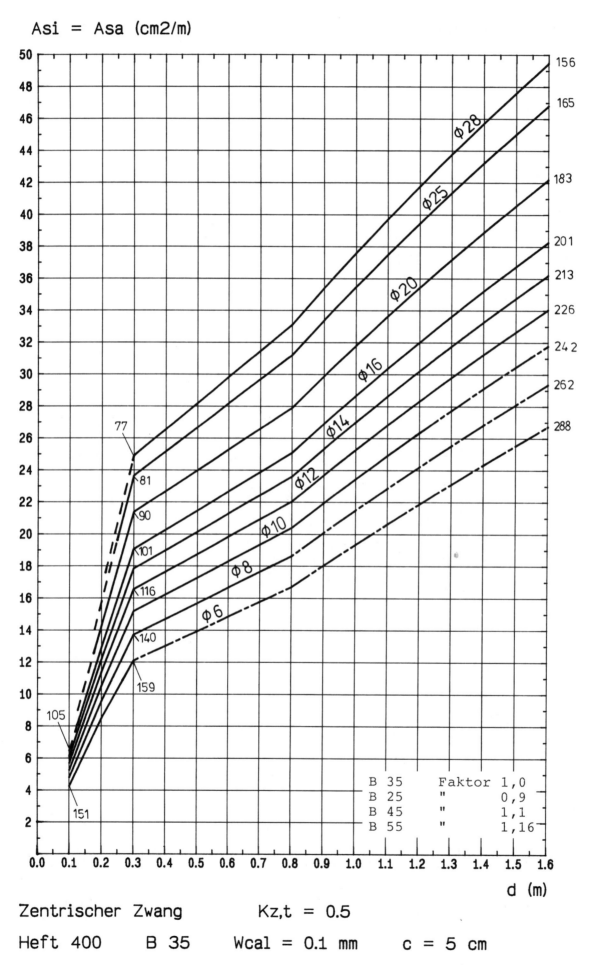

Zentrischer Zwang   Kz,t = 0.5

Heft 400   B 35   Wcal = 0.1 mm   c = 5 cm

64

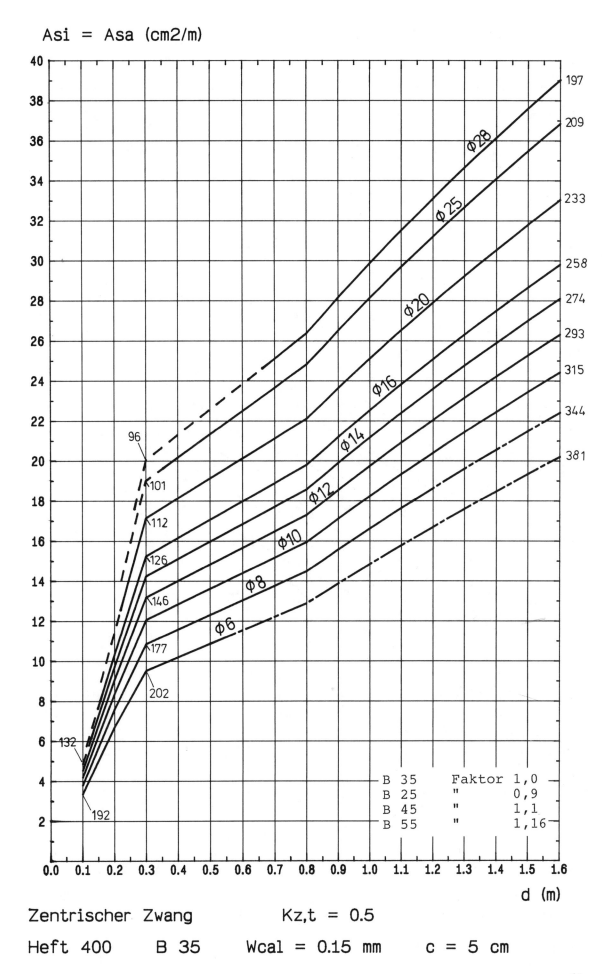

Asi = Asa (cm2/m)

Zentrischer Zwang   Kz,t = 0.5

Heft 400   B 35   Wcal = 0.15 mm   c = 5 cm

Asi = Asa (cm2/m)

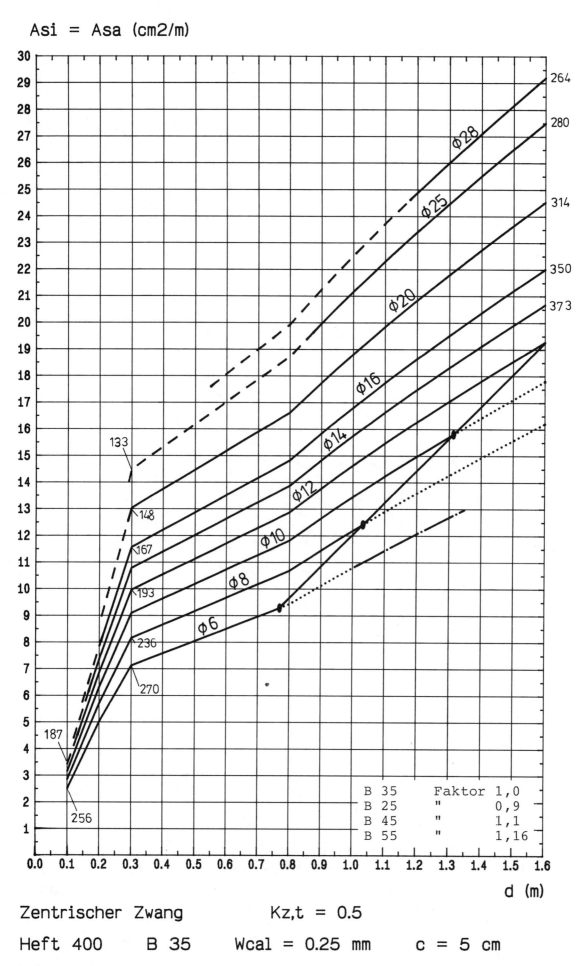

Zentrischer Zwang   Kz,t = 0.5

Heft 400   B 35   Wcal = 0.25 mm   c = 5 cm

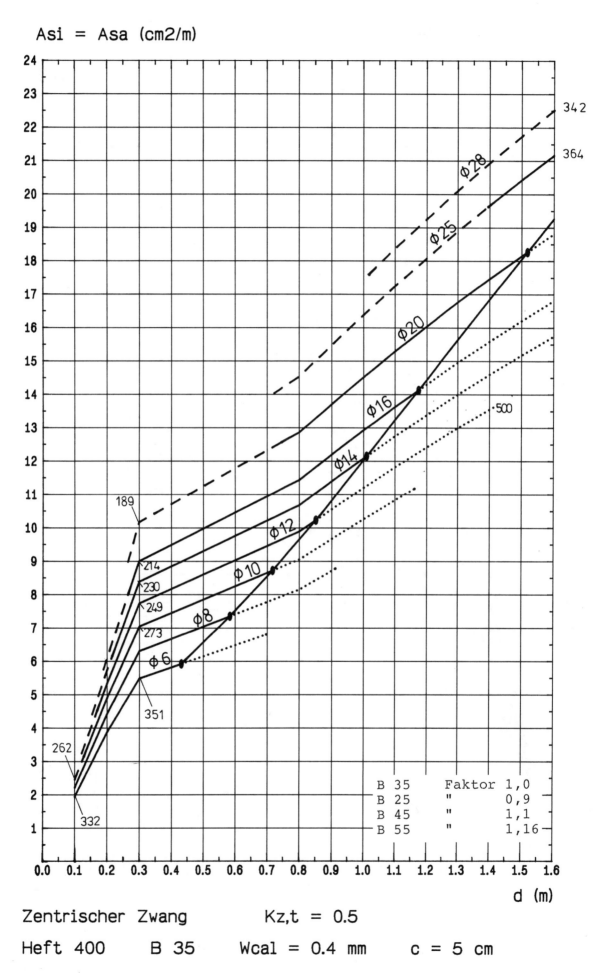

Asi = Asa (cm2/m)

Zentrischer Zwang   Kz,t = 0.5

Heft 400   B 35   Wcal = 0.4 mm   c = 5 cm

Asi = Asa (cm2/m)

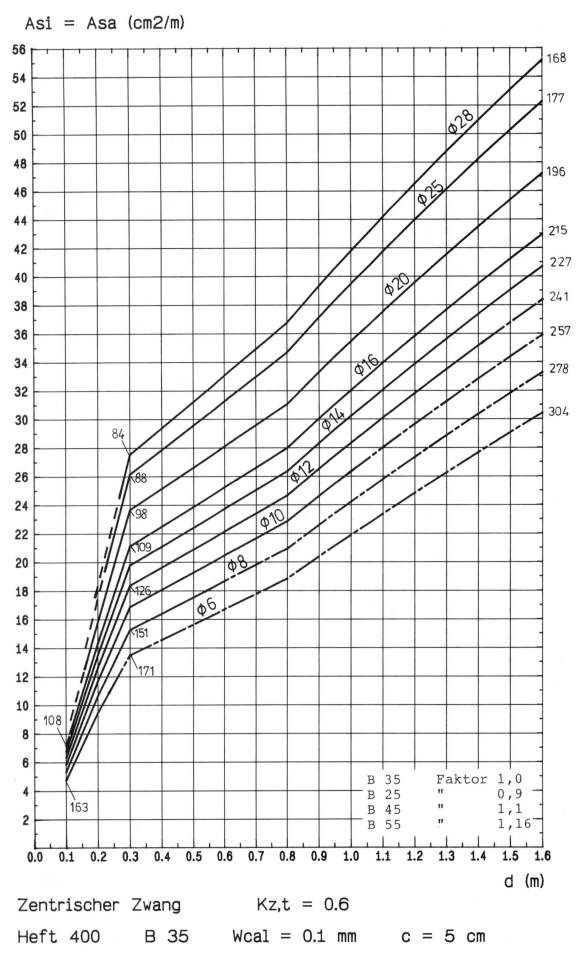

Zentrischer Zwang   Kz,t = 0.6

Heft 400   B 35   Wcal = 0.1 mm   c = 5 cm

Asi = Asa (cm2/m)

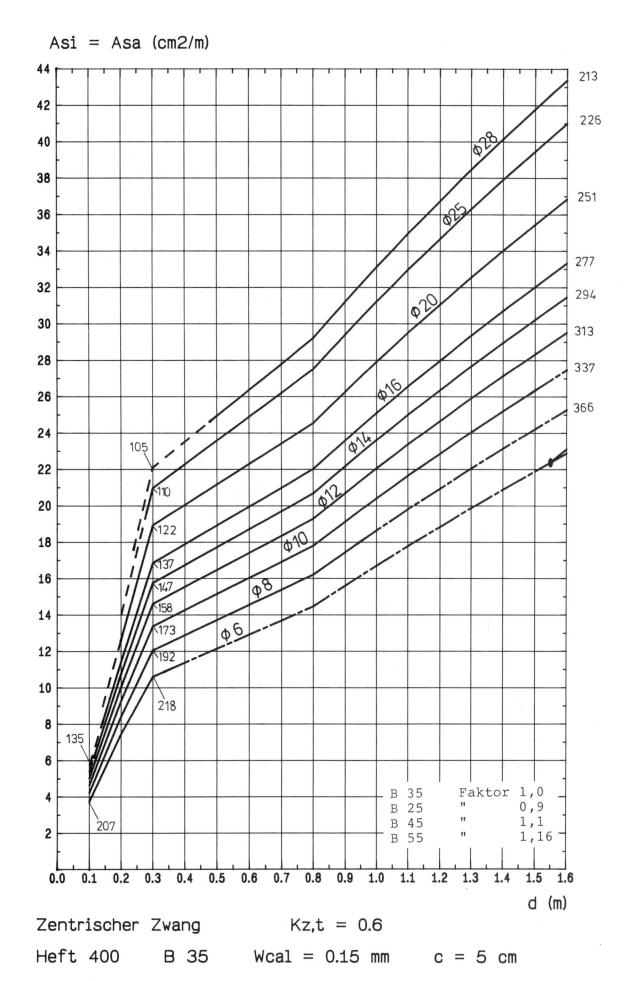

Zentrischer Zwang   Kz,t = 0.6

Heft 400   B 35   Wcal = 0.15 mm   c = 5 cm

Asi = Asa (cm2/m)

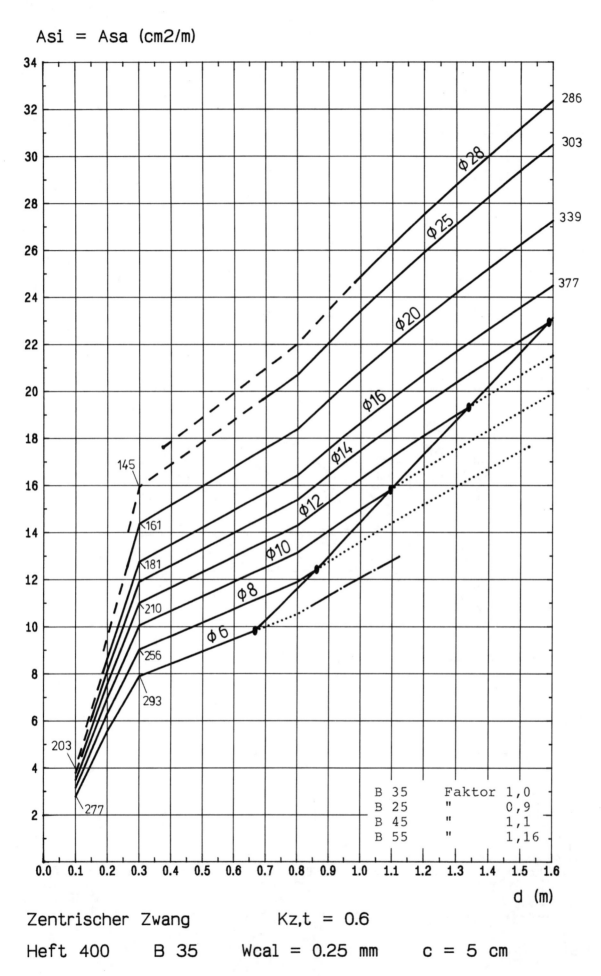

Zentrischer Zwang   Kz,t = 0.6

Heft 400   B 35   Wcal = 0.25 mm   c = 5 cm

Asi = Asa (cm2/m)

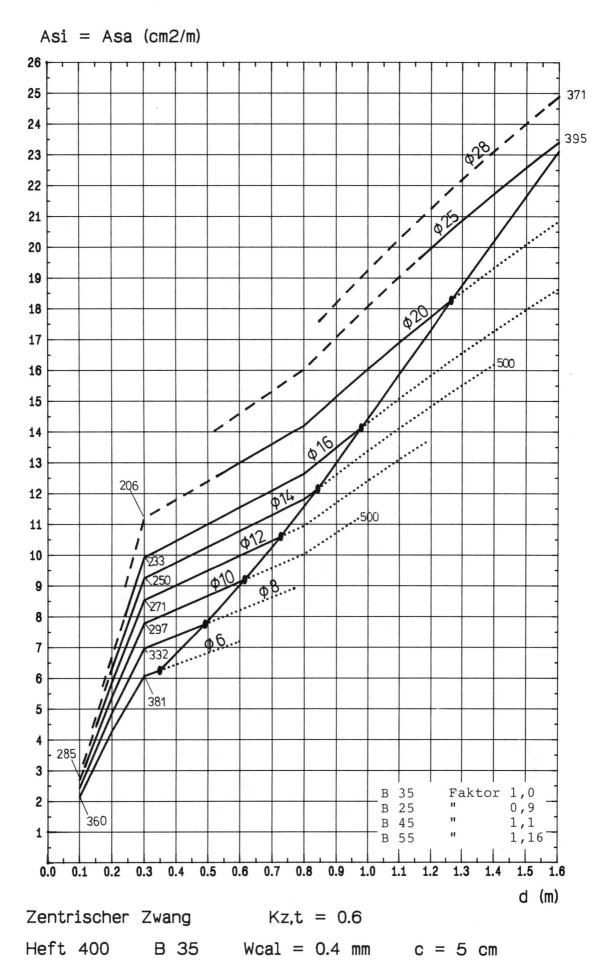

Zentrischer Zwang   Kz,t = 0.6

Heft 400   B 35   Wcal = 0.4 mm   c = 5 cm

Asi = Asa (cm2/m)

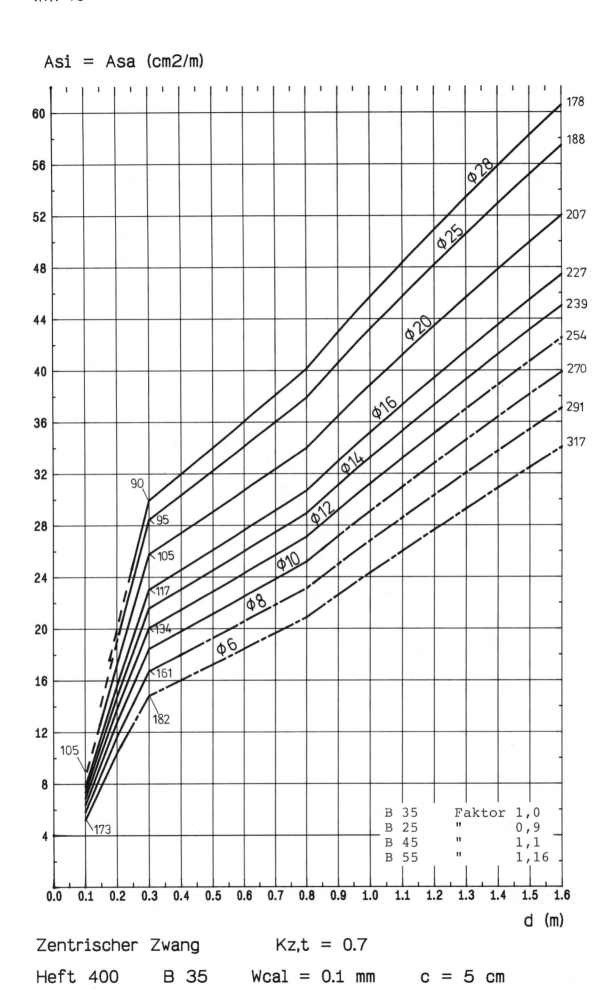

Zentrischer Zwang   Kz,t = 0.7

Heft 400   B 35   Wcal = 0.1 mm   c = 5 cm

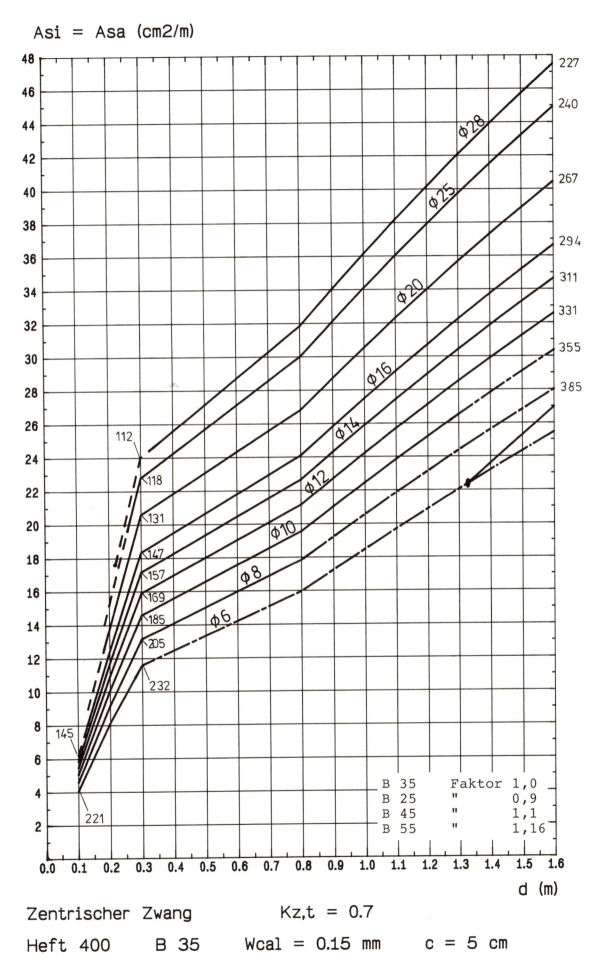

Asi = Asa (cm2/m)

d (m)

Zentrischer Zwang   Kz,t = 0.7

Heft 400   B 35   Wcal = 0.15 mm   c = 5 cm

B 35	Faktor	1,0
B 25	"	0,9
B 45	"	1,1
B 55	"	1,16

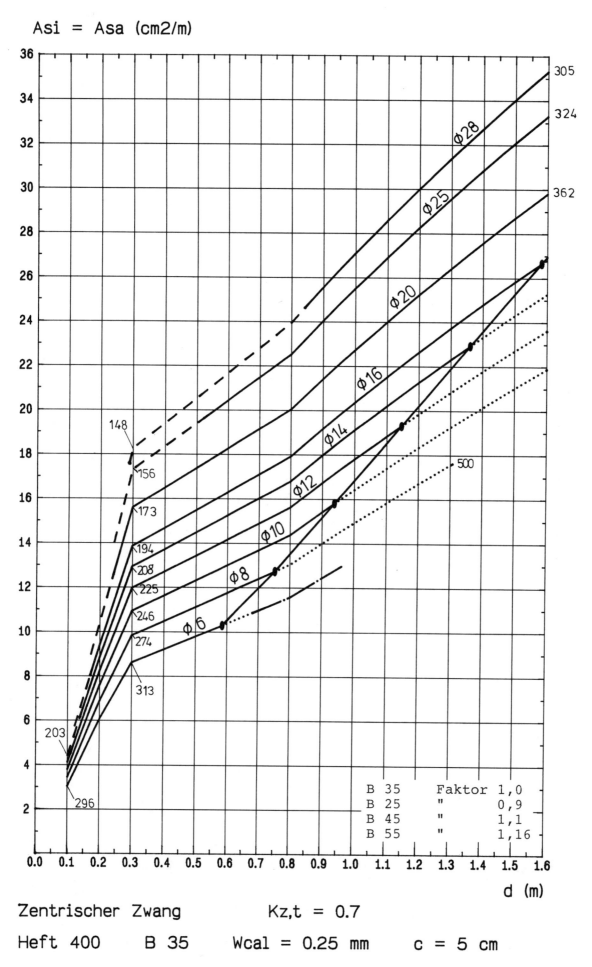

Asi = Asa (cm2/m)

Zentrischer Zwang   Kz,t = 0.7

Heft 400   B 35   Wcal = 0.25 mm   c = 5 cm

Asi = Asa (cm2/m)

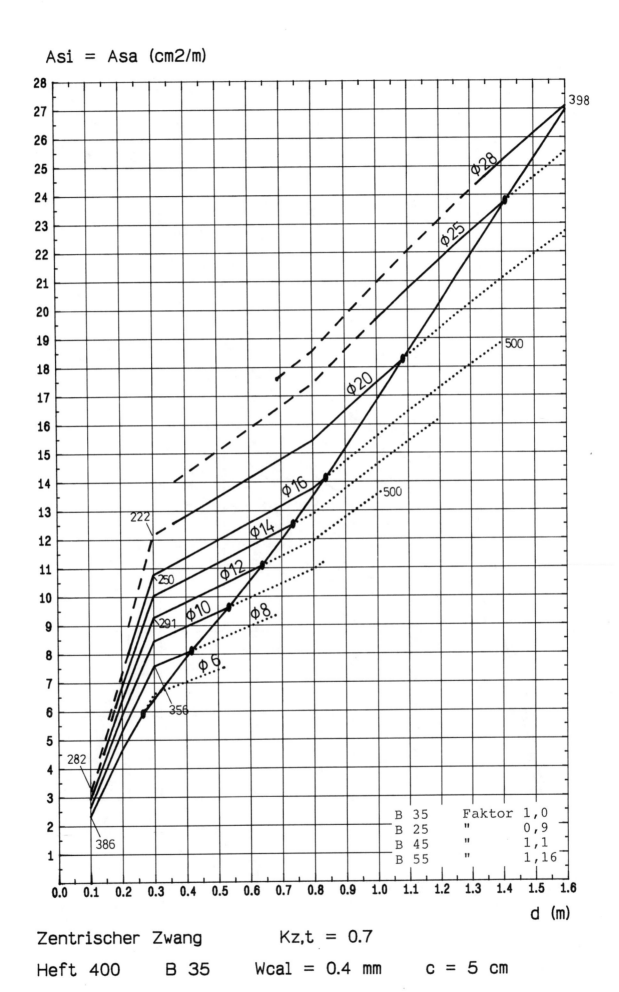

Zentrischer Zwang   Kz,t = 0.7

Heft 400   B 35   Wcal = 0.4 mm   c = 5 cm

Asi = Asa (cm2/m)

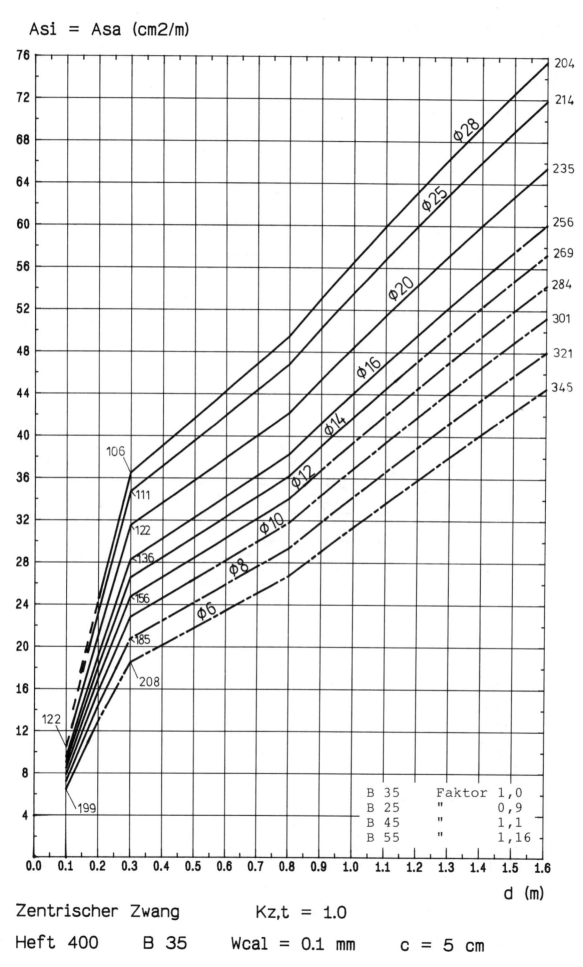

Zentrischer Zwang   Kz,t = 1.0

Heft 400   B 35   Wcal = 0.1 mm   c = 5 cm

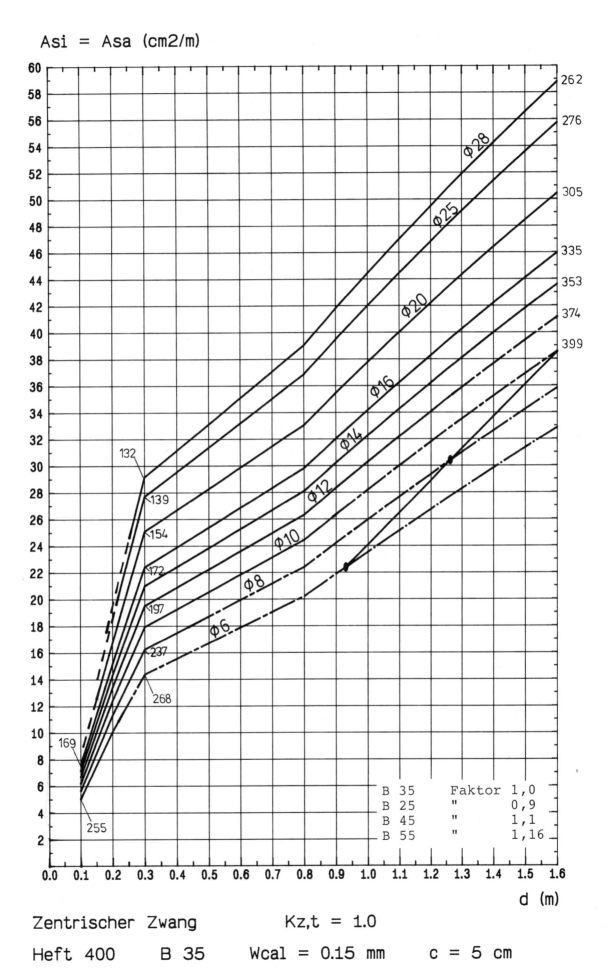

Asi = Asa (cm2/m)

Zentrischer Zwang   Kz,t = 1.0

Heft 400   B 35   Wcal = 0.15 mm   c = 5 cm

Asi = Asa (cm2/m)

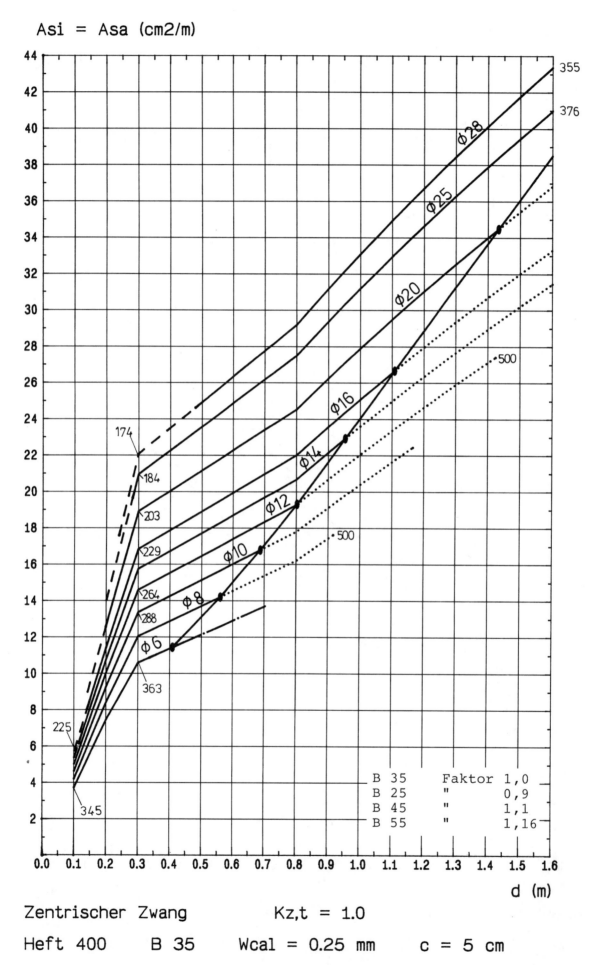

Zentrischer Zwang   Kz,t = 1.0

Heft 400   B 35   Wcal = 0.25 mm   c = 5 cm

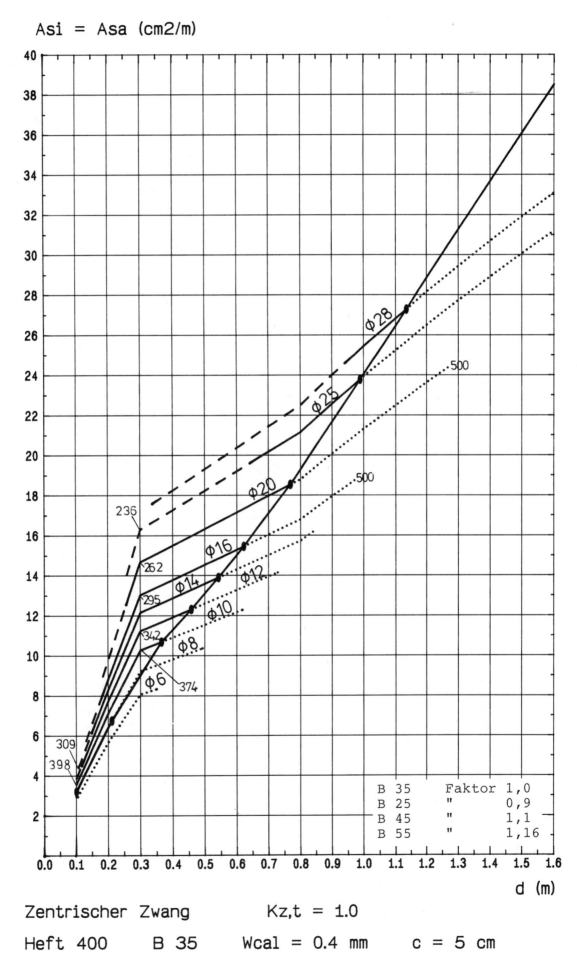

Asi = Asa (cm2/m)

d (m)

Zentrischer Zwang   Kz,t = 1.0

Heft 400   B 35   Wcal = 0.4 mm   c = 5 cm

Asi = Asa (cm2/m)

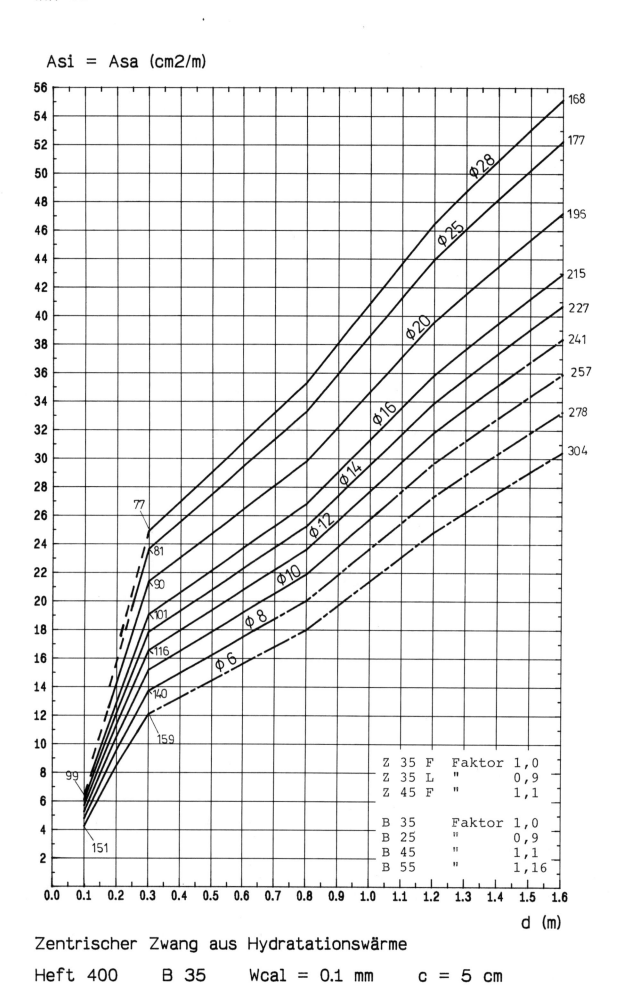

d (m)

Zentrischer Zwang aus Hydratationswärme

Heft 400   B 35   Wcal = 0.1 mm   c = 5 cm

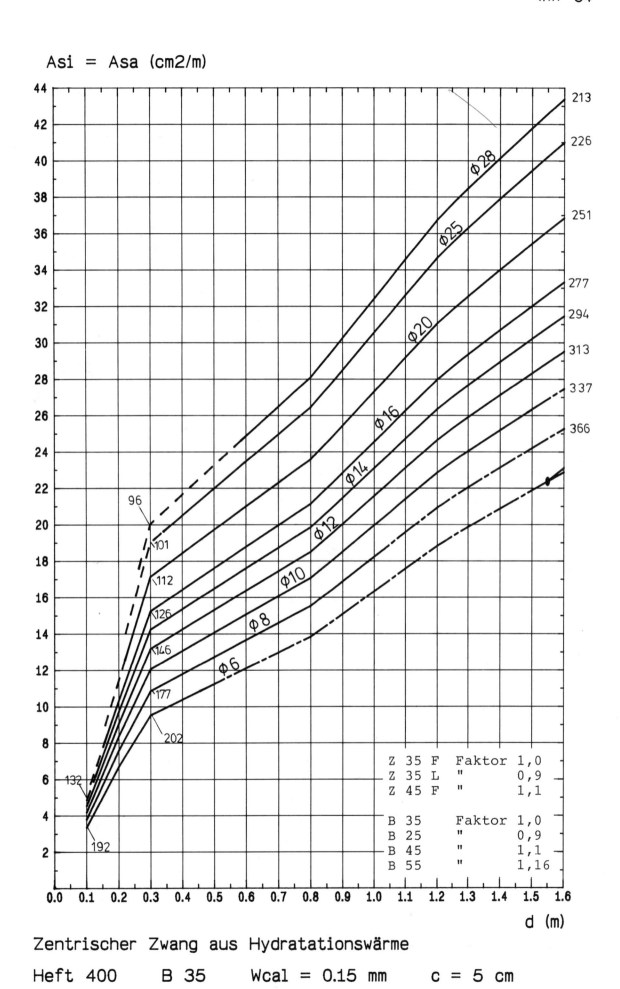

Asi = Asa (cm2/m)

Zentrischer Zwang aus Hydratationswärme

Heft 400   B 35   Wcal = 0.15 mm   c = 5 cm

81

Asi = Asa (cm2/m)

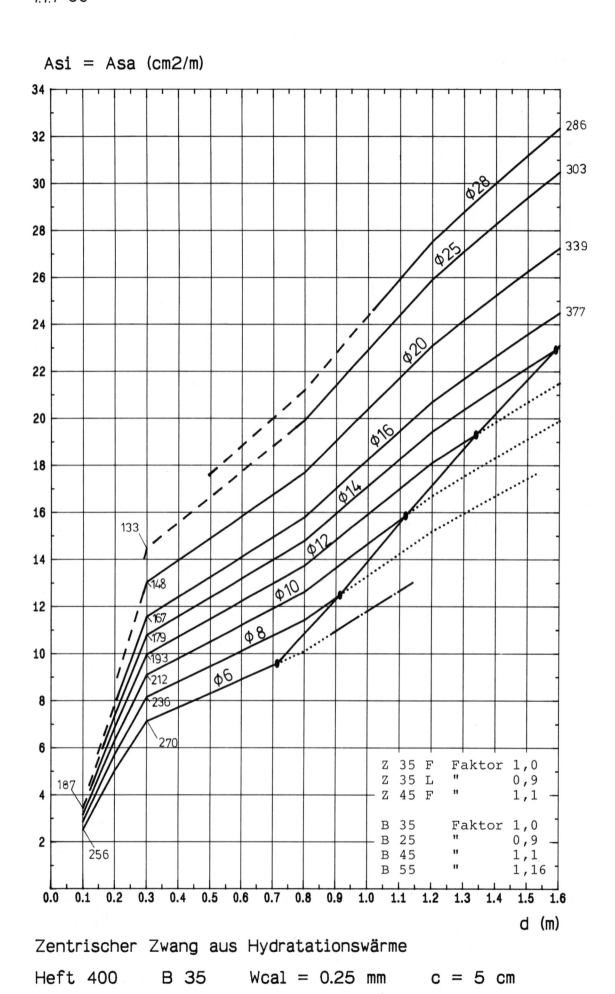

Zentrischer Zwang aus Hydratationswärme

Heft 400   B 35   Wcal = 0.25 mm   c = 5 cm

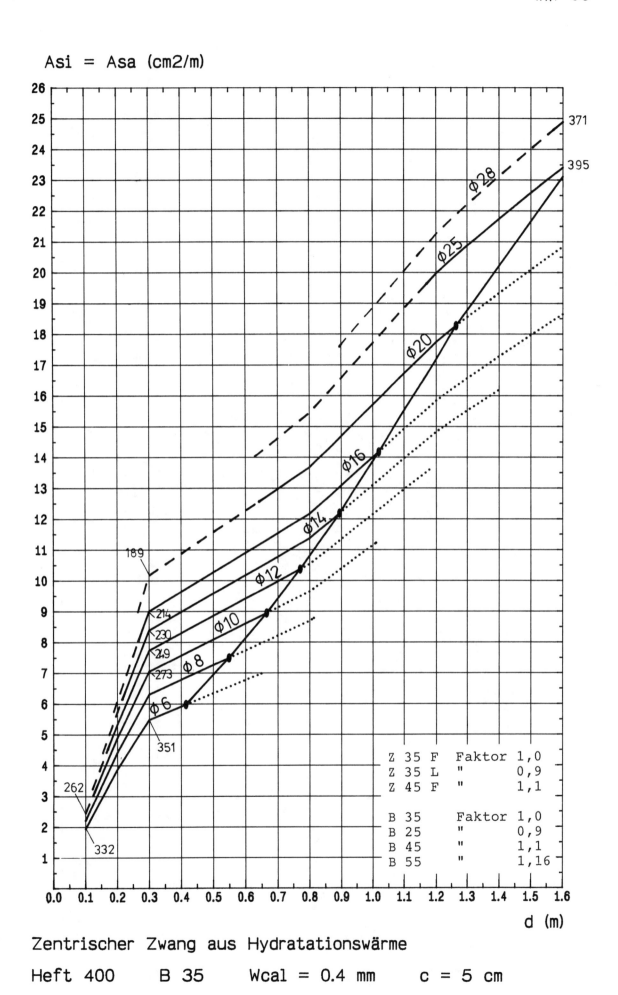

Asi = Asa (cm2/m)

Zentrischer Zwang aus Hydratationswärme

Heft 400   B 35   Wcal = 0.4 mm   c = 5 cm

Asi = Asa (cm2/m)

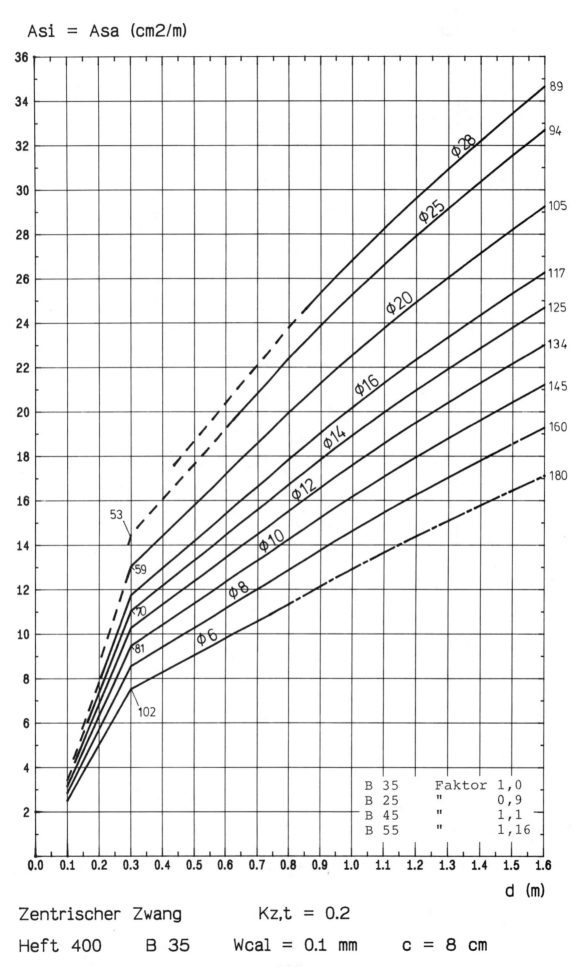

Zentrischer Zwang   Kz,t = 0.2

Heft 400   B 35   Wcal = 0.1 mm   c = 8 cm

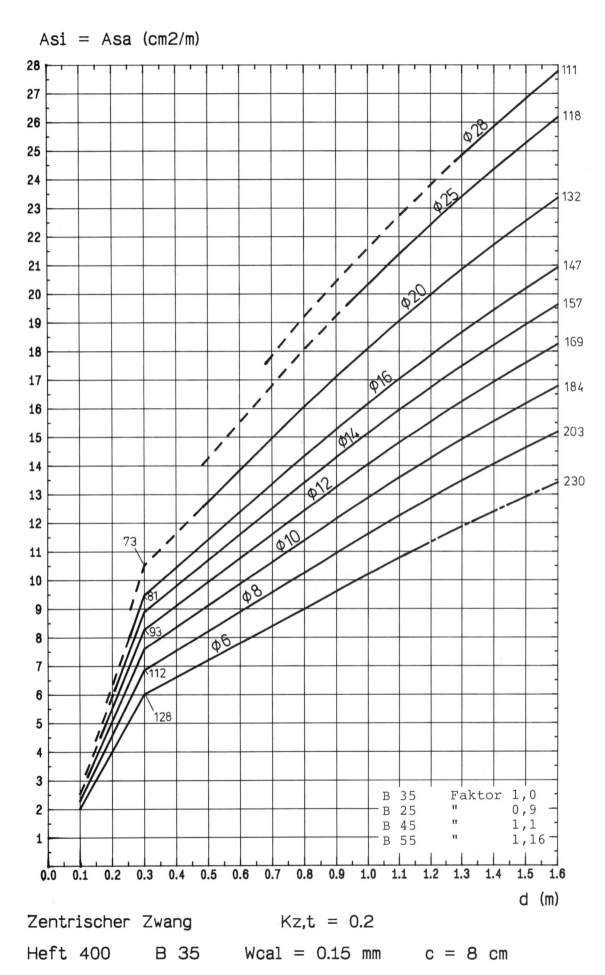

Asi = Asa (cm2/m)

Zentrischer Zwang   Kz,t = 0.2

Heft 400   B 35   Wcal = 0.15 mm   c = 8 cm

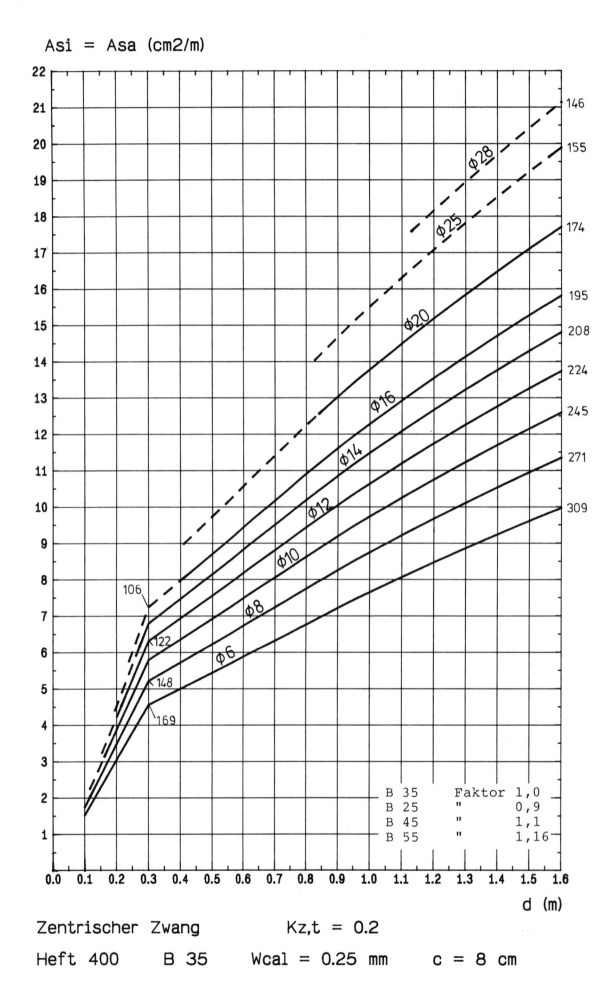

Asi = Asa (cm2/m)

Zentrischer Zwang   Kz,t = 0.2

Heft 400   B 35   Wcal = 0.25 mm   c = 8 cm

Asi = Asa (cm2/m)

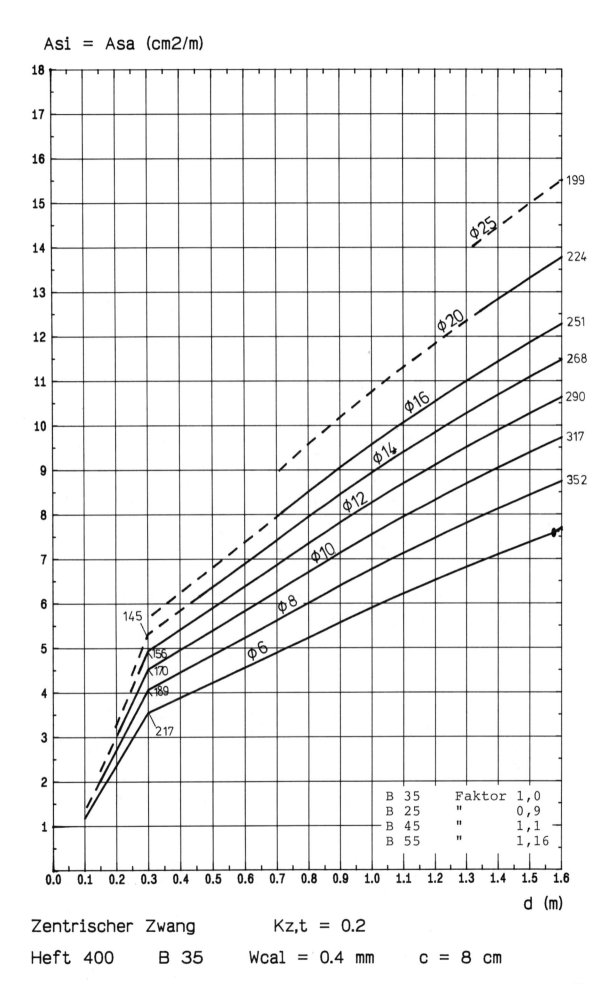

Zentrischer Zwang   Kz,t = 0.2

Heft 400   B 35   Wcal = 0.4 mm   c = 8 cm

Asi = Asa (cm2/m)

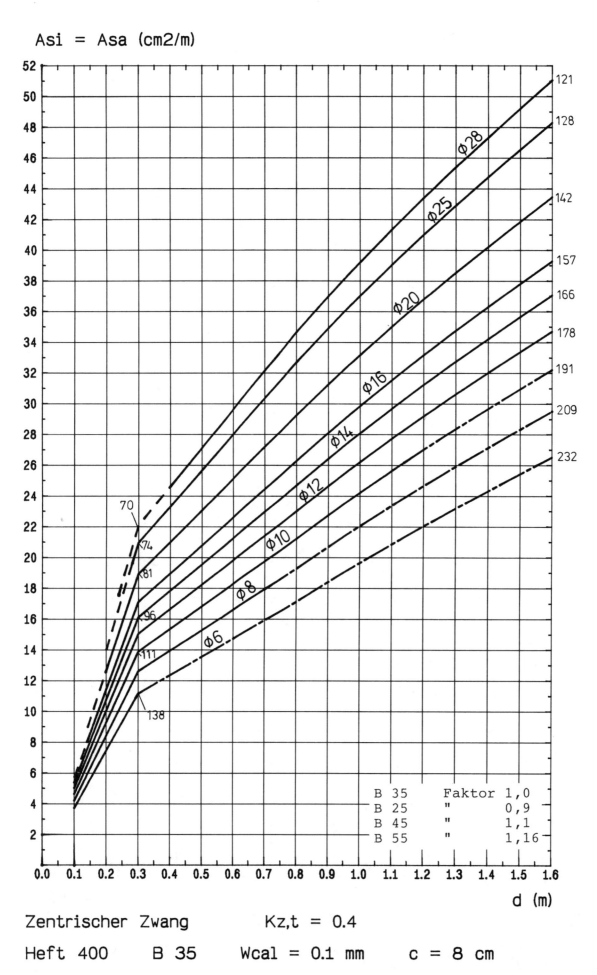

Zentrischer Zwang   Kz,t = 0.4

Heft 400   B 35   Wcal = 0.1 mm   c = 8 cm

Asi = Asa (cm2/m)

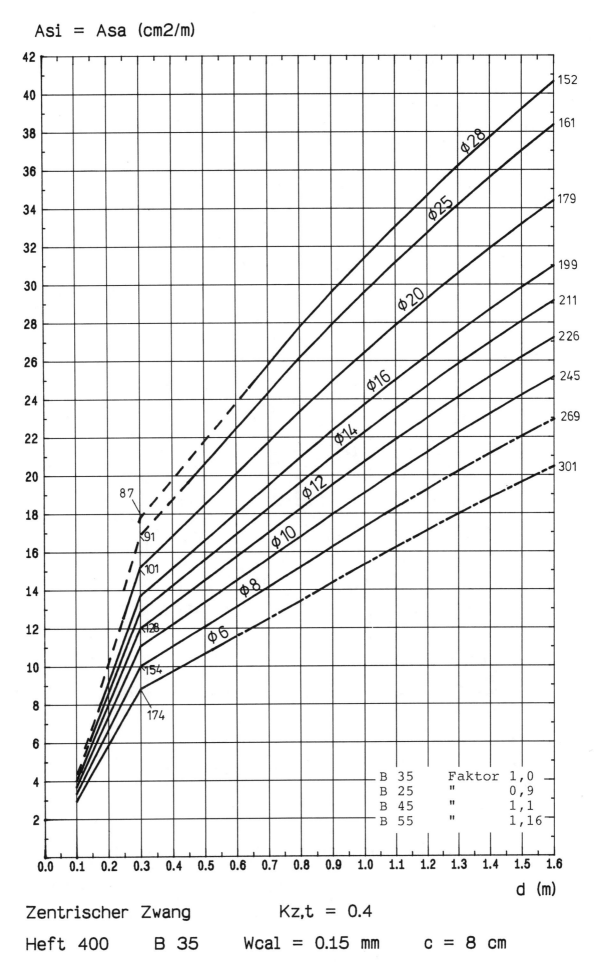

Zentrischer Zwang   Kz,t = 0.4

Heft 400   B 35   Wcal = 0.15 mm   c = 8 cm

Asi = Asa (cm2/m)

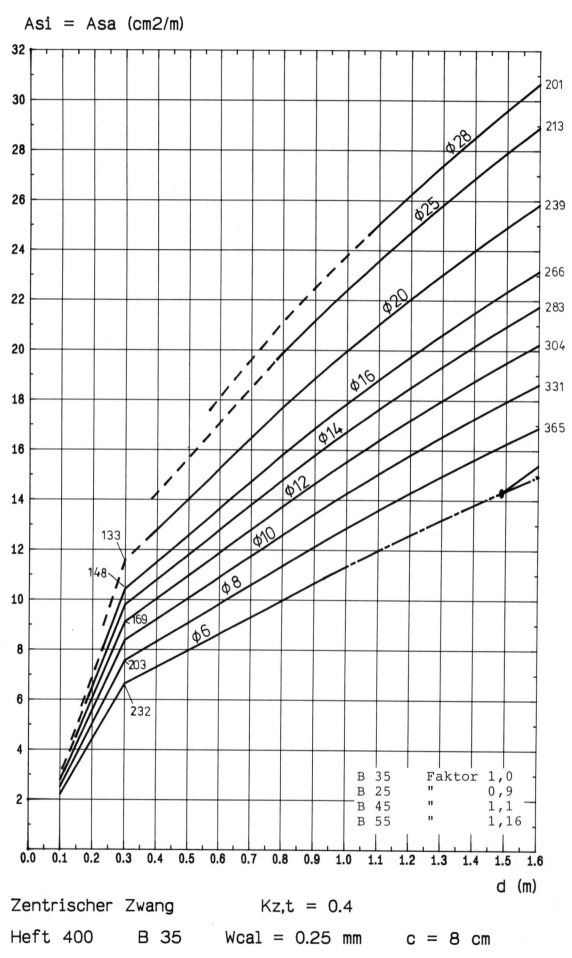

Zentrischer Zwang   Kz,t = 0.4

Heft 400   B 35   Wcal = 0.25 mm   c = 8 cm

Asi = Asa (cm2/m)

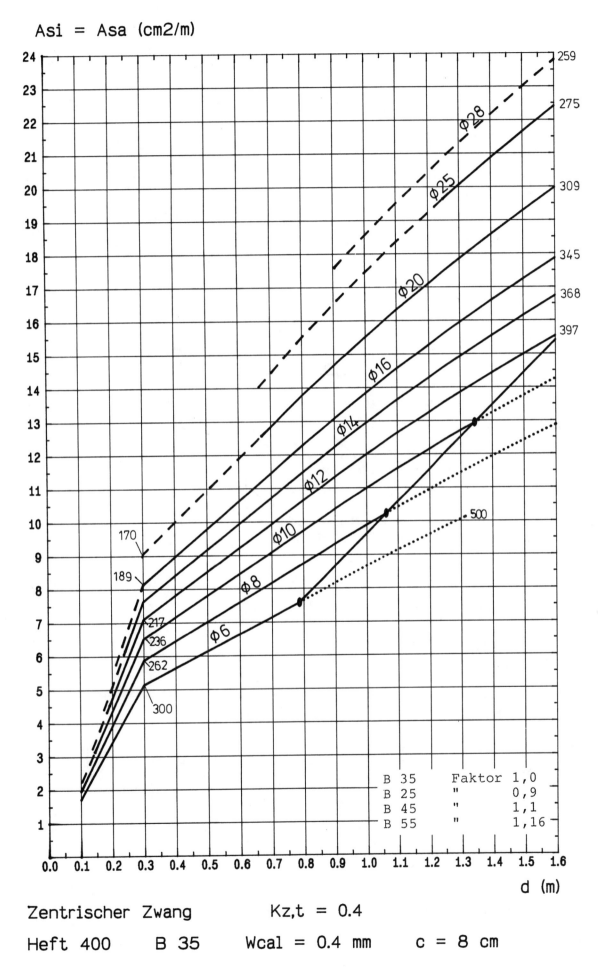

Zentrischer Zwang   Kz,t = 0.4

Heft 400   B 35   Wcal = 0.4 mm   c = 8 cm

Asi = Asa (cm2/m)

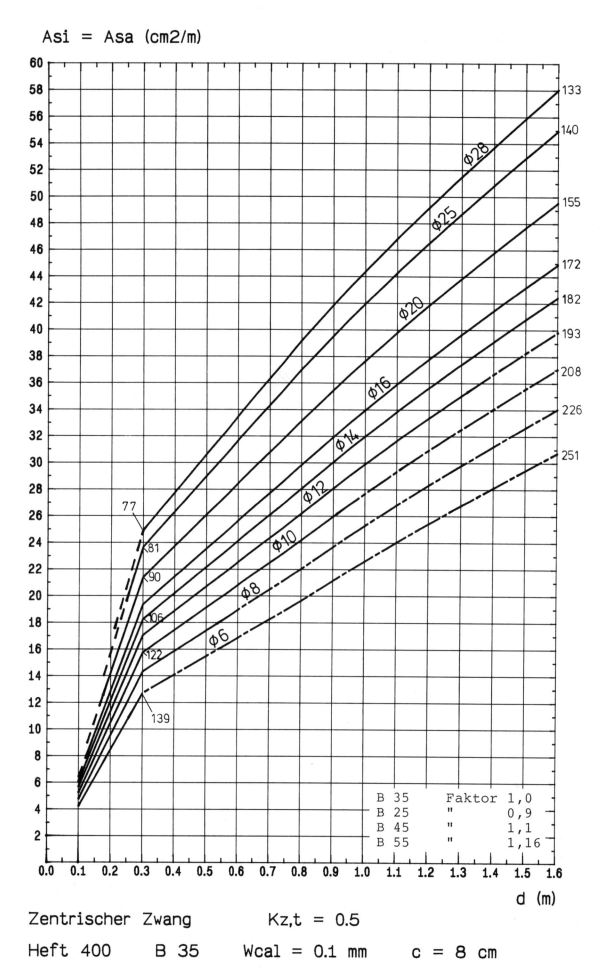

Zentrischer Zwang   Kz,t = 0.5

Heft 400   B 35   Wcal = 0.1 mm   c = 8 cm

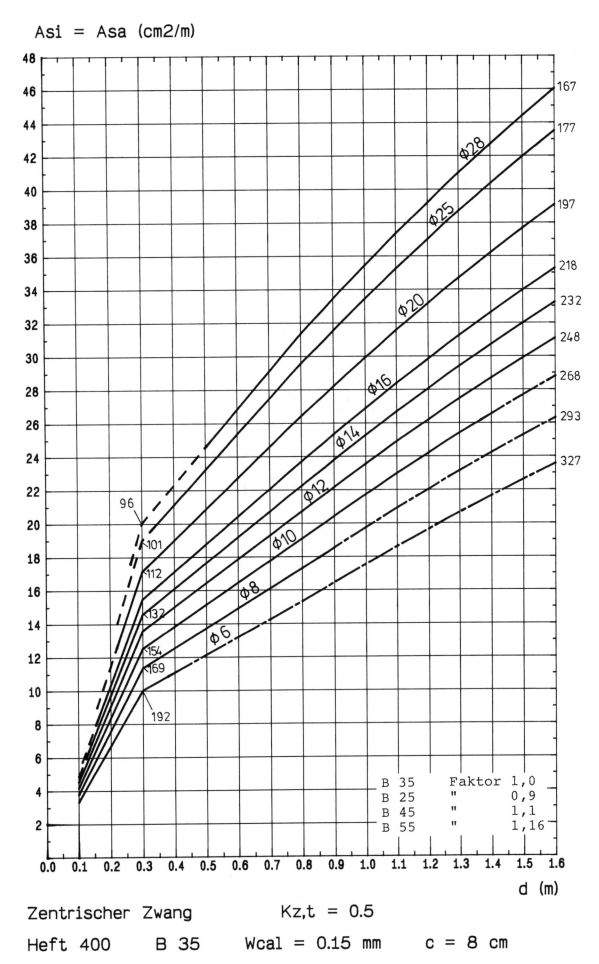

Asi = Asa (cm2/m)

Zentrischer Zwang   Kz,t = 0.5

Heft 400   B 35   Wcal = 0.15 mm   c = 8 cm

Asi = Asa (cm2/m)

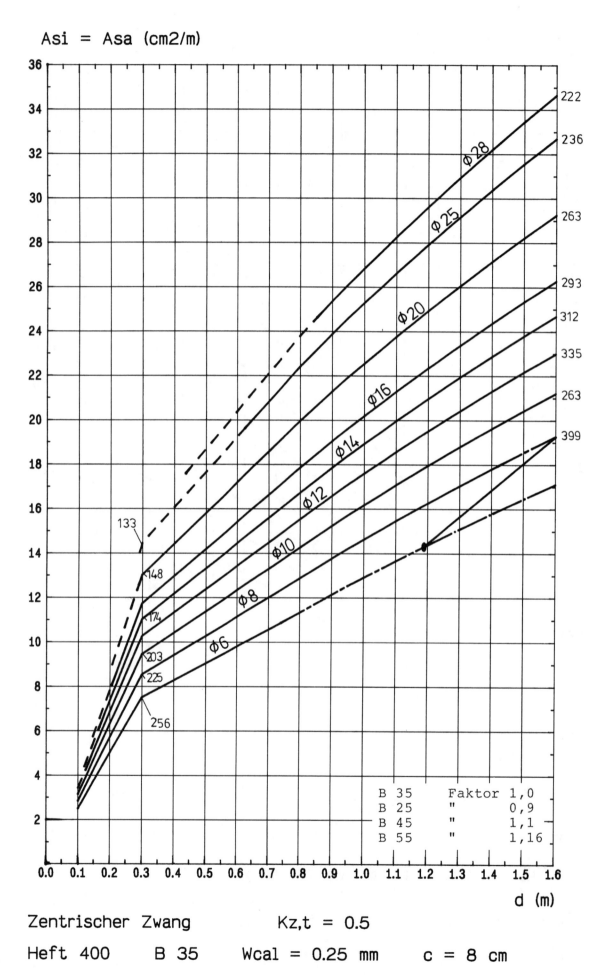

Zentrischer Zwang   Kz,t = 0.5

Heft 400   B 35   Wcal = 0.25 mm   c = 8 cm

Asi = Asa (cm2/m)

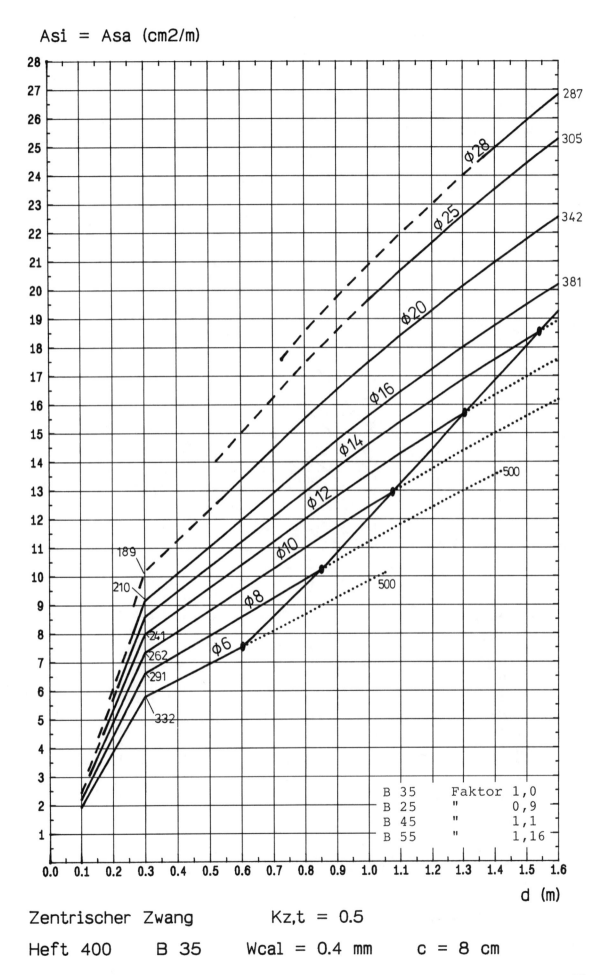

Zentrischer Zwang   Kz,t = 0.5

Heft 400   B 35   Wcal = 0.4 mm   c = 8 cm

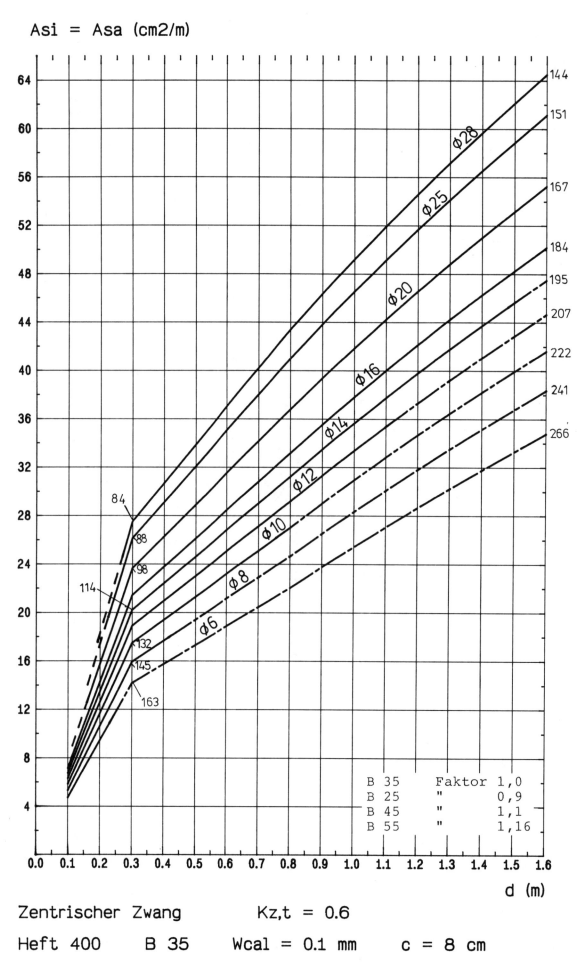

Asi = Asa (cm2/m)

Zentrischer Zwang   Kz,t = 0.6

Heft 400   B 35   Wcal = 0.1 mm   c = 8 cm

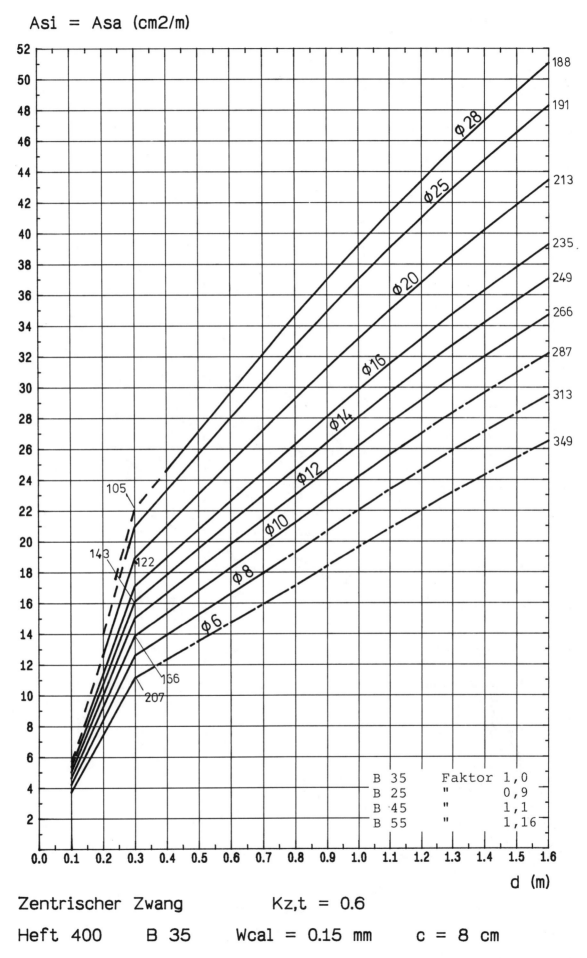

Asi = Asa (cm2/m)

Zentrischer Zwang   Kz,t = 0.6

Heft 400   B 35   Wcal = 0.15 mm   c = 8 cm

Asi = Asa (cm2/m)

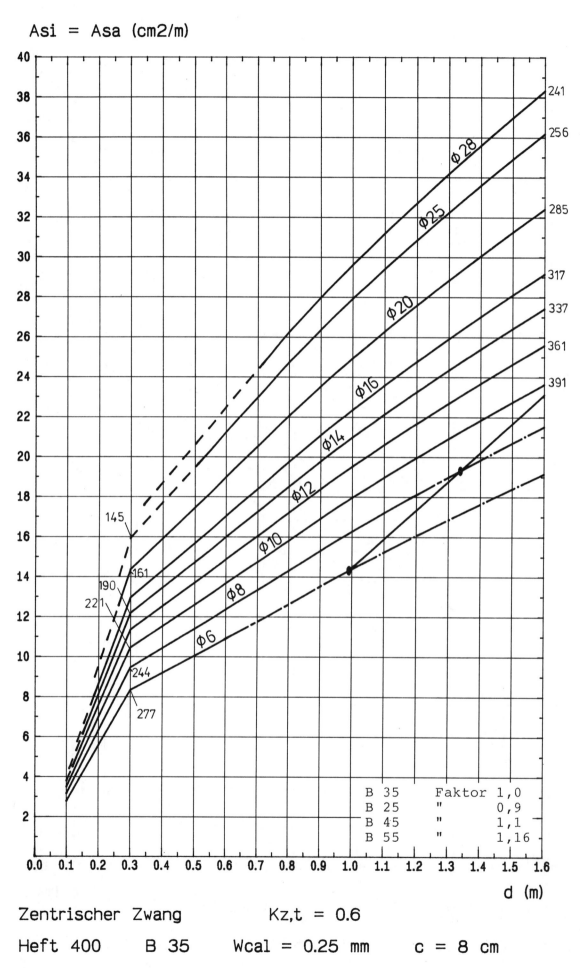

Zentrischer Zwang   Kz,t = 0.6

Heft 400   B 35   Wcal = 0.25 mm   c = 8 cm

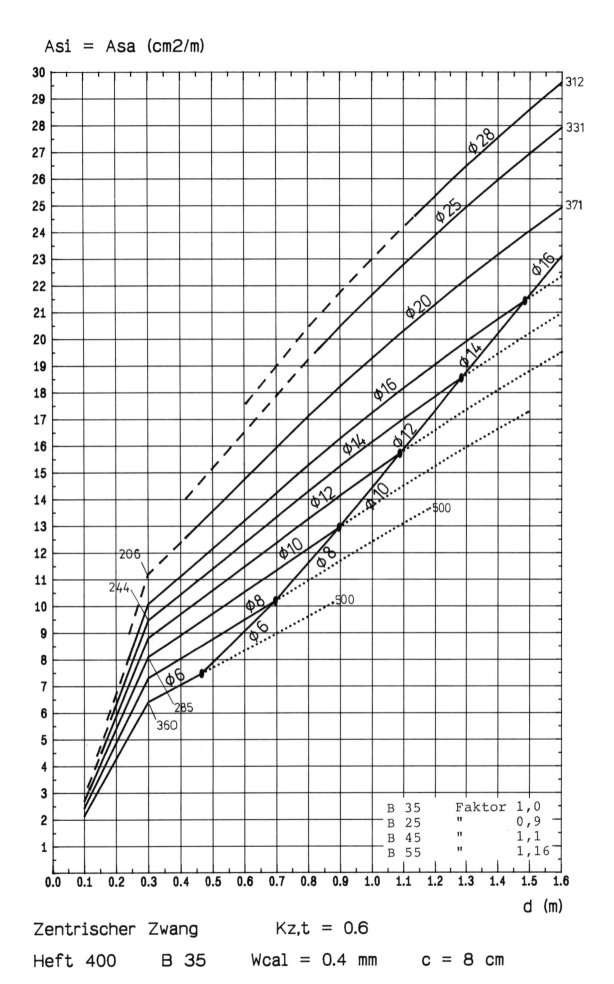

Asi = Asa (cm2/m)

d (m)

Zentrischer Zwang   Kz,t = 0.6

Heft 400   B 35   Wcal = 0.4 mm   c = 8 cm

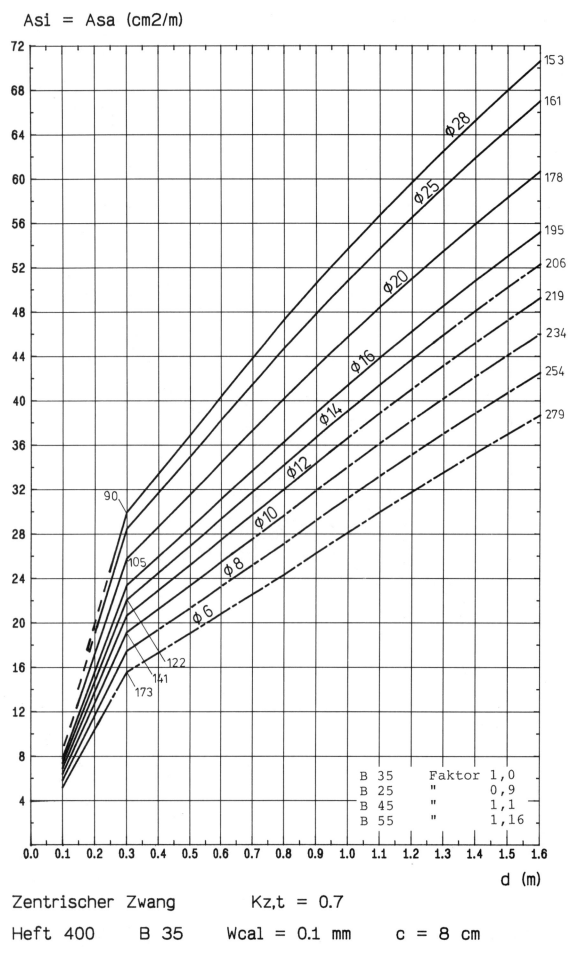

Asi = Asa (cm2/m)

Zentrischer Zwang   Kz,t = 0.7

Heft 400   B 35   Wcal = 0.1 mm   c = 8 cm

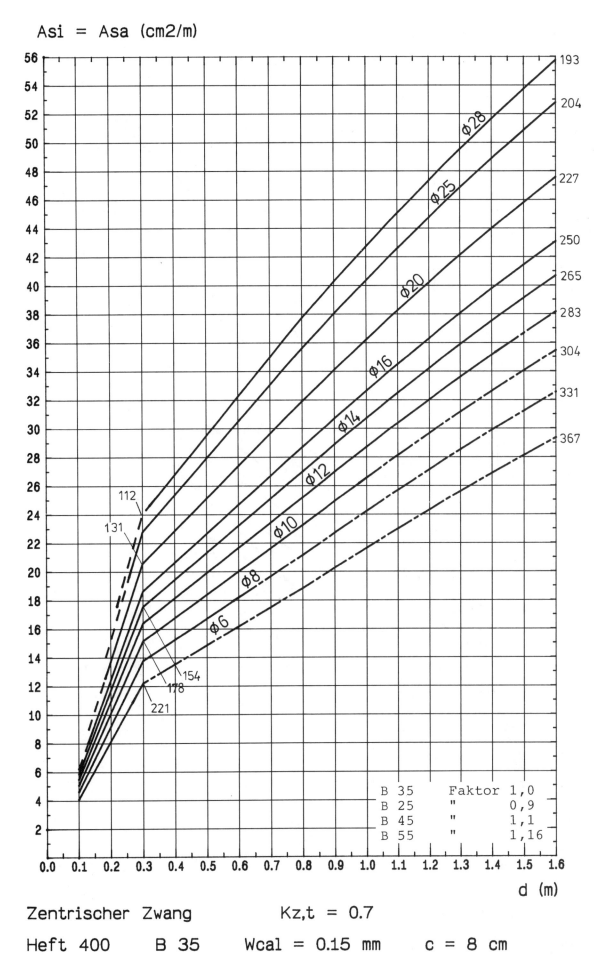

Asi = Asa (cm2/m)

Zentrischer Zwang   Kz,t = 0.7

Heft 400   B 35   Wcal = 0.15 mm   c = 8 cm

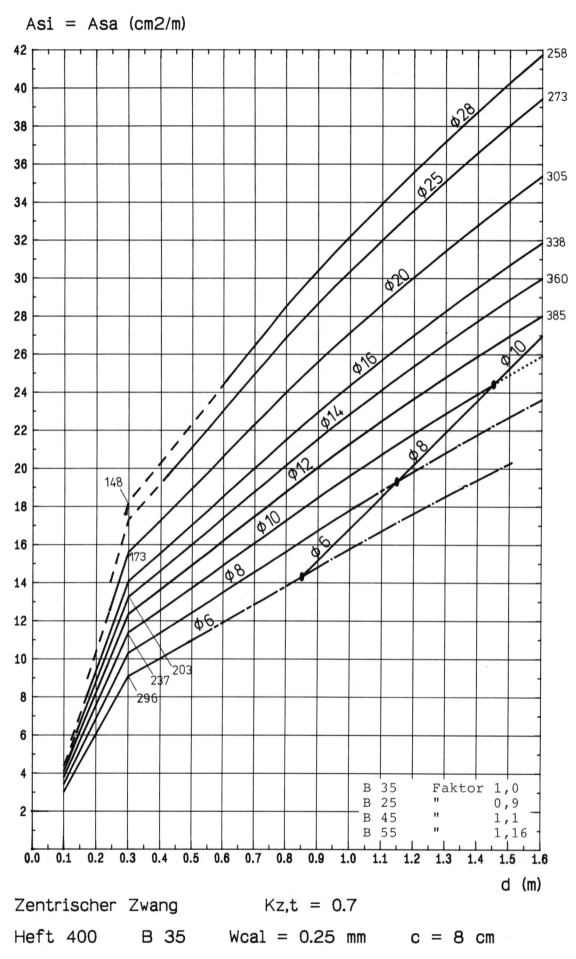

Asi = Asa (cm2/m)

d (m)

Zentrischer Zwang   Kz,t = 0.7

Heft 400   B 35   Wcal = 0.25 mm   c = 8 cm

Asi = Asa (cm2/m)

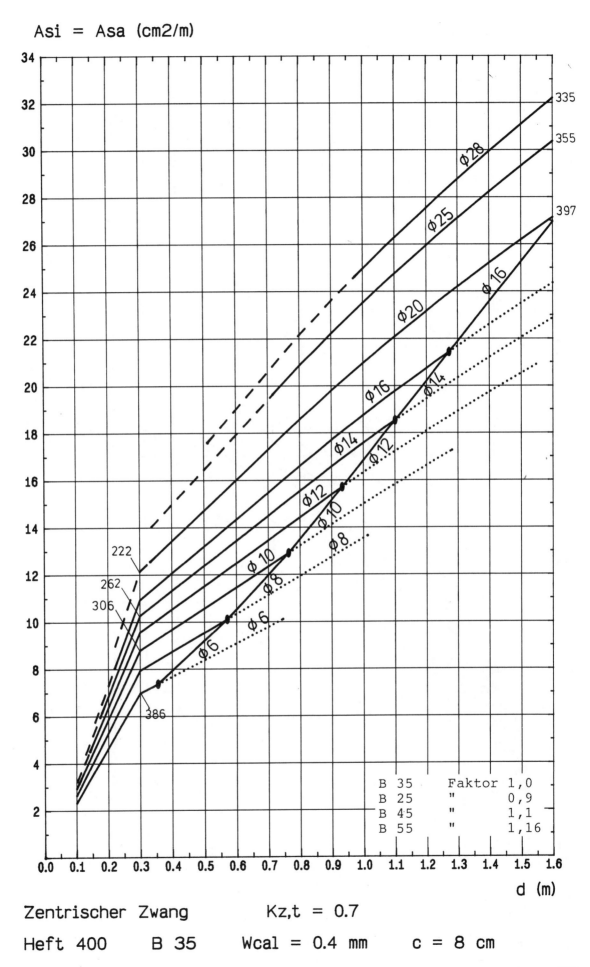

Zentrischer Zwang   Kz,t = 0.7

Heft 400   B 35   Wcal = 0.4 mm   c = 8 cm

Asi = Asa (cm2/m)

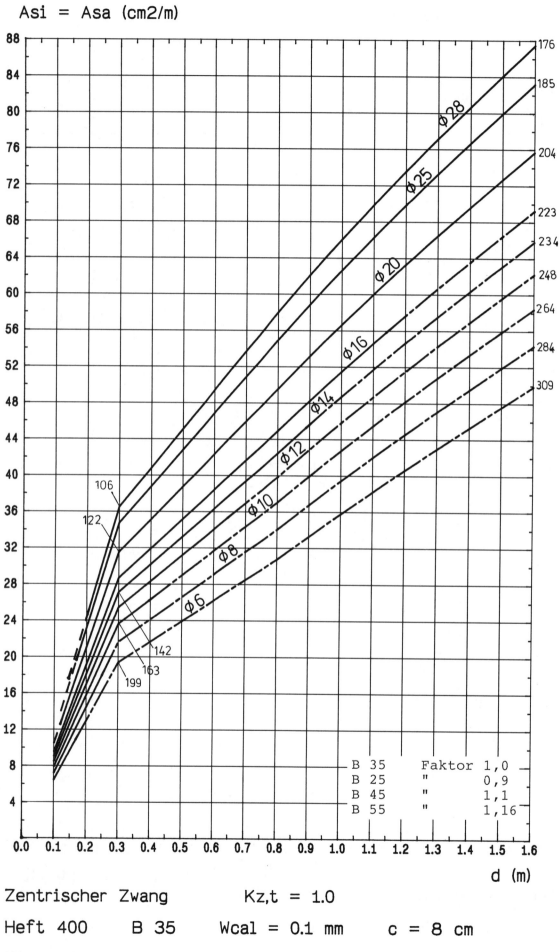

Zentrischer Zwang   Kz,t = 1.0

Heft 400   B 35   Wcal = 0.1 mm   c = 8 cm

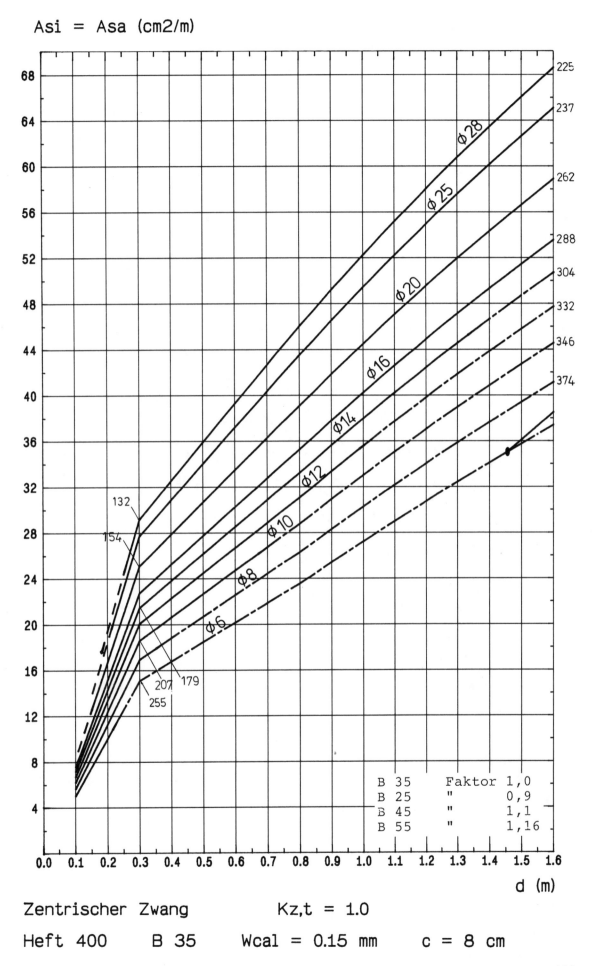

Asi = Asa (cm2/m)

Zentrischer Zwang   Kz,t = 1.0

Heft 400   B 35   Wcal = 0.15 mm   c = 8 cm

Asi = Asa (cm2/m)

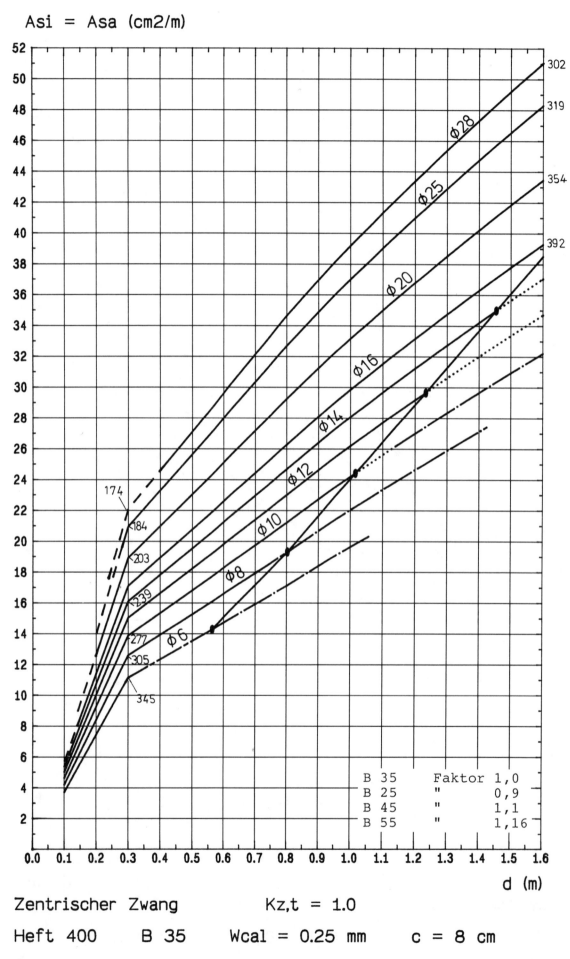

Zentrischer Zwang   Kz,t = 1.0

Heft 400   B 35   Wcal = 0.25 mm   c = 8 cm

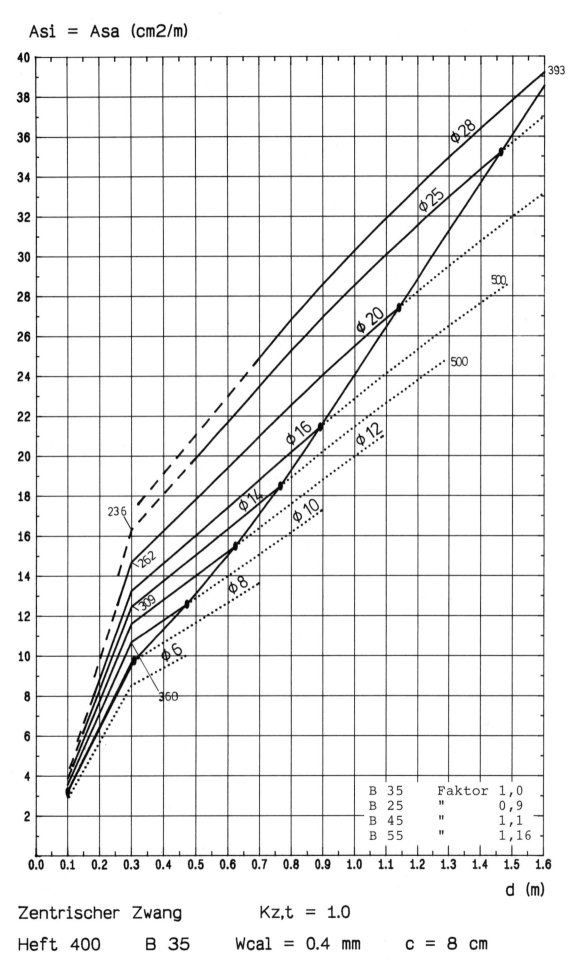

Asi = Asa (cm2/m)

Zentrischer Zwang   Kz,t = 1.0

Heft 400   B 35   Wcal = 0.4 mm   c = 8 cm

Asi = Asa (cm2/m)

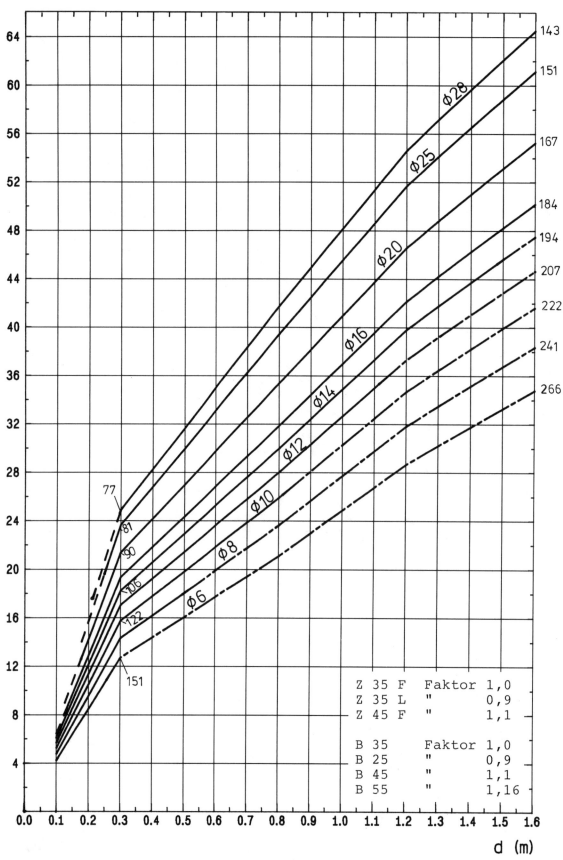

Z 35 F   Faktor 1,0
Z 35 L   "   0,9
Z 45 F   "   1,1

B 35   Faktor 1,0
B 25   "   0,9
B 45   "   1,1
B 55   "   1,16

d (m)

Zentrischer Zwang aus Hydratationswärme

Heft 400   B 35   Wcal = 0.1 mm   c = 8 cm

Asi = Asa (cm2/m)

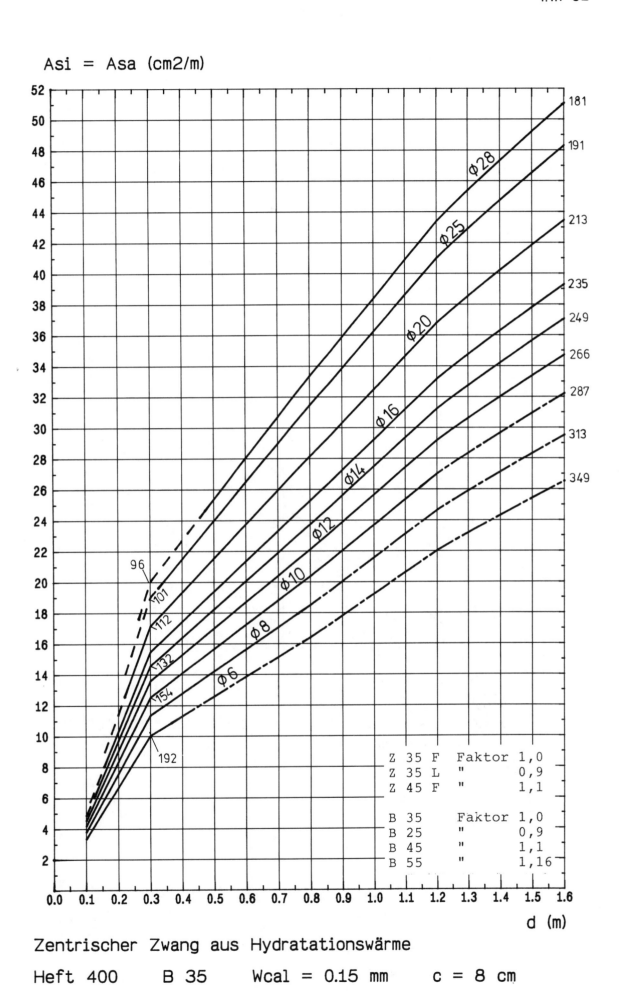

Zentrischer Zwang aus Hydratationswärme

Heft 400   B 35   Wcal = 0.15 mm   c = 8 cm

Asi = Asa (cm2/m)

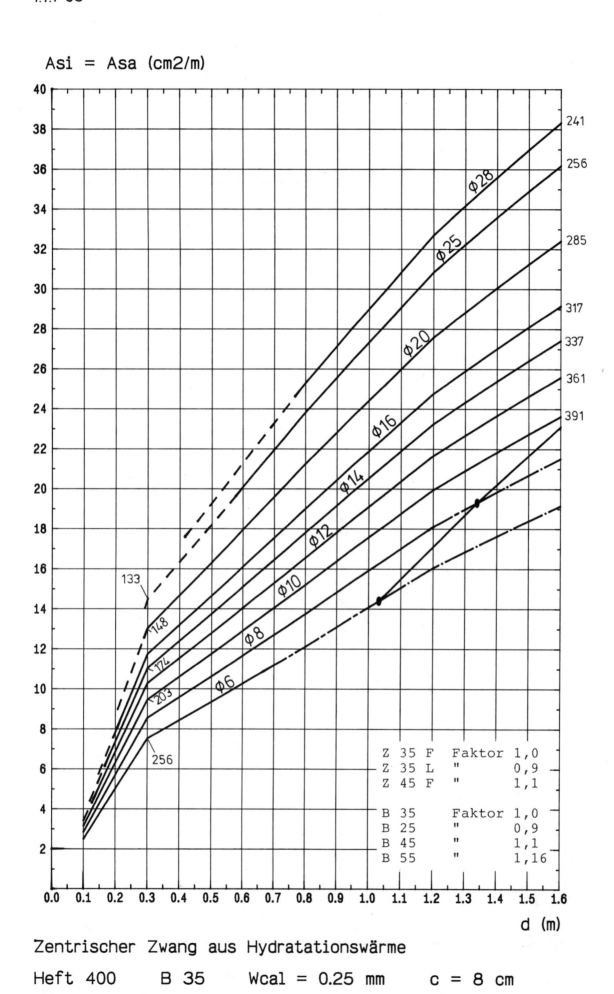

Zentrischer Zwang aus Hydratationswärme

Heft 400   B 35   Wcal = 0.25 mm   c = 8 cm

Asi = Asa (cm2/m)

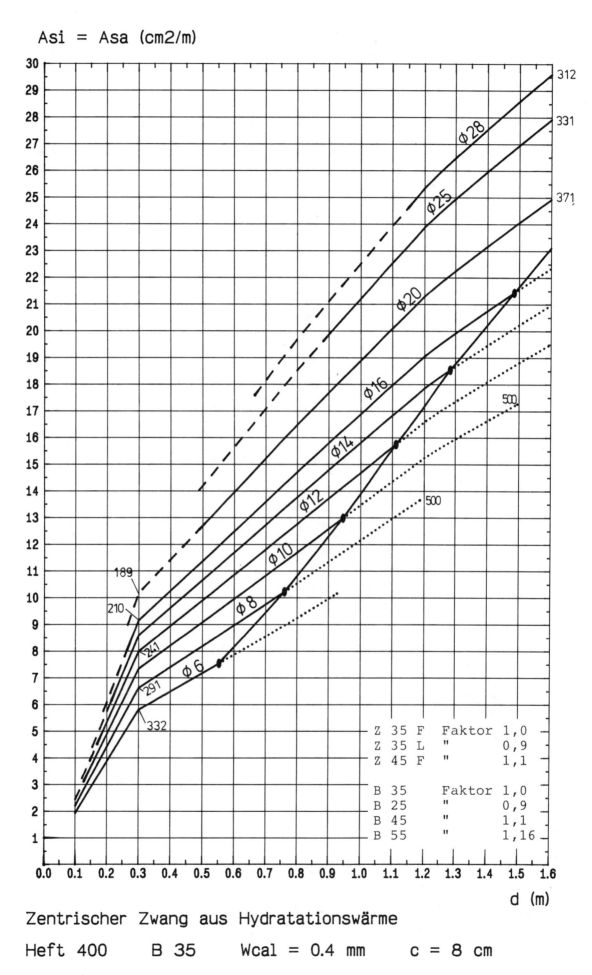

d (m)

Zentrischer Zwang aus Hydratationswärme

Heft 400   B 35   Wcal = 0.4 mm   c = 8 cm

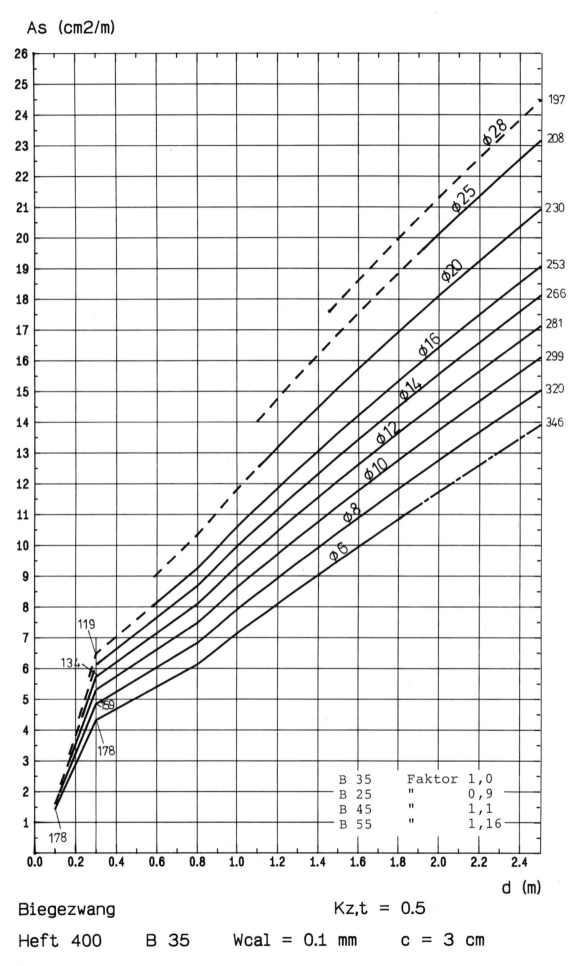

As (cm2/m)

d (m)

Biegezwang   Kz,t = 0.5

Heft 400   B 35   Wcal = 0.1 mm   c = 3 cm

As (cm2/m)

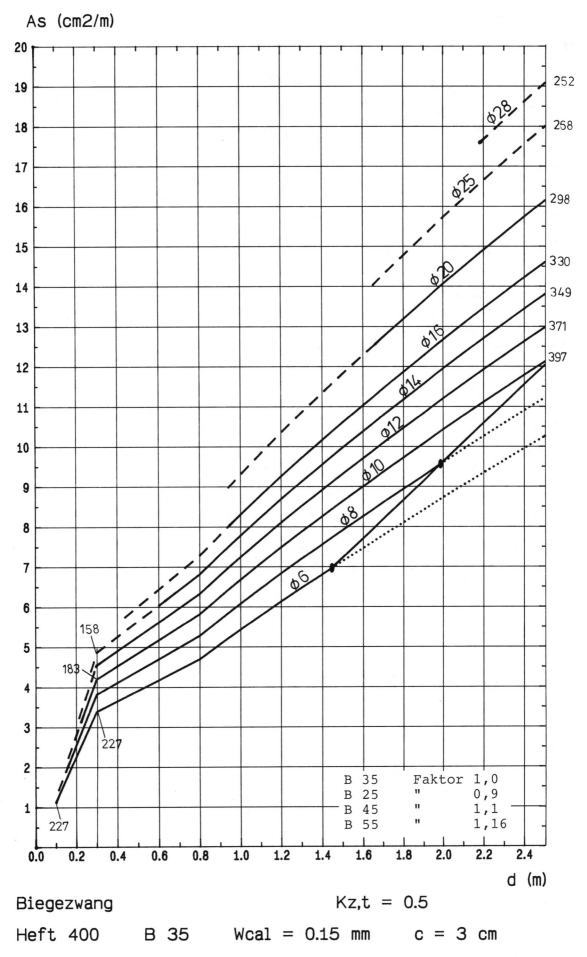

Biegezwang   Kz,t = 0.5

Heft 400   B 35   Wcal = 0.15 mm   c = 3 cm

As (cm2/m)

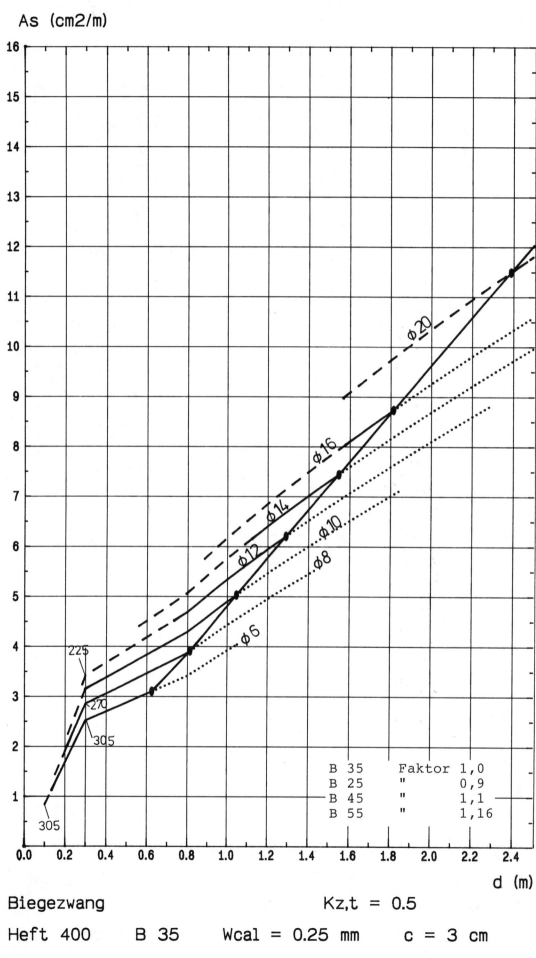

Biegezwang   Kz,t = 0.5

Heft 400   B 35   Wcal = 0.25 mm   c = 3 cm

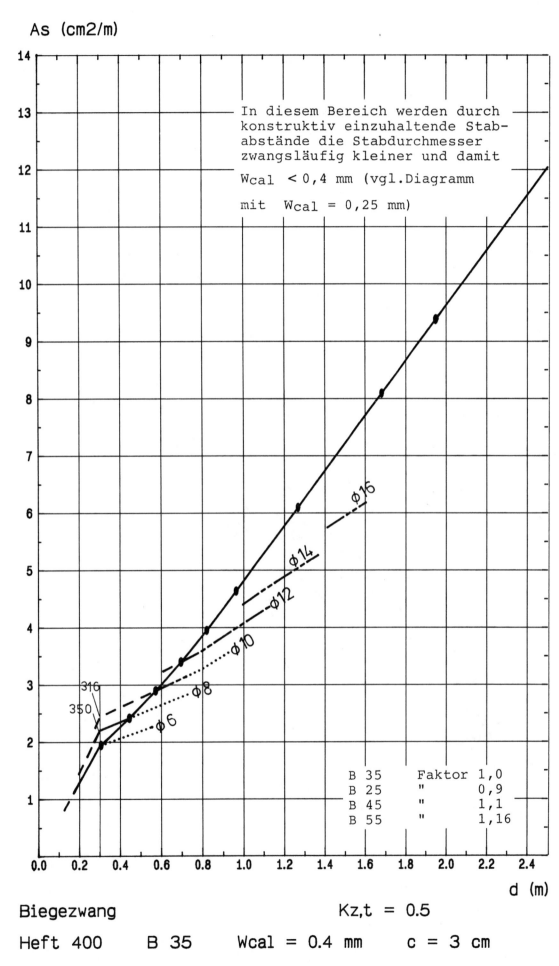

As (cm2/m)

In diesem Bereich werden durch
konstruktiv einzuhaltende Stababstände die Stabdurchmesser
zwangsläufig kleiner und damit

W_{cal} < 0,4 mm (vgl.Diagramm

mit W_{cal} = 0,25 mm)

B 35	Faktor	1,0
B 25	"	0,9
B 45	"	1,1
B 55	"	1,16

d (m)

Biegezwang   Kz,t = 0.5

Heft 400   B 35   Wcal = 0.4 mm   c = 3 cm

As (cm2/m)

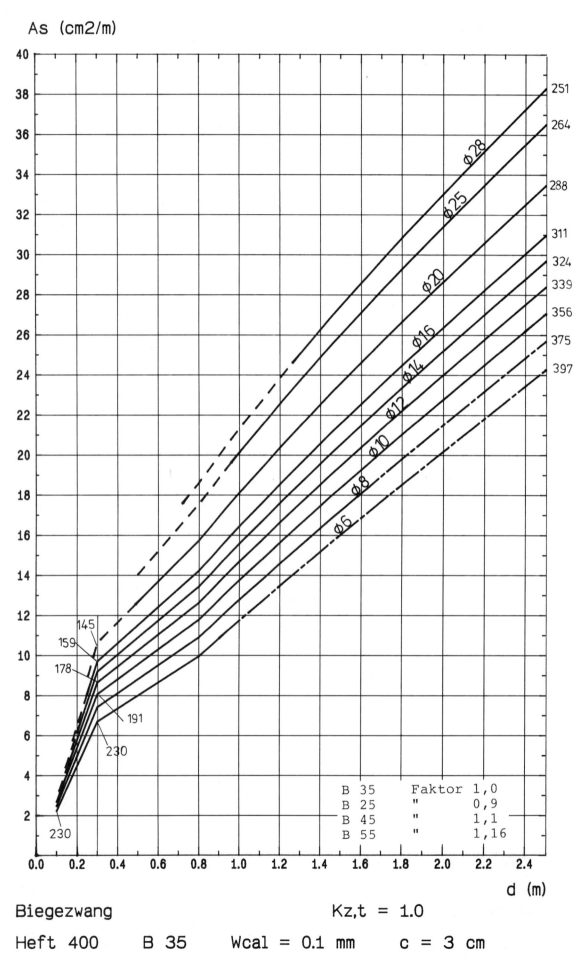

Biegezwang   Kz,t = 1.0

Heft 400   B 35   Wcal = 0.1 mm   c = 3 cm

As (cm2/m)

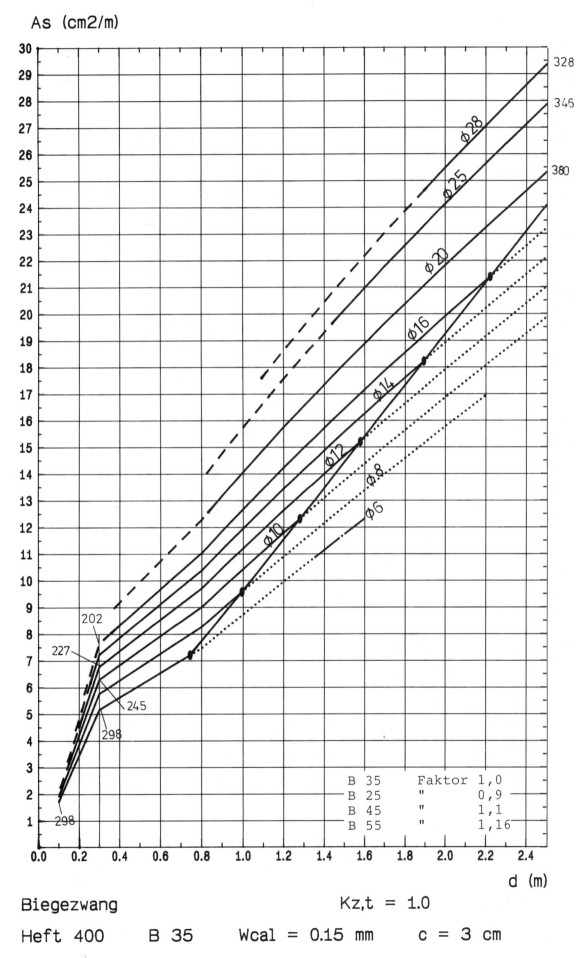

Biegezwang   Kz,t = 1.0

Heft 400   B 35   Wcal = 0.15 mm   c = 3 cm

As (cm2/m)

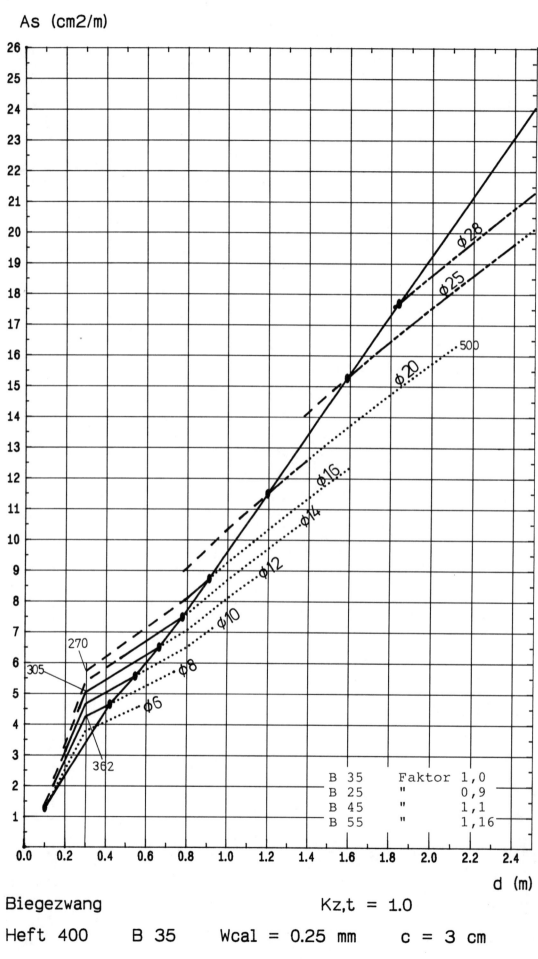

Biegezwang   Kz,t = 1.0

Heft 400   B 35   Wcal = 0.25 mm   c = 3 cm

As (cm2/m)

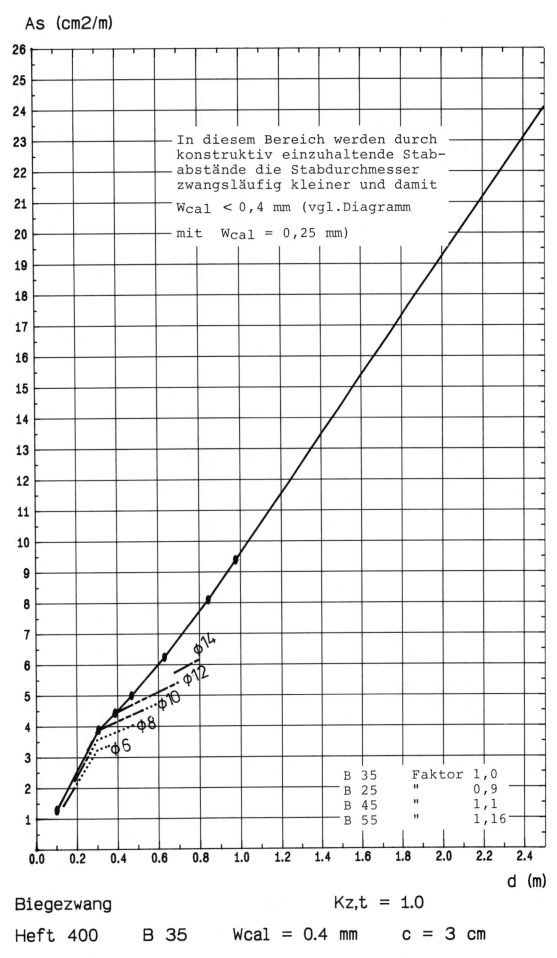

In diesem Bereich werden durch
konstruktiv einzuhaltende Stababstände die Stabdurchmesser
zwangsläufig kleiner und damit
$W_{cal} < 0,4$ mm (vgl.Diagramm
mit $W_{cal} = 0,25$ mm)

B 35	Faktor	1,0
B 25	"	0,9
B 45	"	1,1
B 55	"	1,16

d (m)

Biegezwang   Kz,t = 1.0

Heft 400   B 35   Wcal = 0.4 mm   c = 3 cm

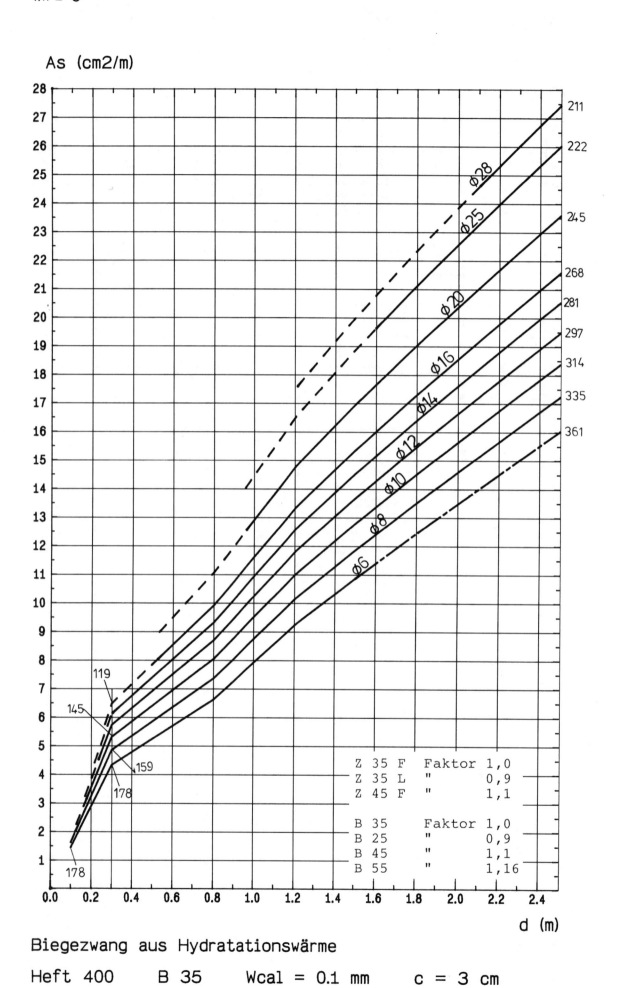

Biegezwang aus Hydratationswärme

Heft 400   B 35   Wcal = 0.1 mm   c = 3 cm

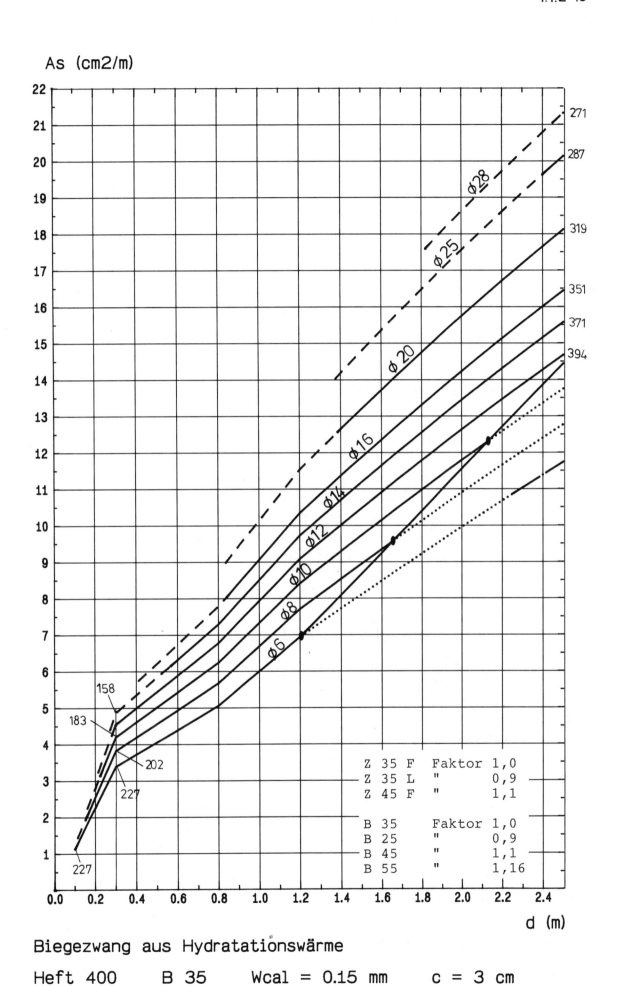

As (cm2/m)

d (m)

Biegezwang aus Hydratationswärme

Heft 400   B 35   Wcal = 0.15 mm   c = 3 cm

As (cm2/m)

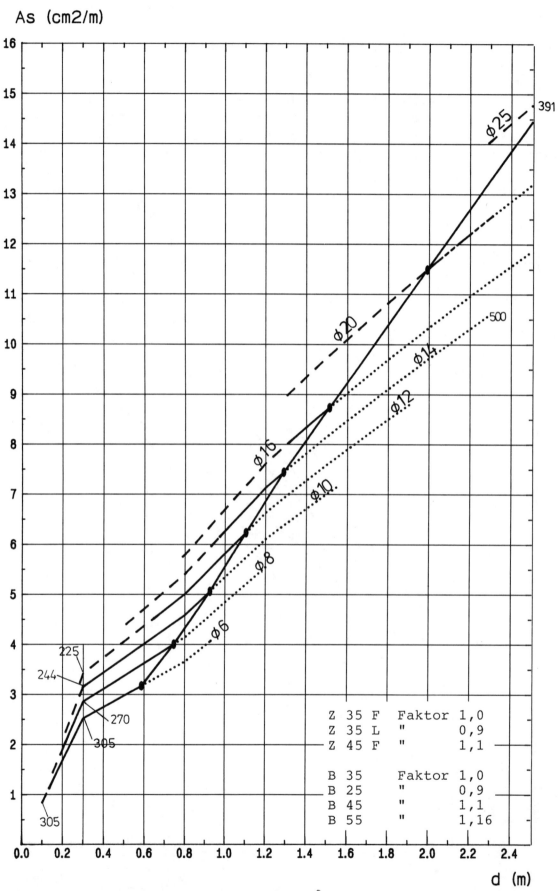

Z 35 F	Faktor	1,0
Z 35 L	"	0,9
Z 45 F	"	1,1
B 35	Faktor	1,0
B 25	"	0,9
B 45	"	1,1
B 55	"	1,16

d (m)

Biegezwang aus Hydratationswärme

Heft 400   B 35   Wcal = 0.25 mm   c = 3 cm

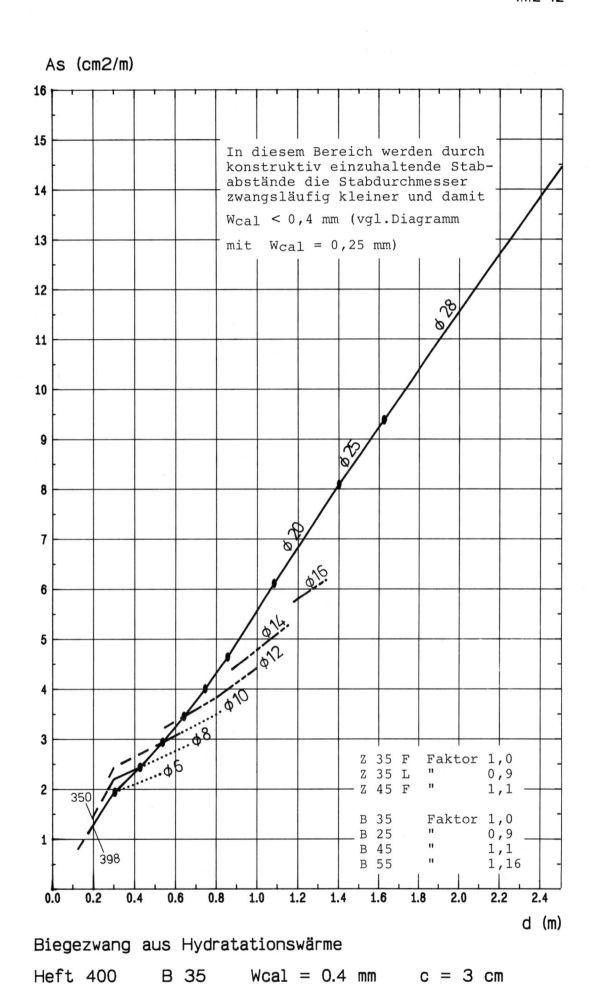

As (cm2/m)

In diesem Bereich werden durch konstruktiv einzuhaltende Stababstände die Stabdurchmesser zwangsläufig kleiner und damit $W_{cal} < 0,4$ mm (vgl.Diagramm mit $W_{cal} = 0,25$ mm)

Z 35 F	Faktor	1,0
Z 35 L	"	0,9
Z 45 F	"	1,1
B 35	Faktor	1,0
B 25	"	0,9
B 45	"	1,1
B 55	"	1,16

d (m)

Biegezwang aus Hydratationswärme

Heft 400   B 35   Wcal = 0.4 mm   c = 3 cm

As (cm2/m)

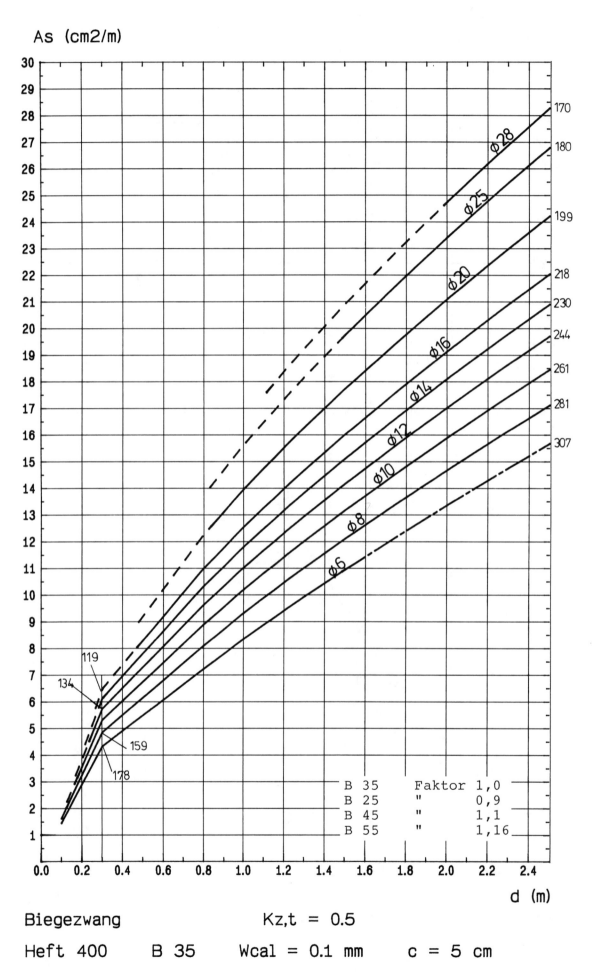

Biegezwang   Kz,t = 0.5

Heft 400   B 35   Wcal = 0.1 mm   c = 5 cm

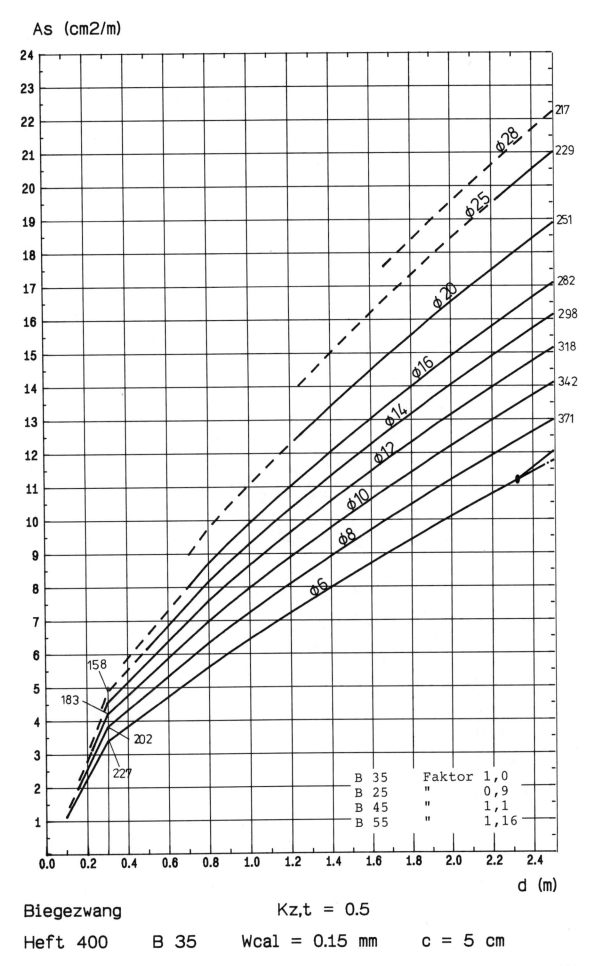

As (cm2/m)

d (m)

Biegezwang   Kz,t = 0.5

Heft 400   B 35   Wcal = 0.15 mm   c = 5 cm

B 35	Faktor	1,0
B 25	"	0,9
B 45	"	1,1
B 55	"	1,16

As (cm2/m)

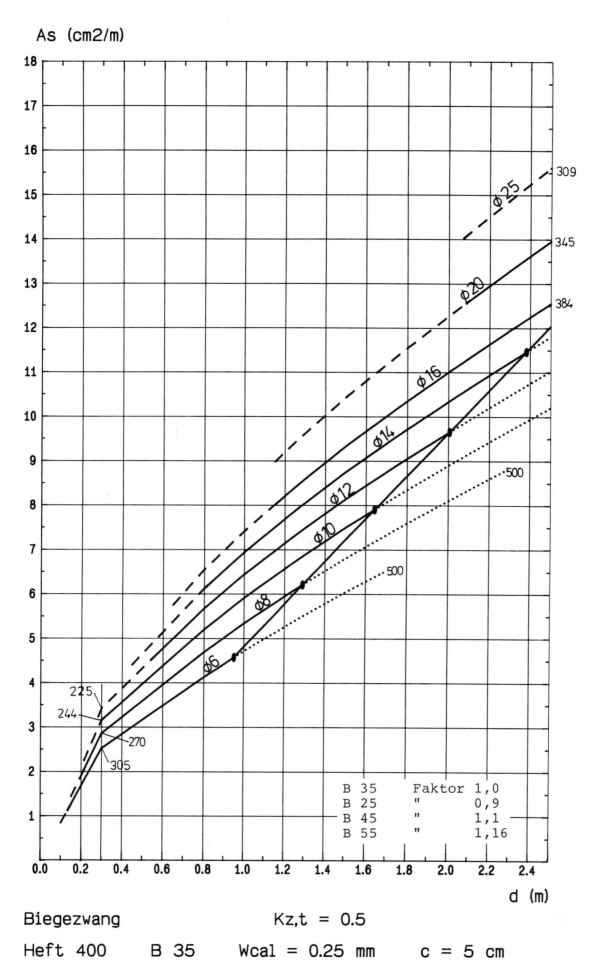

Biegezwang   Kz,t = 0.5

Heft 400   B 35   Wcal = 0.25 mm   c = 5 cm

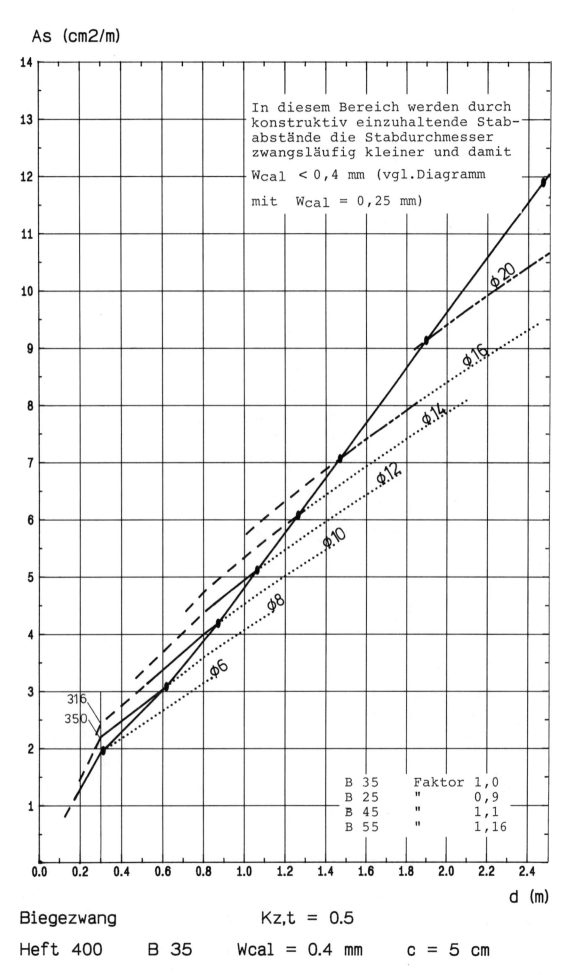

As (cm2/m)

In diesem Bereich werden durch konstruktiv einzuhaltende Stababstände die Stabdurchmesser zwangsläufig kleiner und damit $W_{cal} < 0,4$ mm (vgl.Diagramm mit $W_{cal} = 0,25$ mm)

B 35   Faktor 1,0
B 25   "   0,9
B 45   "   1,1
B 55   "   1,16

d (m)

Biegezwang   Kz,t = 0.5

Heft 400   B 35   Wcal = 0.4 mm   c = 5 cm

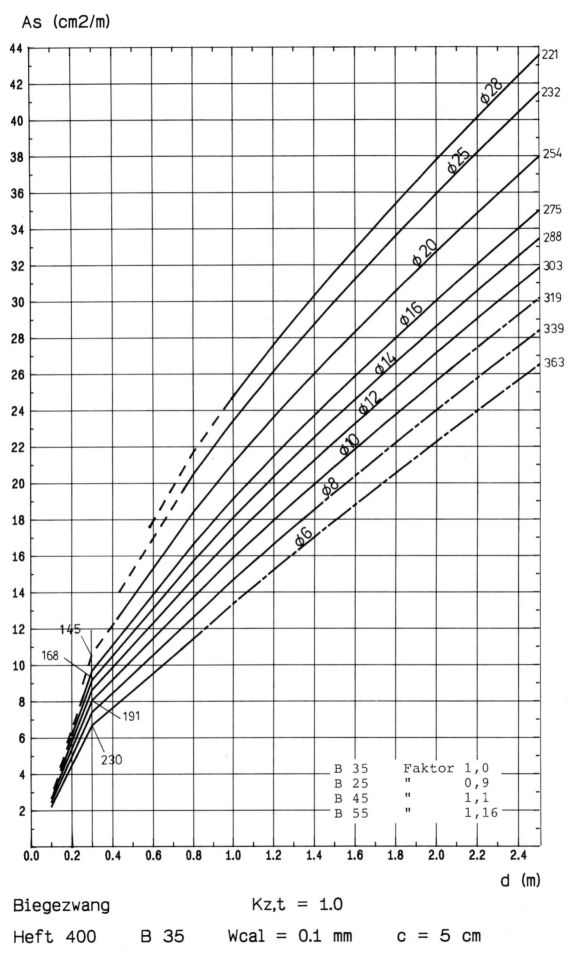

As (cm2/m)

Biegezwang   Kz,t = 1.0

Heft 400   B 35   Wcal = 0.1 mm   c = 5 cm

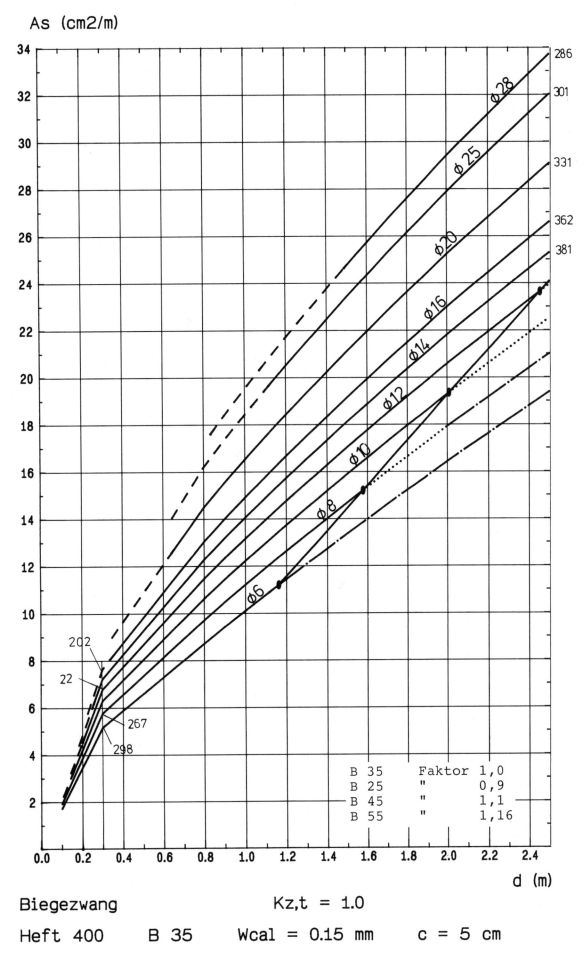

As (cm2/m)

Biegezwang   Kz,t = 1.0

Heft 400   B 35   Wcal = 0.15 mm   c = 5 cm

As (cm2/m)

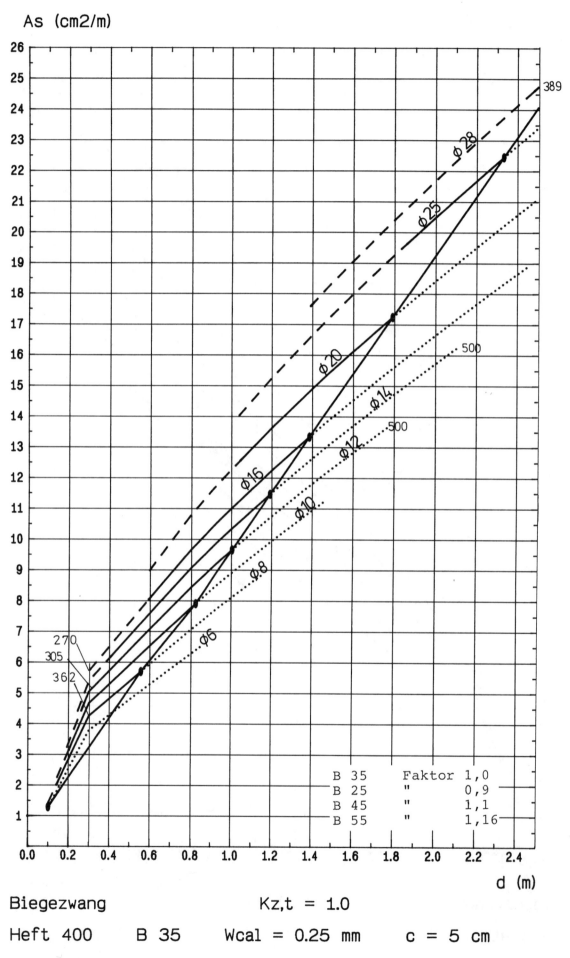

Biegezwang   Kz,t = 1.0

Heft 400   B 35   Wcal = 0.25 mm   c = 5 cm

As (cm2/m)

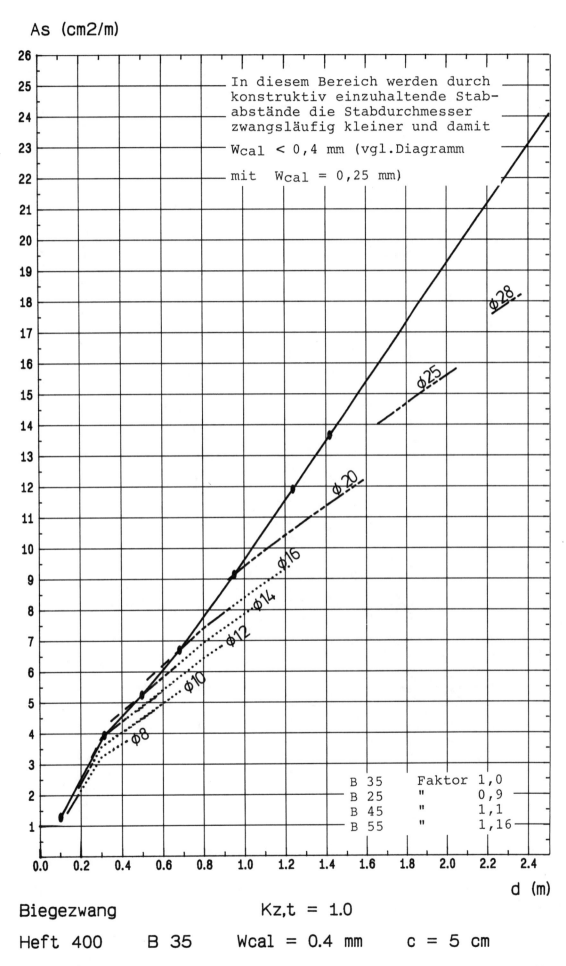

In diesem Bereich werden durch
konstruktiv einzuhaltende Stababstände die Stabdurchmesser
zwangsläufig kleiner und damit
$W_{cal} < 0,4$ mm (vgl.Diagramm
mit $W_{cal} = 0,25$ mm)

$\phi 28$

$\phi 25$

$\phi 20$

$\phi 16$

$\phi 14$

$\phi 12$

$\phi 10$

$\phi 8$

B 35	Faktor	1,0
B 25	"	0,9
B 45	"	1,1
B 55	"	1,16

d (m)

Biegezwang   Kz,t = 1.0

Heft 400   B 35   Wcal = 0.4 mm   c = 5 cm

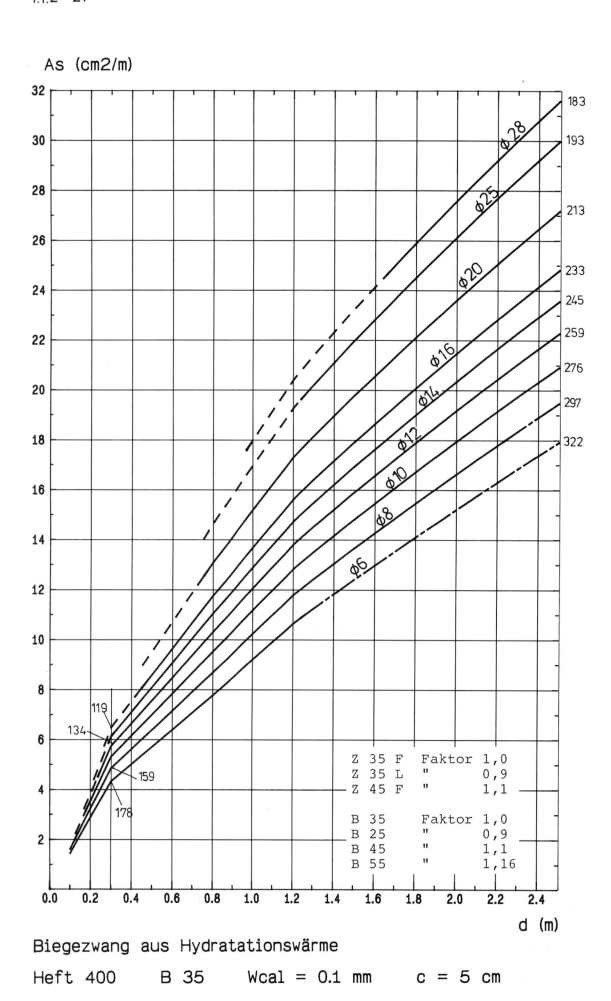

Biegezwang aus Hydratationswärme

Heft 400   B 35   Wcal = 0.1 mm   c = 5 cm

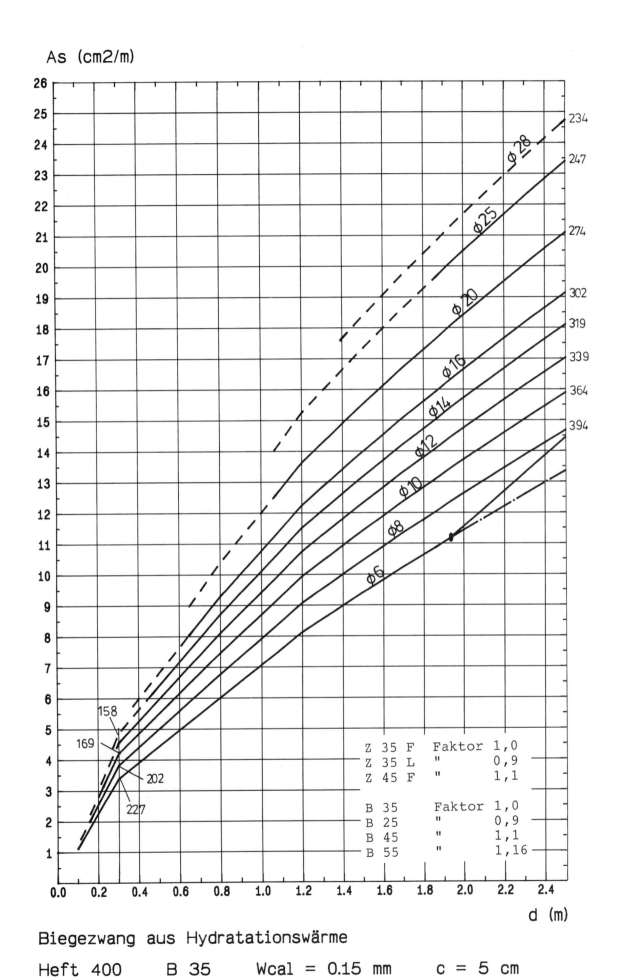

As (cm2/m)

d (m)

Biegezwang aus Hydratationswärme

Heft 400   B 35   Wcal = 0.15 mm   c = 5 cm

Z 35 F   Faktor 1,0
Z 35 L   "   0,9
Z 45 F   "   1,1

B 35   Faktor 1,0
B 25   "   0,9
B 45   "   1,1
B 55   "   1,16

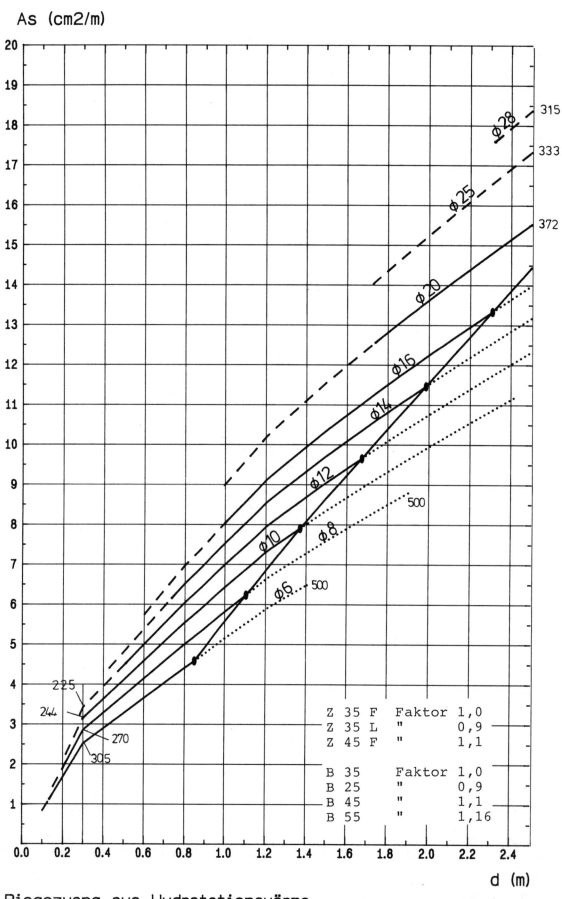

As (cm2/m)

	Z 35 F	Faktor	1,0
	Z 35 L	"	0,9
	Z 45 F	"	1,1
	B 35	Faktor	1,0
	B 25	"	0,9
	B 45	"	1,1
	B 55	"	1,16

d (m)

Biegezwang aus Hydratationswärme

Heft 400   B 35   Wcal = 0.25 mm   c = 5 cm

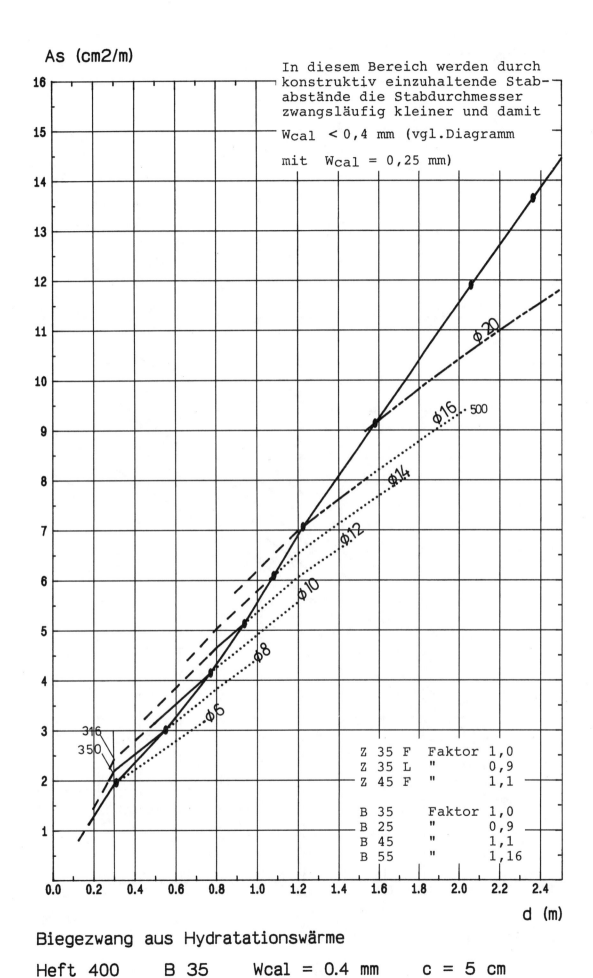

As (cm2/m)

In diesem Bereich werden durch konstruktiv einzuhaltende Stababstände die Stabdurchmesser zwangsläufig kleiner und damit

$W_{cal} < 0,4$ mm (vgl.Diagramm

mit $W_{cal} = 0,25$ mm)

Z 35 F Faktor 1,0
Z 35 L   "   0,9
Z 45 F   "   1,1

B 35   Faktor 1,0
B 25   "   0,9
B 45   "   1,1
B 55   "   1,16

d (m)

Biegezwang aus Hydratationswärme

Heft 400   B 35   Wcal = 0.4 mm   c = 5 cm

As (cm2/m)

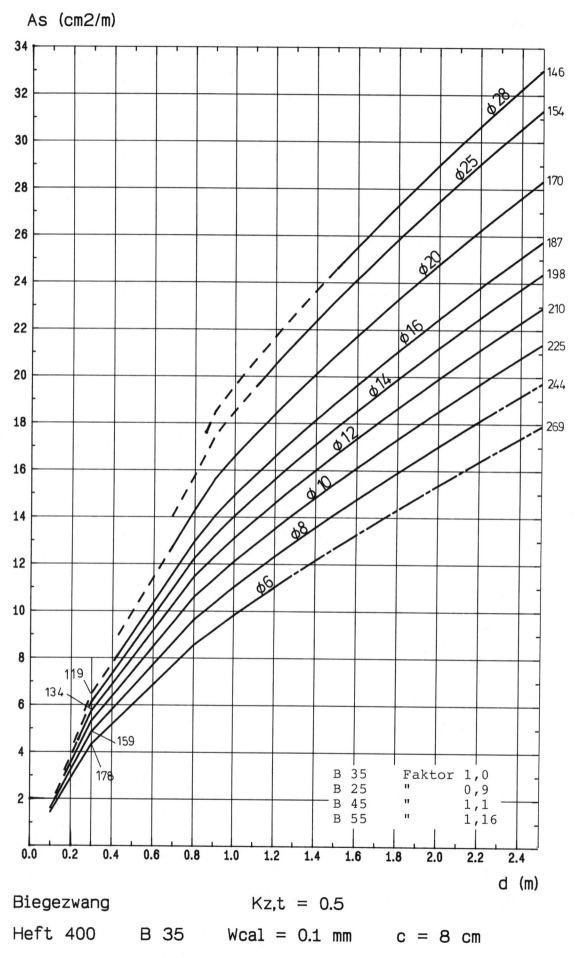

Biegezwang   Kz,t = 0.5

Heft 400   B 35   Wcal = 0.1 mm   c = 8 cm

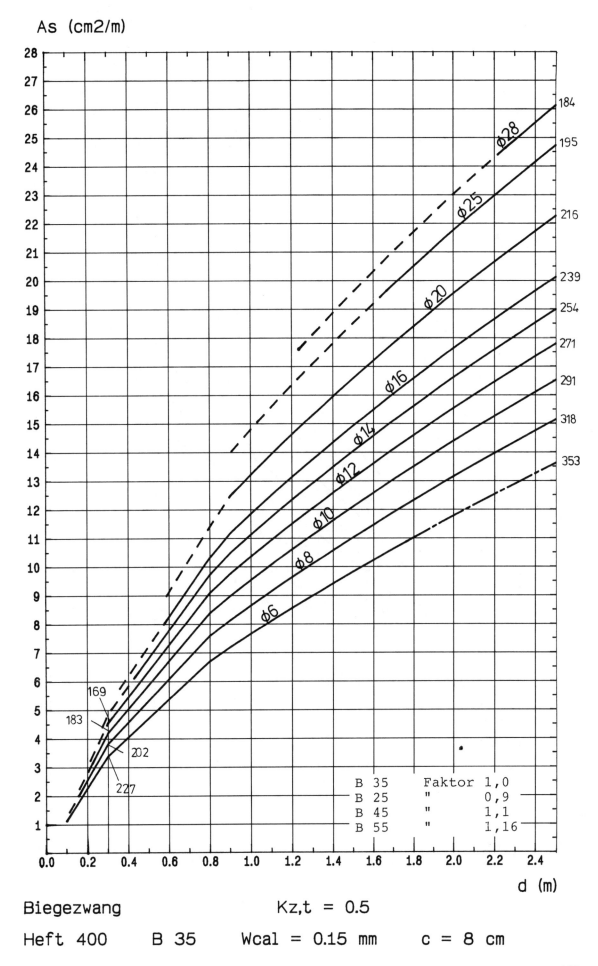

As (cm2/m)

d (m)

Biegezwang   Kz,t = 0.5

Heft 400   B 35   Wcal = 0.15 mm   c = 8 cm

B 35   Faktor 1,0
B 25   "   0,9
B 45   "   1,1
B 55   "   1,16

As (cm2/m)

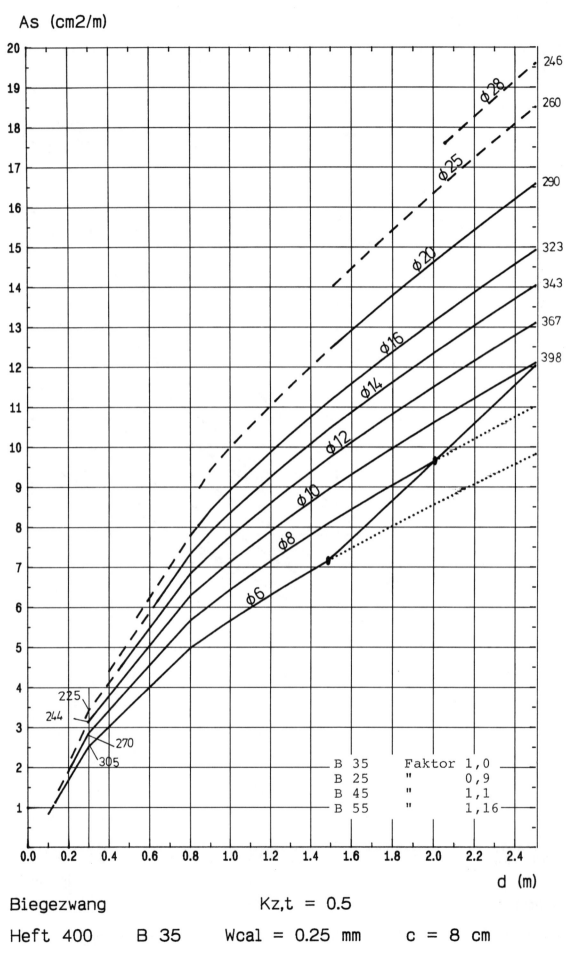

Biegezwang   Kz,t = 0.5

Heft 400   B 35   Wcal = 0.25 mm   c = 8 cm

As (cm2/m)

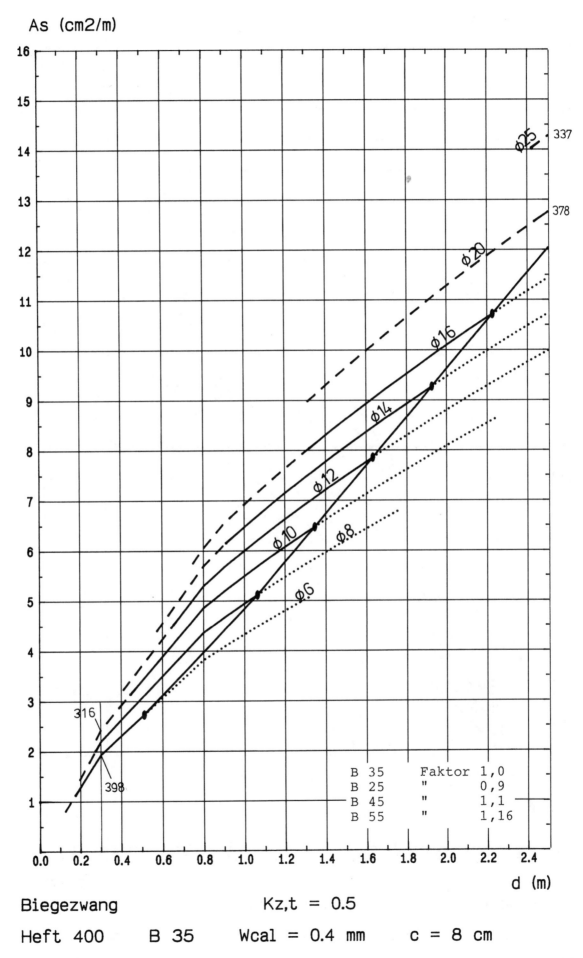

Biegezwang   Kz,t = 0.5

Heft 400   B 35   Wcal = 0.4 mm   c = 8 cm

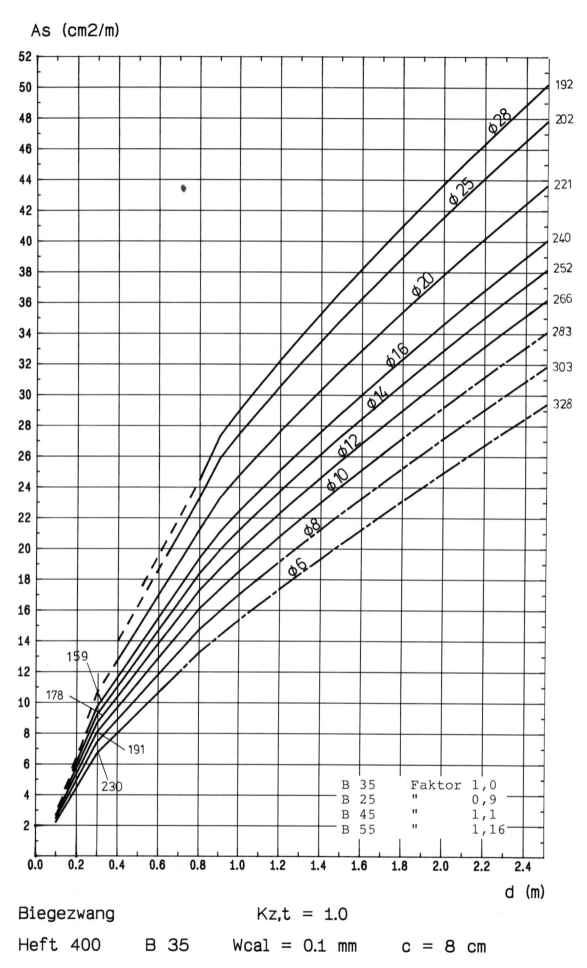

As (cm2/m)

d (m)

Biegezwang   Kz,t = 1.0

Heft 400   B 35   Wcal = 0.1 mm   c = 8 cm

B 35	Faktor	1,0
B 25	"	0,9
B 45	"	1,1
B 55	"	1,16

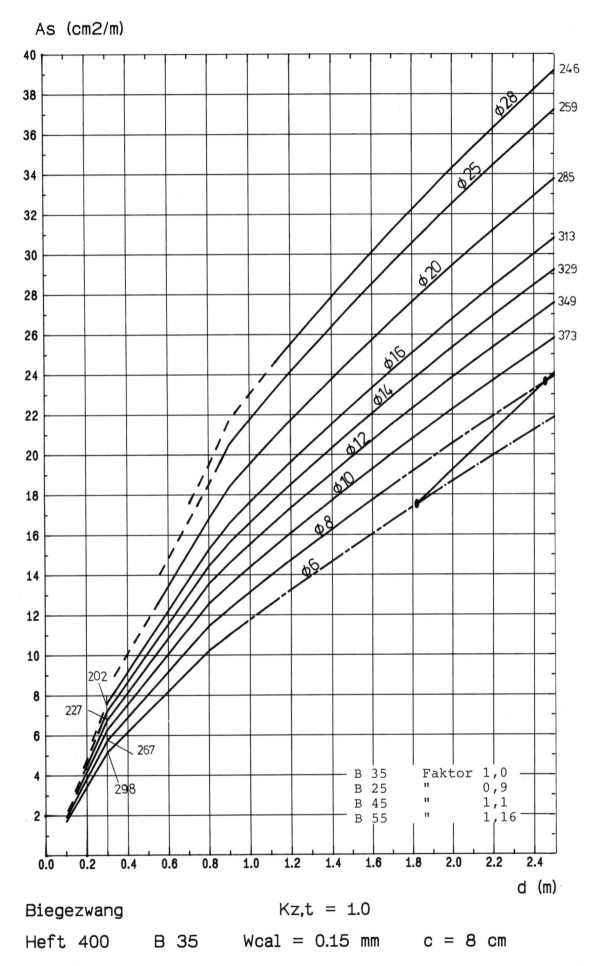

As (cm2/m)

d (m)

Biegezwang   Kz,t = 1.0

Heft 400   B 35   Wcal = 0.15 mm   c = 8 cm

As (cm2/m)

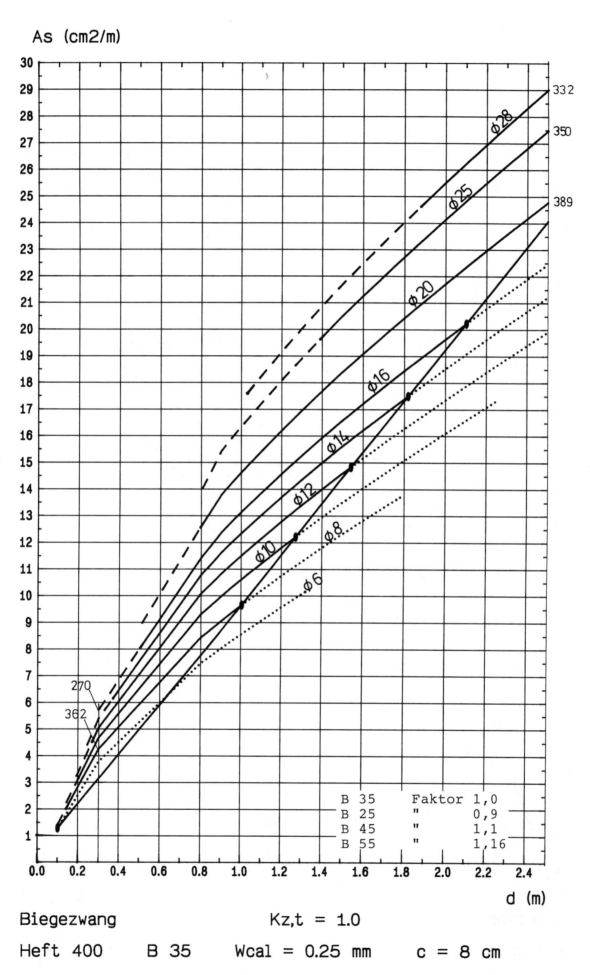

Biegezwang   Kz,t = 1.0

Heft 400   B 35   Wcal = 0.25 mm   c = 8 cm

As (cm2/m)

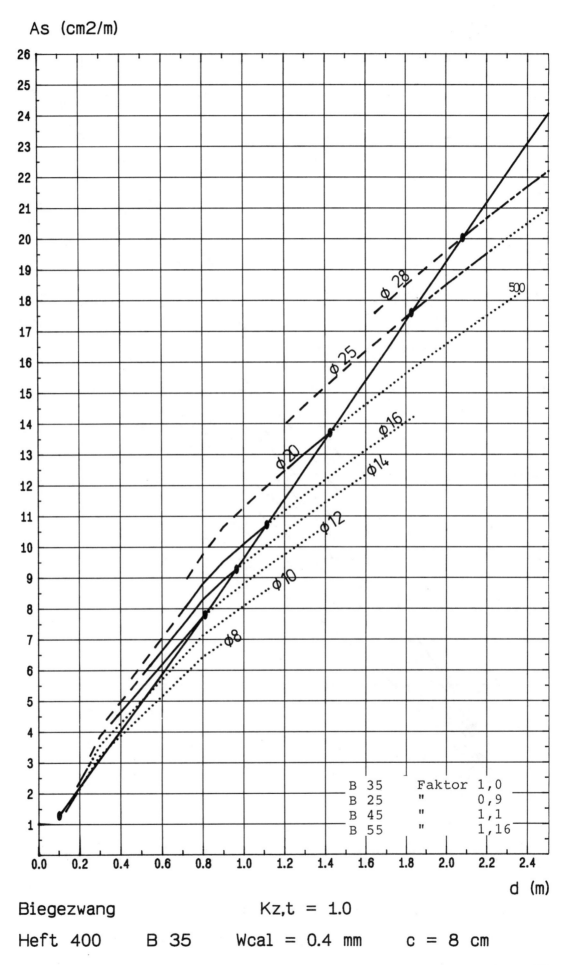

B 35	Faktor	1,0
B 25	"	0,9
B 45	"	1,1
B 55	"	1,16

d (m)

Biegezwang   Kz,t = 1.0

Heft 400   B 35   Wcal = 0.4 mm   c = 8 cm

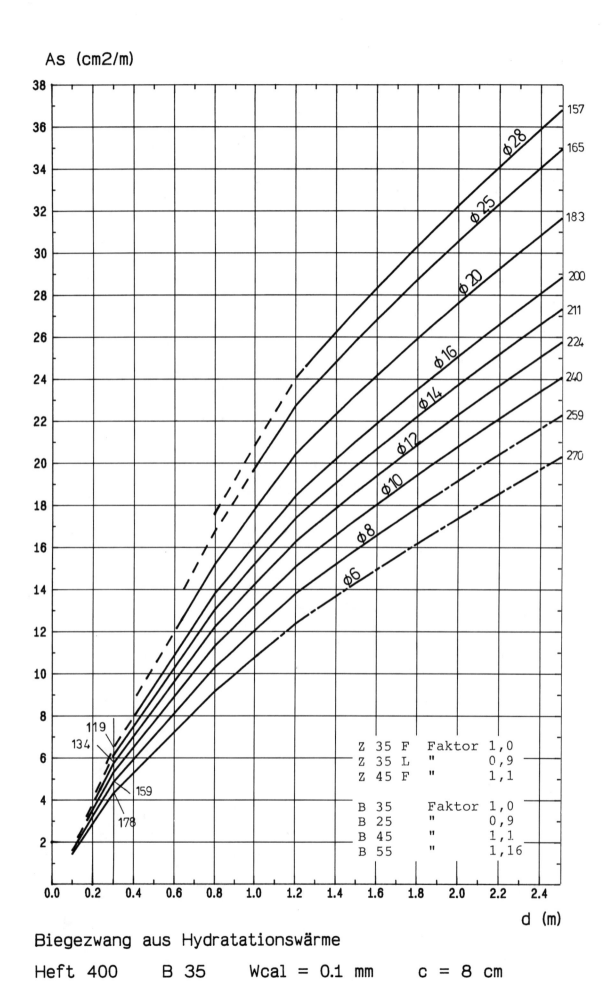

As (cm2/m)

Z 35 F   Faktor   1,0
Z 35 L   "   0,9
Z 45 F   "   1,1

B 35   Faktor   1,0
B 25   "   0,9
B 45   "   1,1
B 55   "   1,16

d (m)

Biegezwang aus Hydratationswärme

Heft 400   B 35   Wcal = 0.1 mm   c = 8 cm

As (cm2/m)

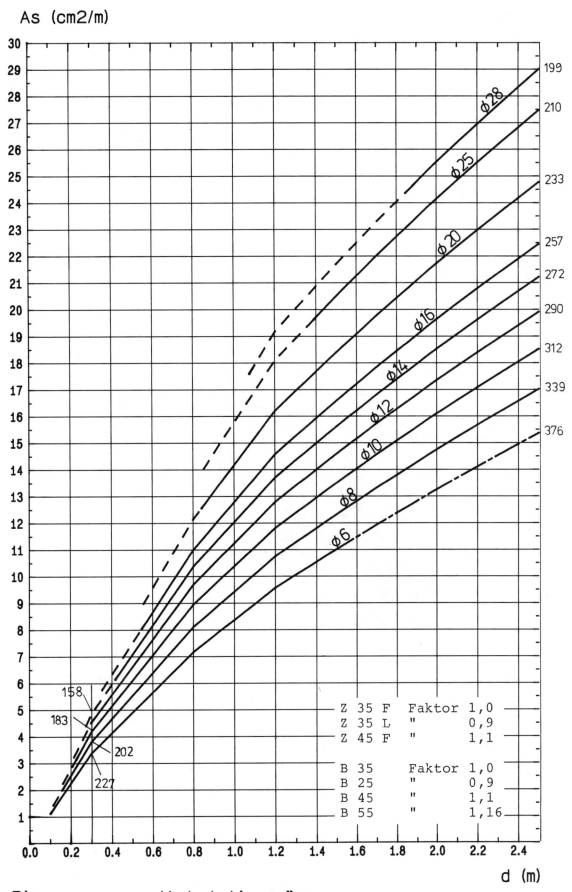

Biegezwang aus Hydratationswärme

Heft 400   B 35   Wcal = 0.15 mm   c = 8 cm

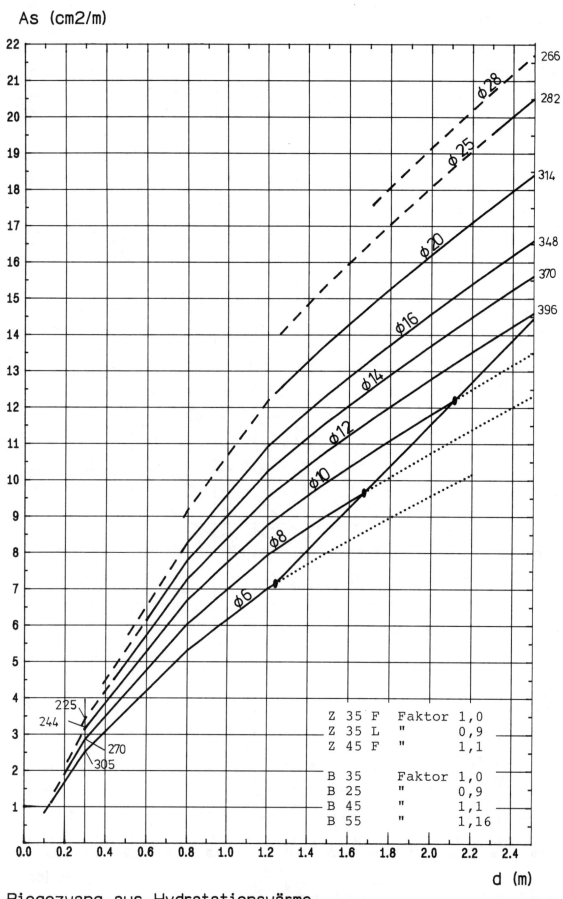

As (cm2/m)

Biegezwang aus Hydratationswärme

Heft 400   B 35   Wcal = 0.25 mm   c = 8 cm

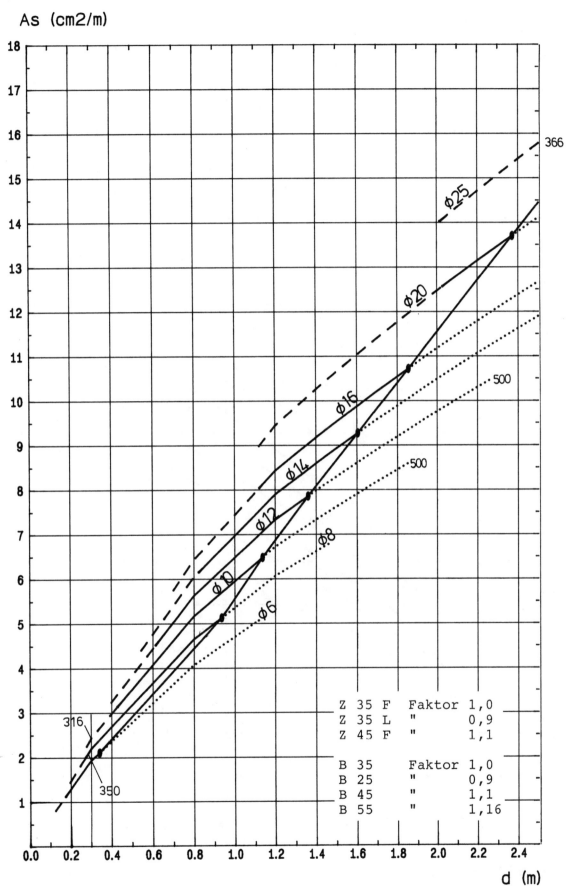

As (cm2/m)

d (m)

Biegezwang aus Hydratationswärme

Heft 400   B 35   Wcal = 0.4 mm   c = 8 cm

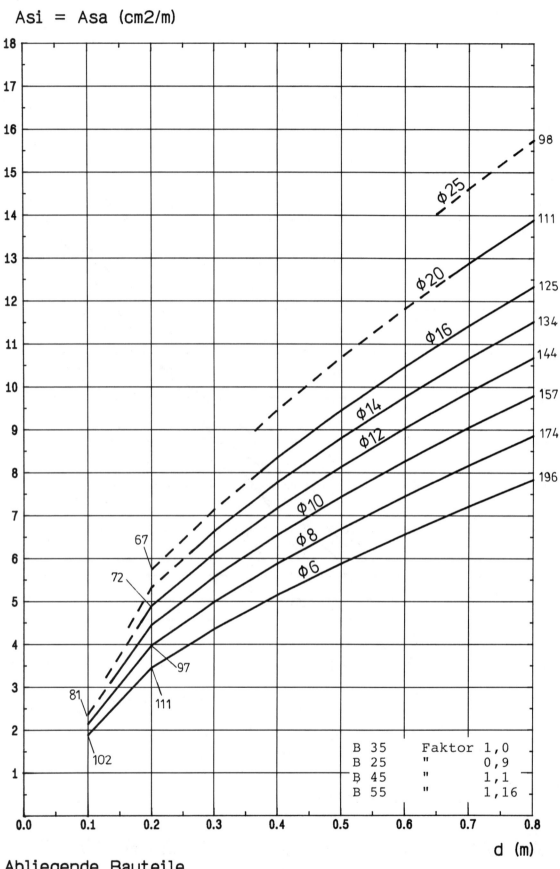

Asi = Asa (cm2/m)

d (m)

Abliegende Bauteile

Zentrischer Zwang   Kz,t = 0.2

Heft 400   B 35   Wcal = 0.1 mm   c = 3 cm

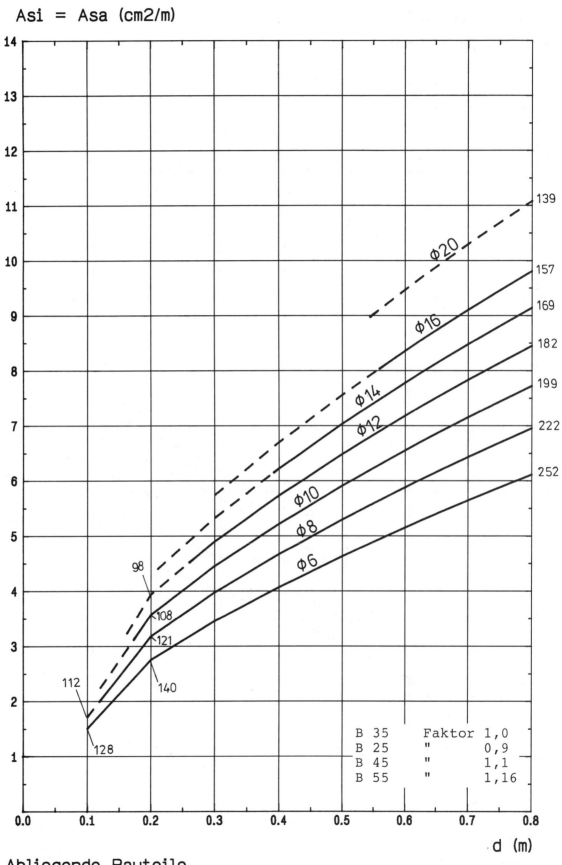

Asi = Asa (cm2/m)

d (m)

Abliegende Bauteile

Zentrischer Zwang   Kz,t = 0.2

Heft 400   B 35   Wcal = 0.15 mm   c = 3 cm

Asi = Asa (cm2/m)

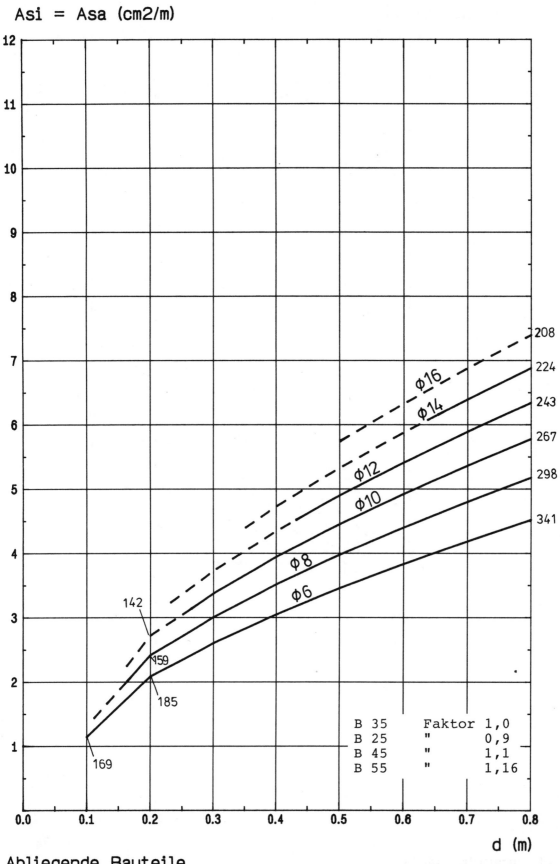

Abliegende Bauteile

Zentrischer Zwang   Kz,t = 0.2

Heft 400   B 35   Wcal = 0.25 mm   c = 3 cm

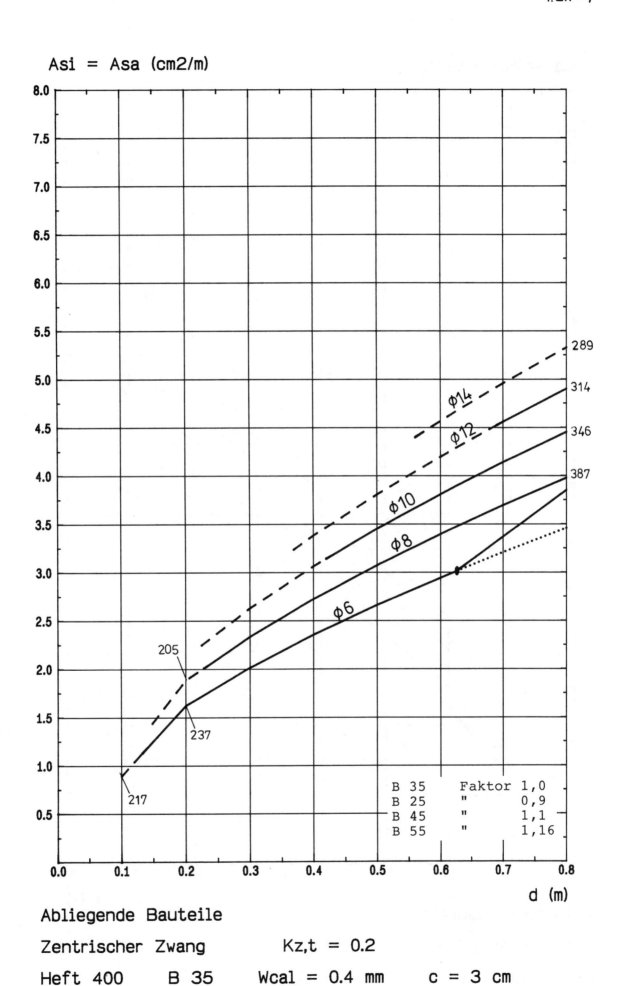

Asi = Asa (cm2/m)

d (m)

Abliegende Bauteile

Zentrischer Zwang   Kz,t = 0.2

Heft 400   B 35   Wcal = 0.4 mm   c = 3 cm

Asi = Asa (cm2/m)

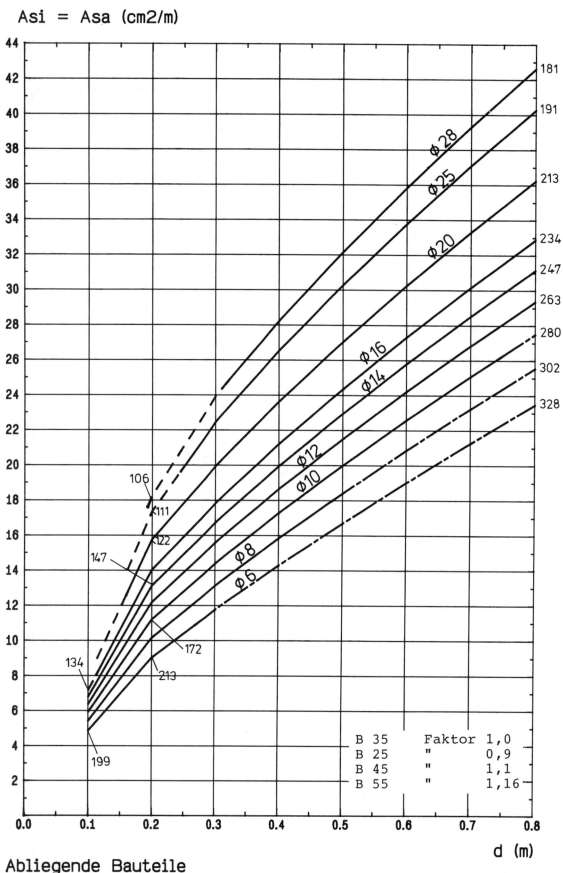

Abliegende Bauteile

Zentrischer Zwang   Kz,t = 1.0

Heft 400   B 35   Wcal = 0.1 mm   c = 3 cm

Asi = Asa (cm2/m)

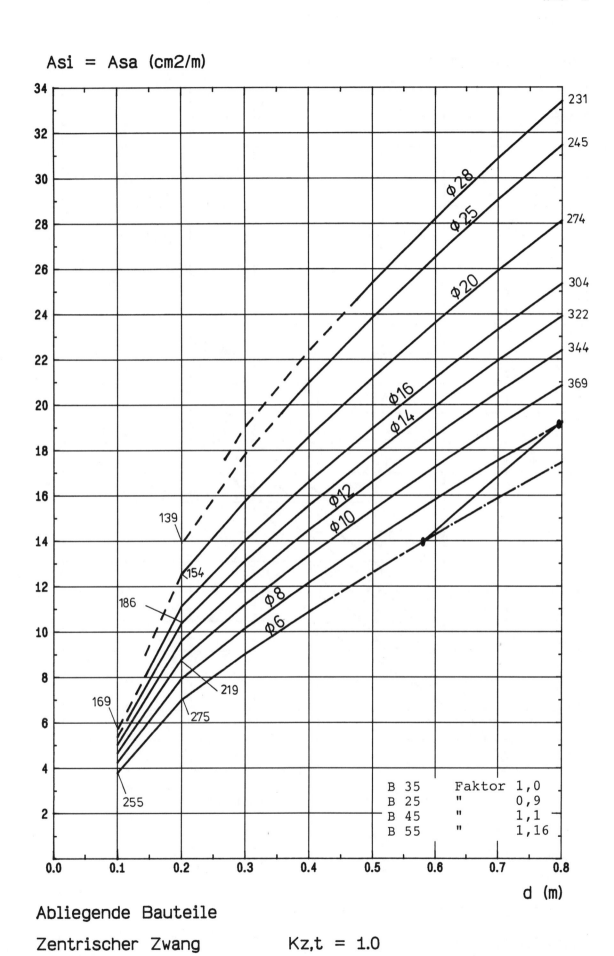

Abliegende Bauteile

Zentrischer Zwang   Kz,t = 1.0

Heft 400   B 35   Wcal = 0.15 mm   c = 3 cm

Asi = Asa (cm2/m)

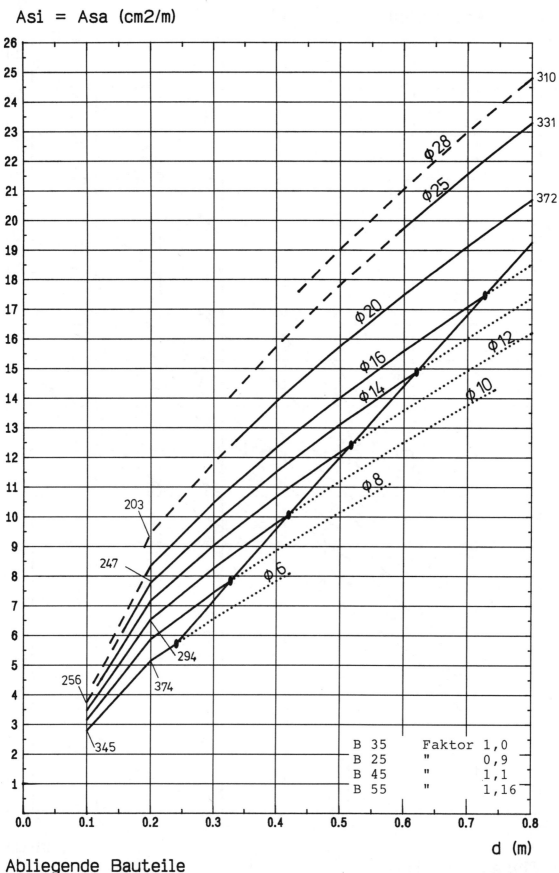

d (m)

Abliegende Bauteile

Zentrischer Zwang   Kz,t = 1.0

Heft 400   B 35   Wcal = 0.25 mm   c = 3 cm

Asi = Asa (cm2/m)

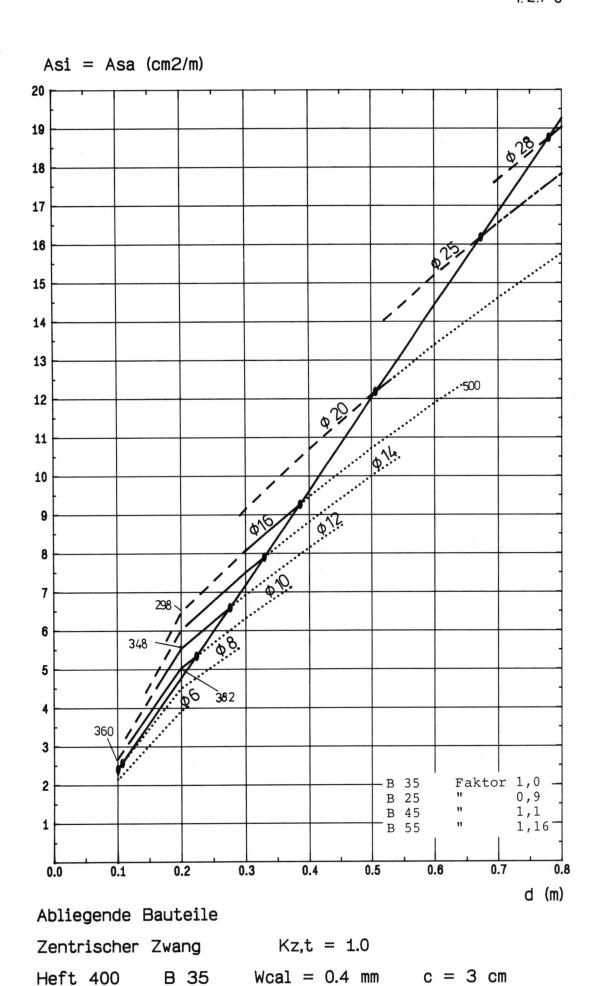

Abliegende Bauteile

Zentrischer Zwang   Kz,t = 1.0

Heft 400   B 35   Wcal = 0.4 mm   c = 3 cm

Asi = Asa (cm2/m)

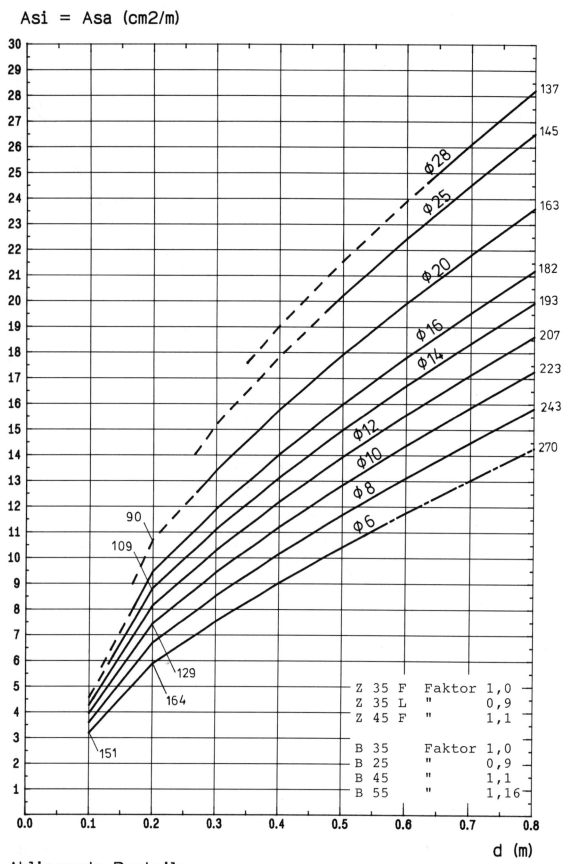

Abliegende Bauteile

Zentrischer Zwang aus Hydratationswärme u. $K_{z,t} = 0,5$

Heft 400   B 35   Wcal = 0.1 mm   c = 3 cm

Asi = Asa (cm2/m)

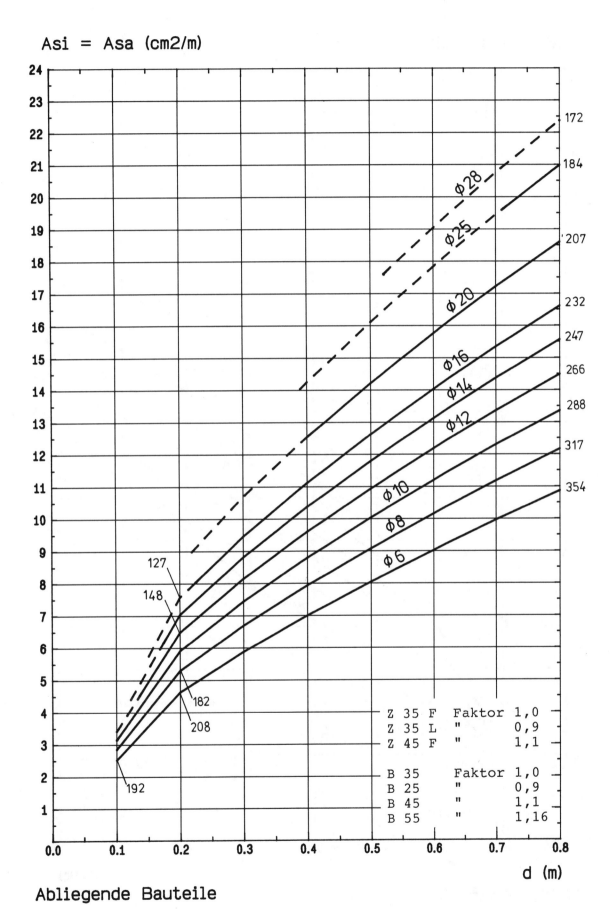

Abliegende Bauteile

Zentrischer Zwang aus Hydratationswärme u. Kz,t = 0,5

Heft 400   B 35   Wcal = 0.15 mm   c = 3 cm

Asi = Asa (cm2/m)

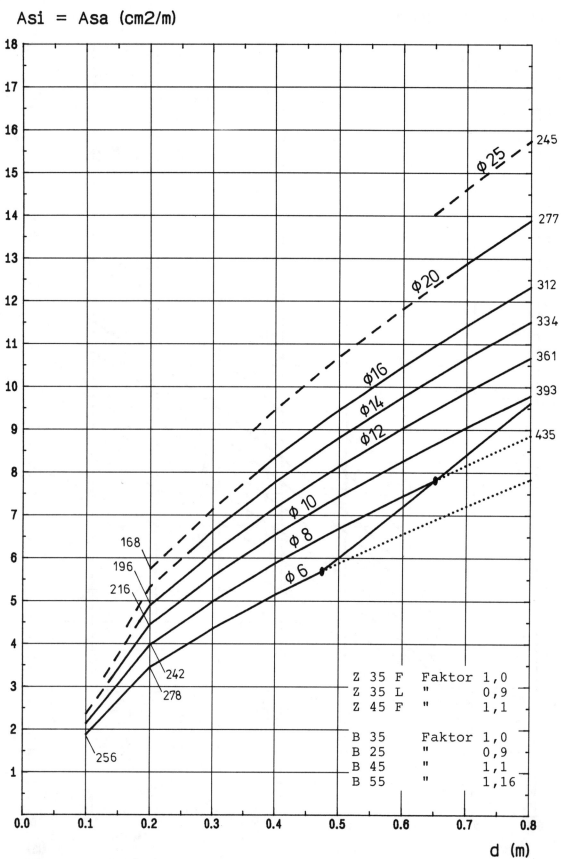

Z 35 F   Faktor 1,0
Z 35 L   "   0,9
Z 45 F   "   1,1

B 35   Faktor 1,0
B 25   "   0,9
B 45   "   1,1
B 55   "   1,16

d (m)

Abliegende Bauteile

Zentrischer Zwang aus Hydratationswärme u. $Kz,t=0,5$

Heft 400   B 35   Wcal = 0.25 mm   c = 3 cm

Asi = Asa (cm2/m)

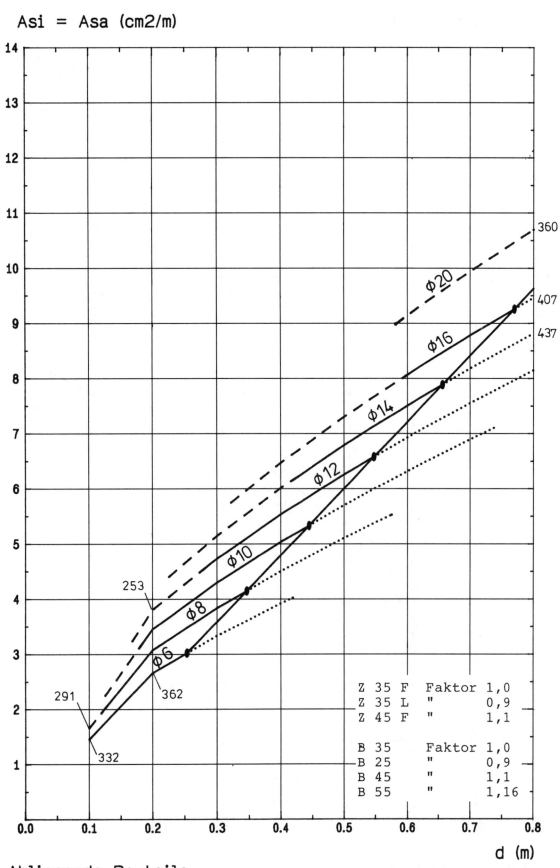

Abliegende Bauteile

Zentrischer Zwang aus Hydratationswärme u. Kz,t=0,5

Heft 400   B 35   Wcal = 0.4 mm   c = 3 cm

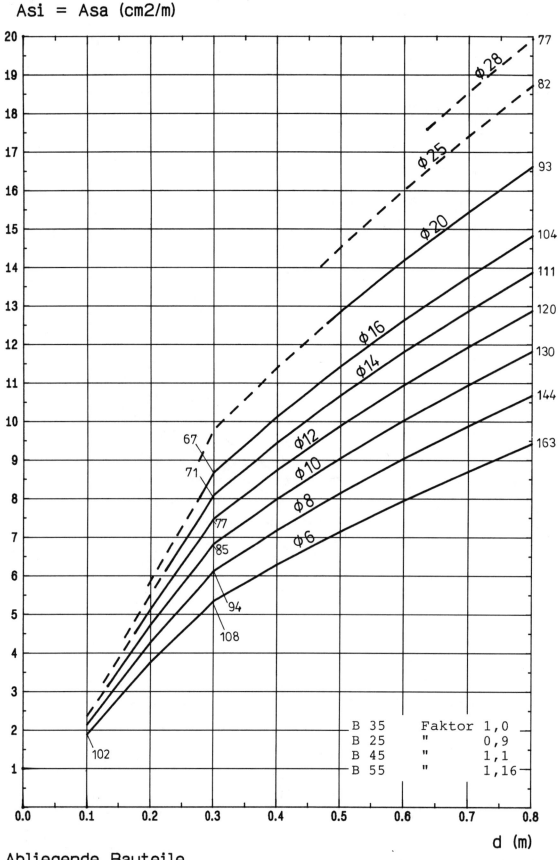

1.2.1-13

Asi = Asa (cm2/m)

d (m)

Abliegende Bauteile

Zentrischer Zwang   Kz,t = 0.2

Heft 400   B 35   Wcal = 0.1 mm   c = 5 cm

160

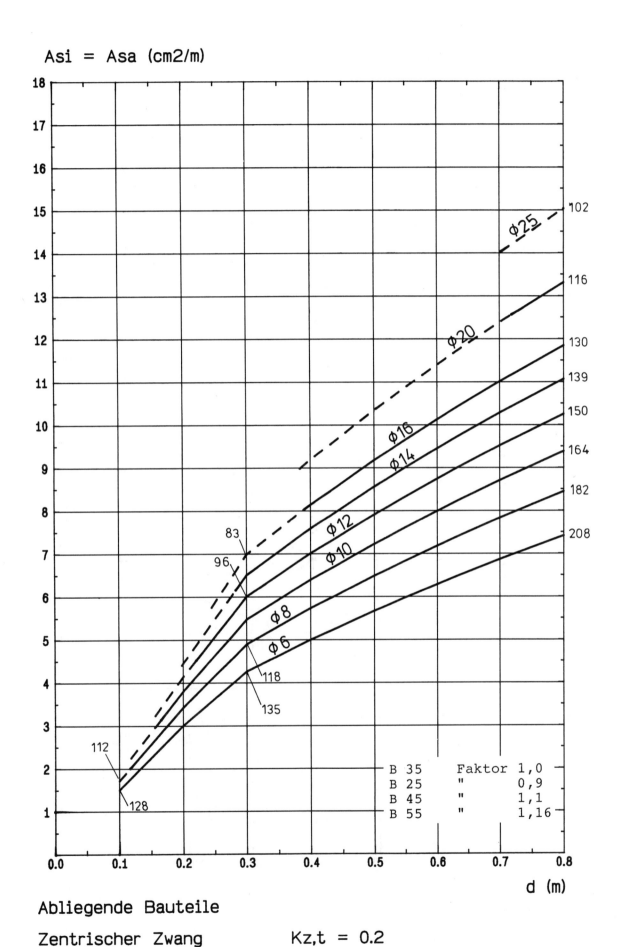

Asi = Asa (cm2/m)

Abliegende Bauteile

Zentrischer Zwang   Kz,t = 0.2

Heft 400   B 35   Wcal = 0.15 mm   c = 5 cm

Asi = Asa (cm2/m)

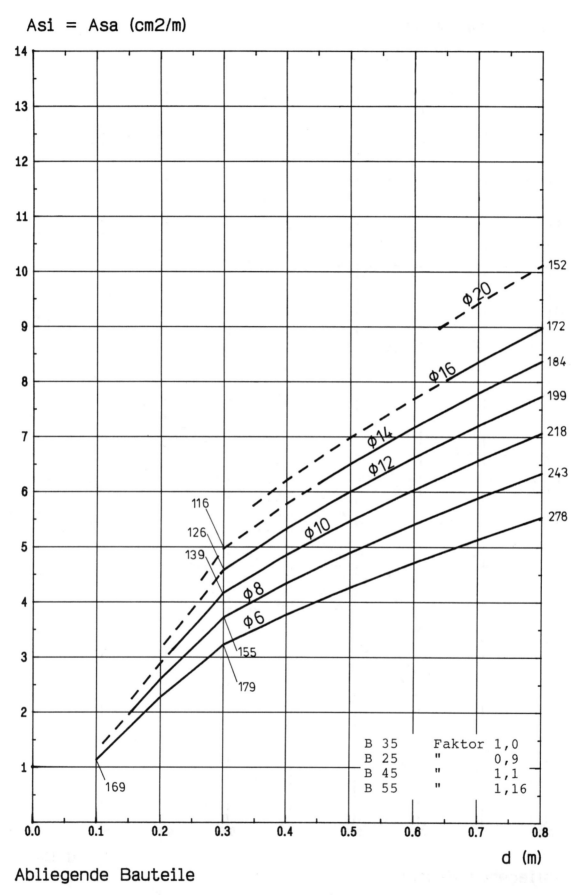

Abliegende Bauteile

Zentrischer Zwang   Kz,t = 0.2

Heft 400   B 35   Wcal = 0.25 mm   c = 5 cm

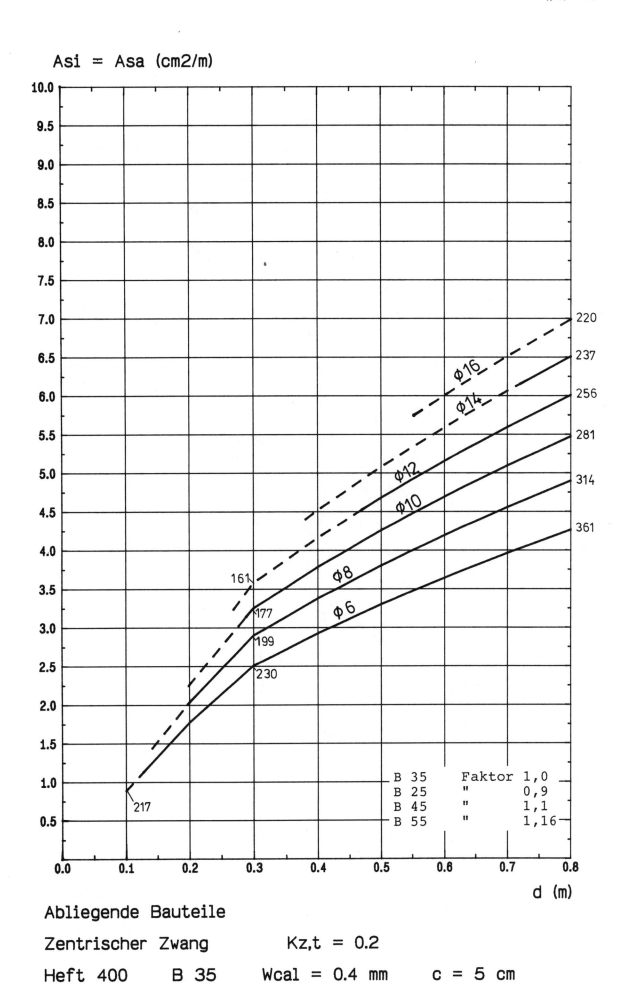

Asi = Asa (cm2/m)

Abliegende Bauteile

Zentrischer Zwang   Kz,t = 0.2

Heft 400   B 35   Wcal = 0.4 mm   c = 5 cm

Asi = Asa (cm2/m)

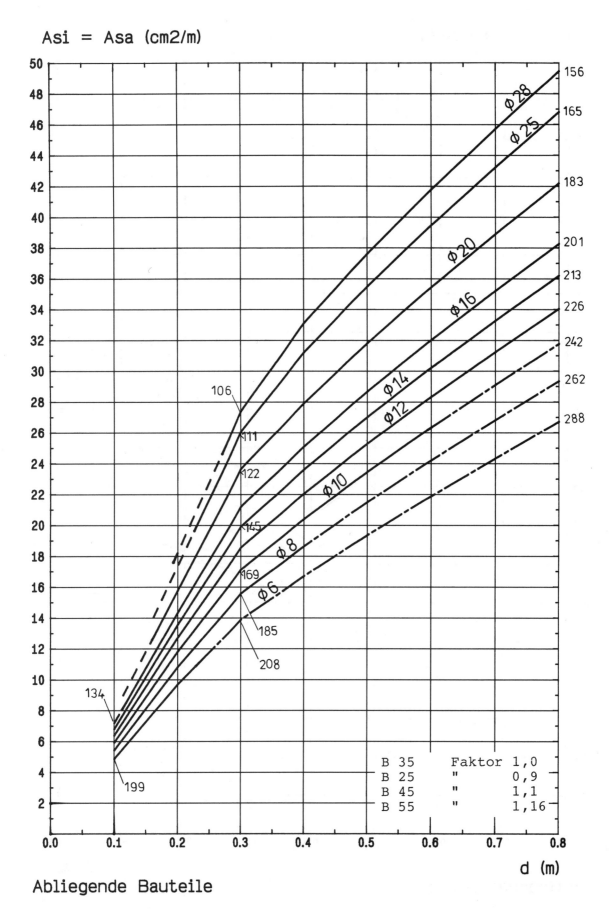

d (m)

Abliegende Bauteile

Zentrischer Zwang   Kz,t = 1.0

Heft 400   B 35   Wcal = 0.1 mm   c = 5 cm

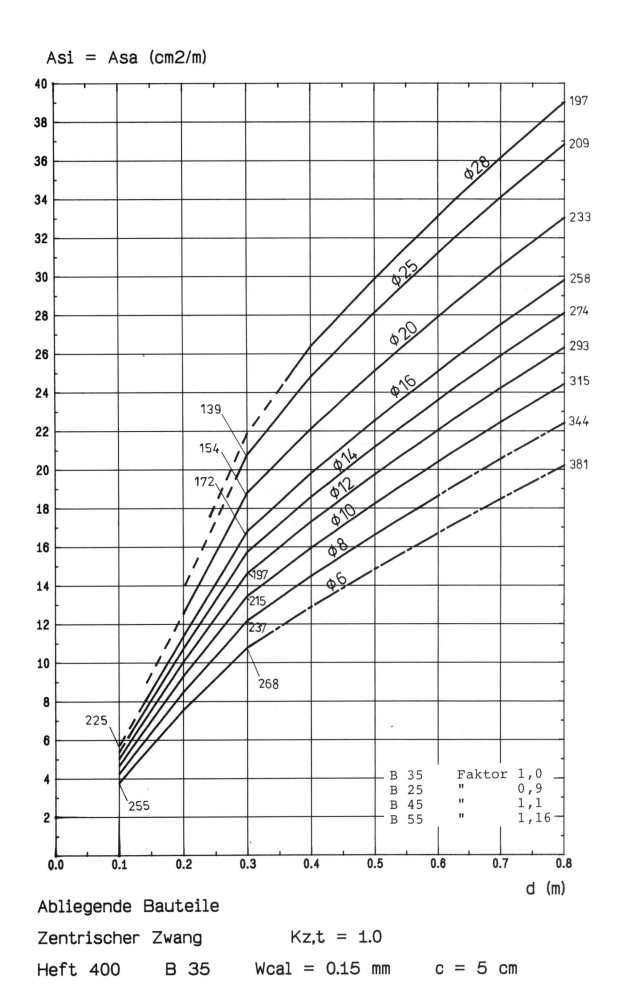

Asi = Asa (cm2/m)

d (m)

Abliegende Bauteile

Zentrischer Zwang   Kz,t = 1.0

Heft 400   B 35   Wcal = 0.15 mm   c = 5 cm

Asi = Asa (cm2/m)

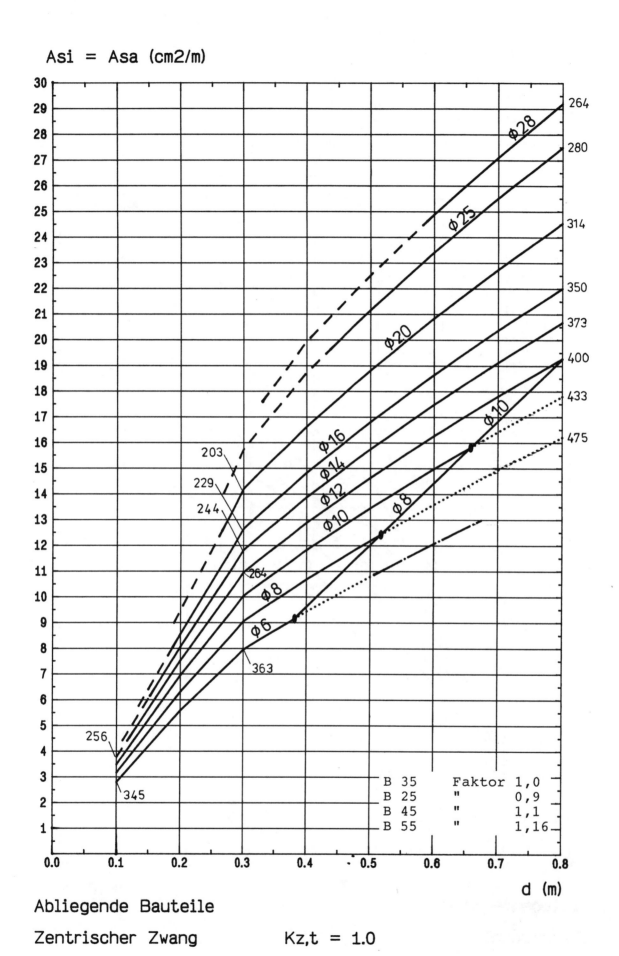

Abliegende Bauteile

Zentrischer Zwang   Kz,t = 1.0

Heft 400   B 35   Wcal = 0.25 mm   c = 5 cm

Asi = Asa (cm2/m)

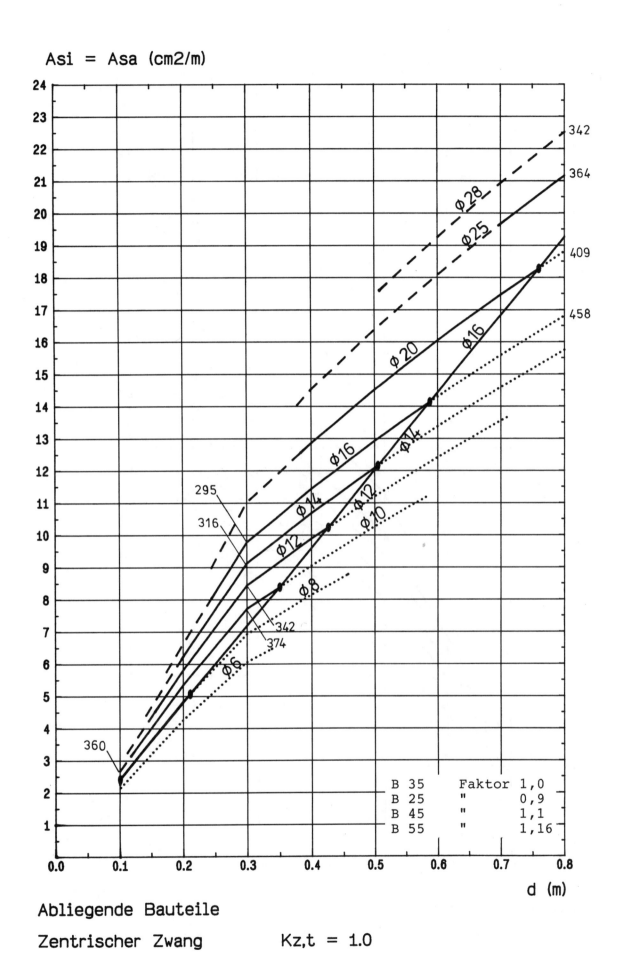

Abliegende Bauteile

Zentrischer Zwang   Kz,t = 1.0

Heft 400   B 35   Wcal = 0.4 mm   c = 5 cm

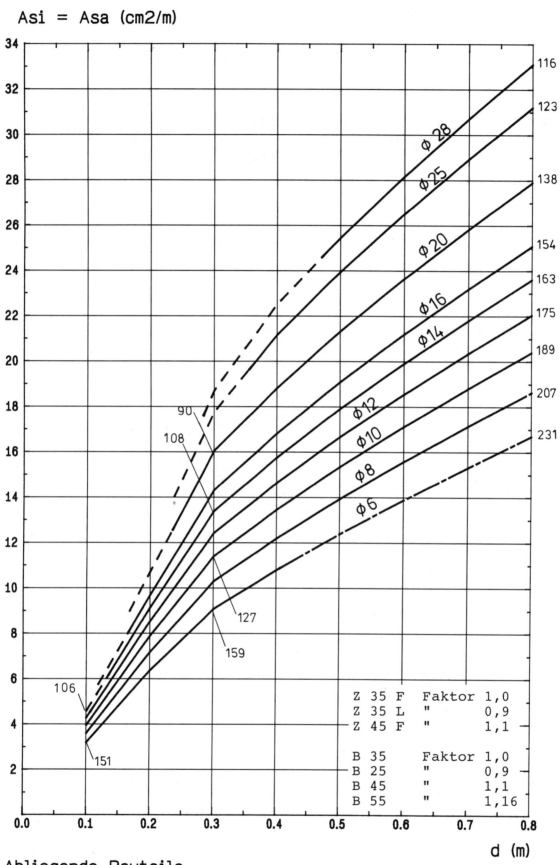

Asi = Asa (cm2/m)

d (m)

Abliegende Bauteile

Zentrischer Zwang aus Hydratationswärme u. Kz,t = 0,5

Heft 400   B 35   Wcal = 0.1 mm   c = 5 cm

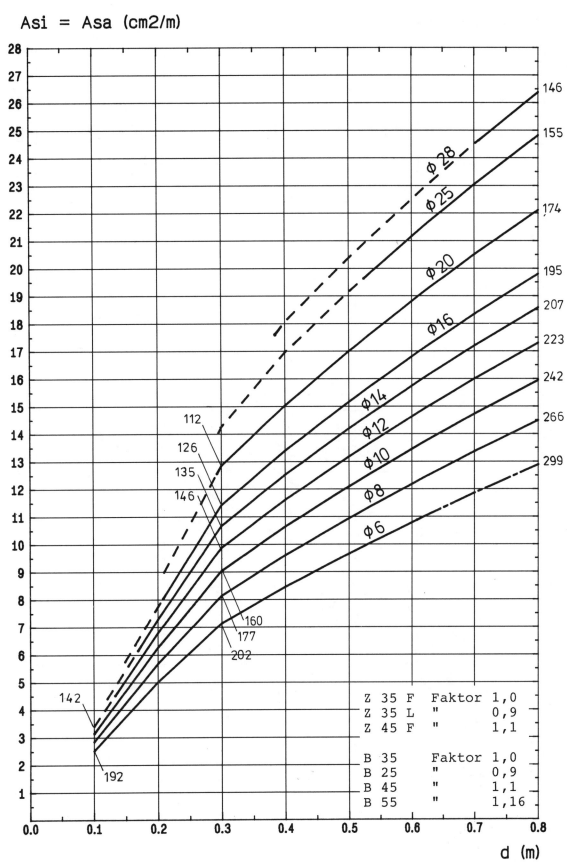

Asi = Asa (cm2/m)

Z 35 F   Faktor 1,0
Z 35 L   "   0,9
Z 45 F   "   1,1

B 35   Faktor 1,0
B 25   "   0,9
B 45   "   1,1
B 55   "   1,16

Abliegende Bauteile

Zentrischer Zwang aus Hydratationswärme u. Kz,t = 0,5

Heft 400   B 35   Wcal = 0.15 mm   c = 5 cm

169

Asi = Asa (cm2/m)

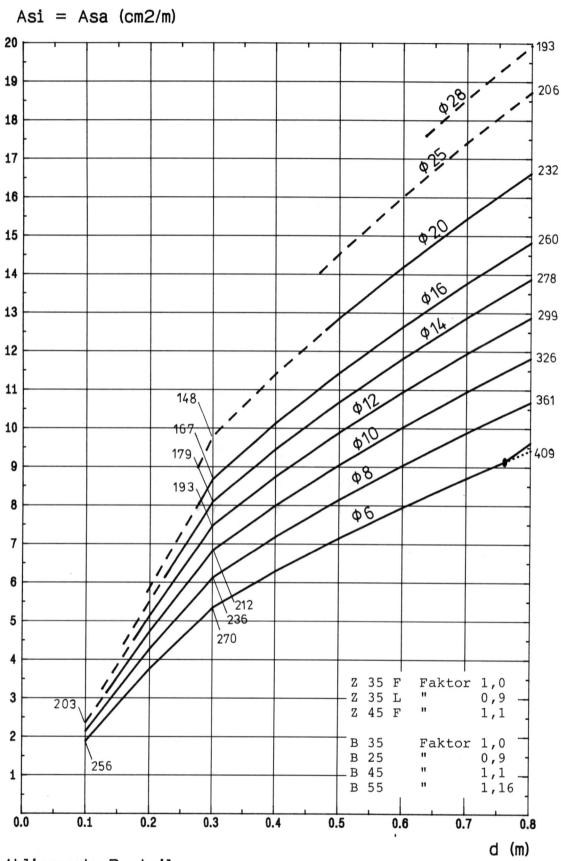

Abliegende Bauteile

Zentrischer Zwang aus Hydratationswärme u. $Kz_jt = 0,5$

Heft 400　　　B 35　　　Wcal = 0.25 mm　　　c = 5 cm

Asi = Asa (cm2/m)

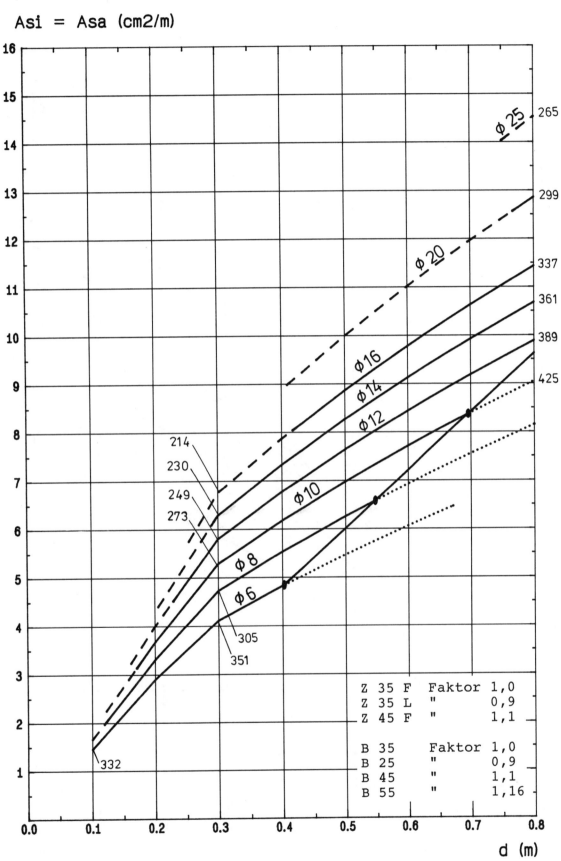

Abliegende Bauteile

Zentrischer Zwang aus Hydratationswärme u. Kz,t = 0,5

Heft 400   B 35   Wcal = 0.4 mm   c = 5 cm

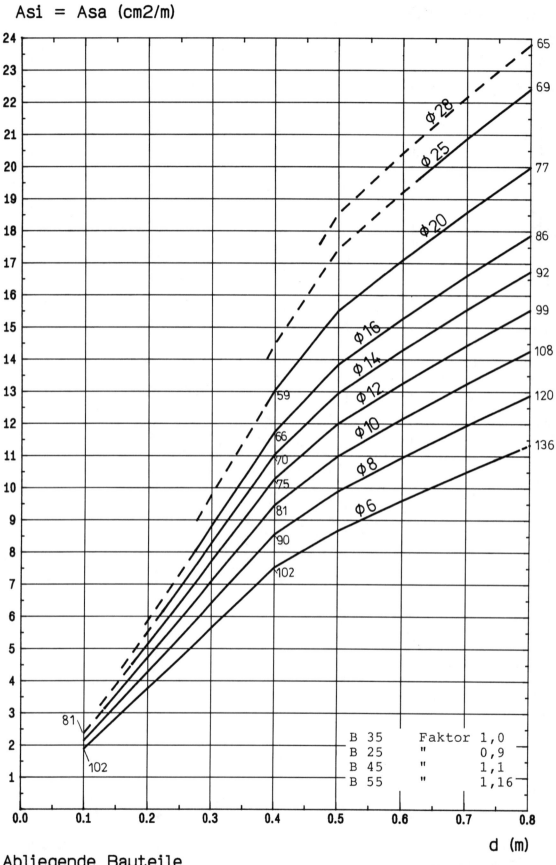

Asi = Asa (cm2/m)

Abliegende Bauteile

Zentrischer Zwang   Kz,t = 0.2

Heft 400   B 35   Wcal = 0.1 mm   c = 8 cm

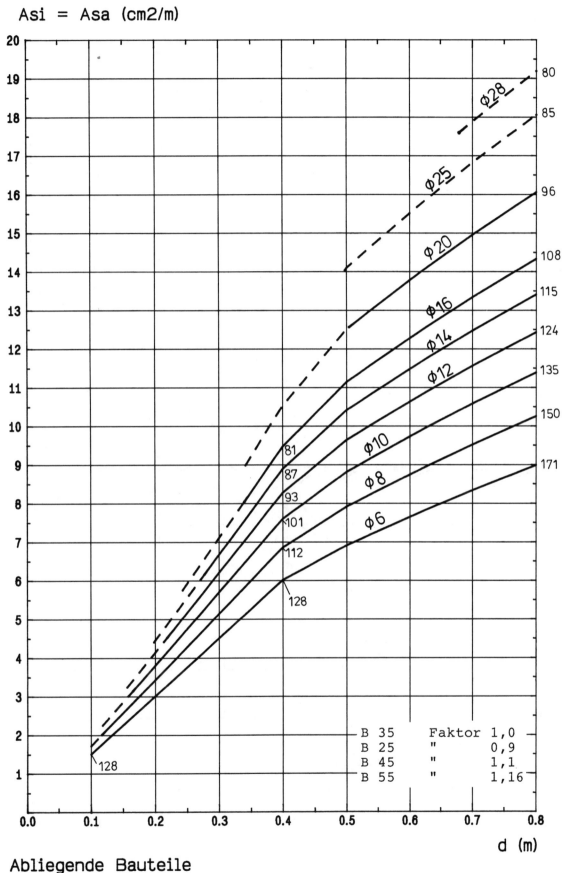

$Asi = Asa \ (cm2/m)$

Abliegende Bauteile

Zentrischer Zwang   Kz,t = 0.2

Heft 400   B 35   Wcal = 0.15 mm   c = 8 cm

Asi = Asa (cm2/m)

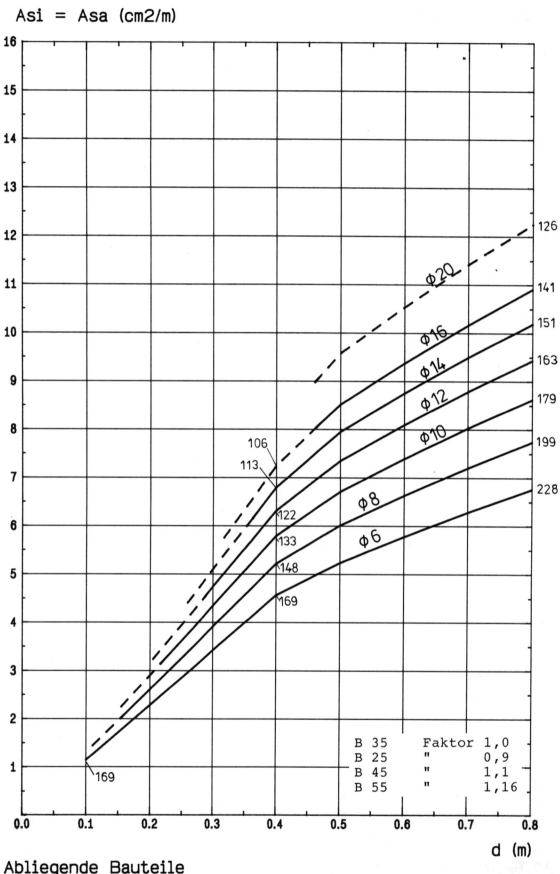

Abliegende Bauteile

Zentrischer Zwang   Kz,t = 0.2

Heft 400   B 35   Wcal = 0.25 mm   c = 8 cm

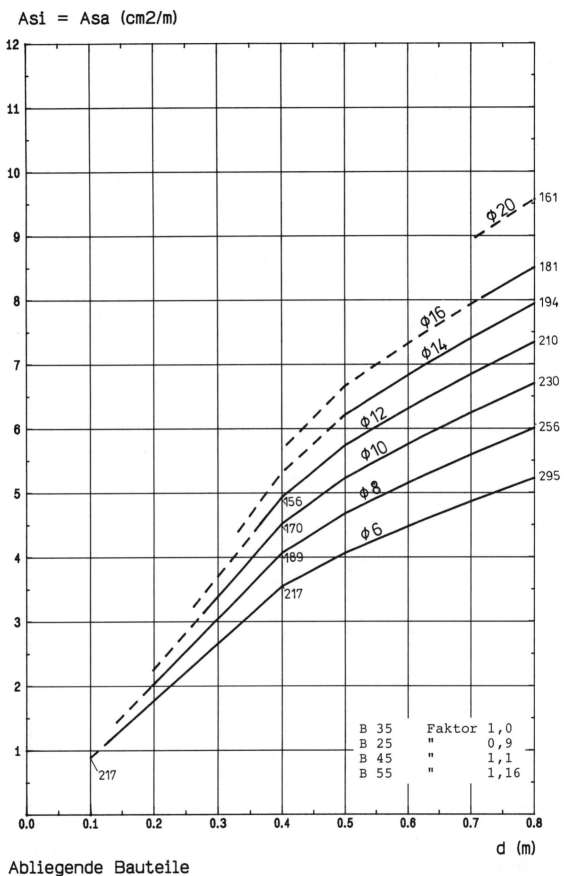

Asi = Asa (cm2/m)

d (m)

Abliegende Bauteile

Zentrischer Zwang   Kz,t = 0.2

Heft 400   B 35   Wcal = 0.4 mm   c = 8 cm

175

Asi = Asa (cm2/m)

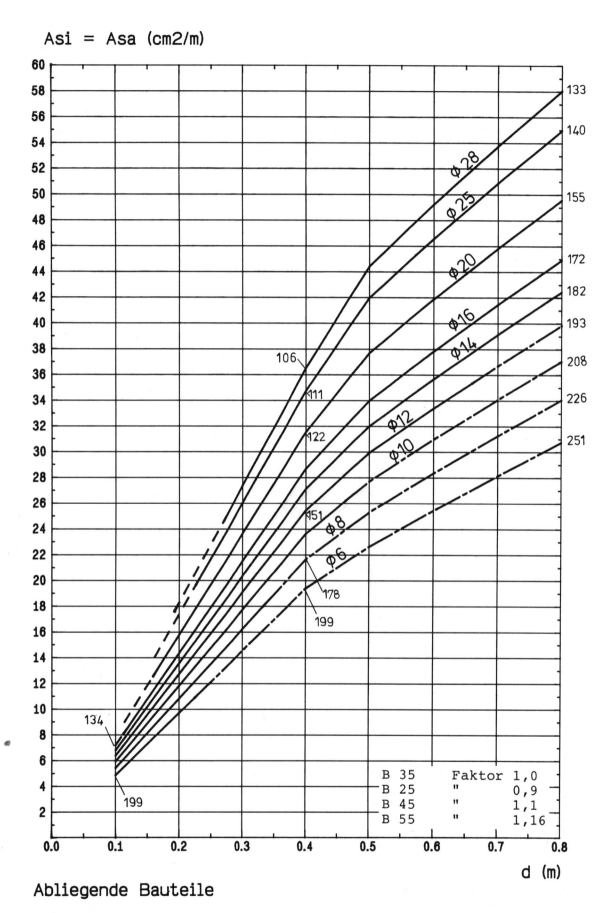

Abliegende Bauteile

Zentrischer Zwang   Kz,t = 1.0

Heft 400   B 35   Wcal = 0.1 mm   c = 8 cm

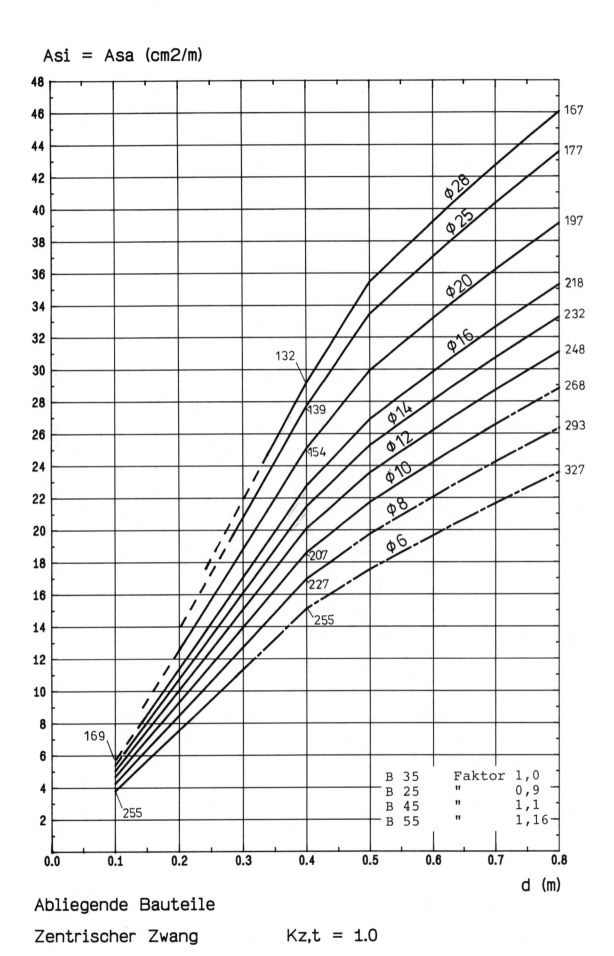

Asi = Asa (cm2/m)

Abliegende Bauteile

Zentrischer Zwang   Kz,t = 1.0

Heft 400   B 35   Wcal = 0.15 mm   c = 8 cm

Asi = Asa (cm2/m)

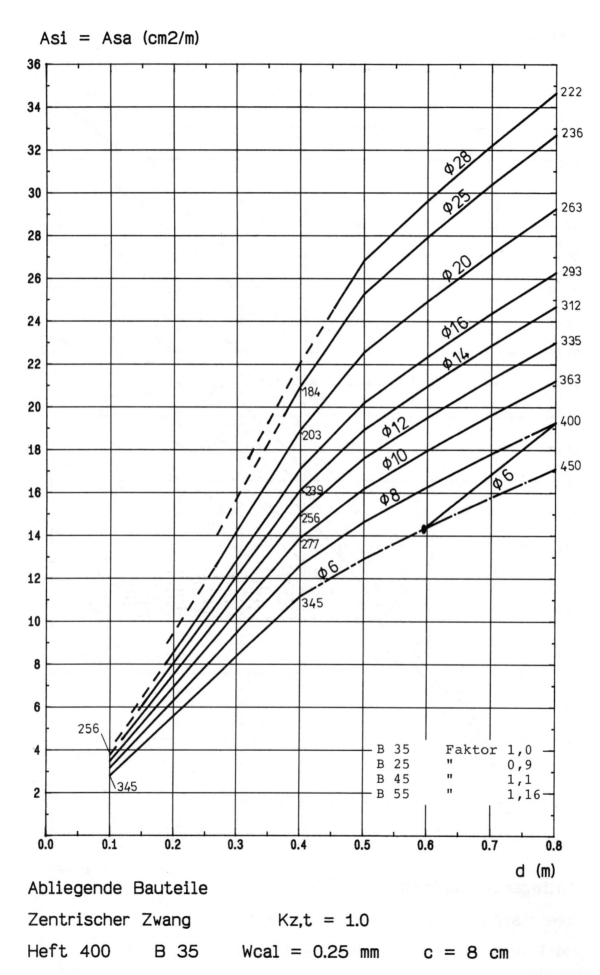

Abliegende Bauteile

Zentrischer Zwang   Kz,t = 1.0

Heft 400   B 35   Wcal = 0.25 mm   c = 8 cm

Asi = Asa (cm2/m)

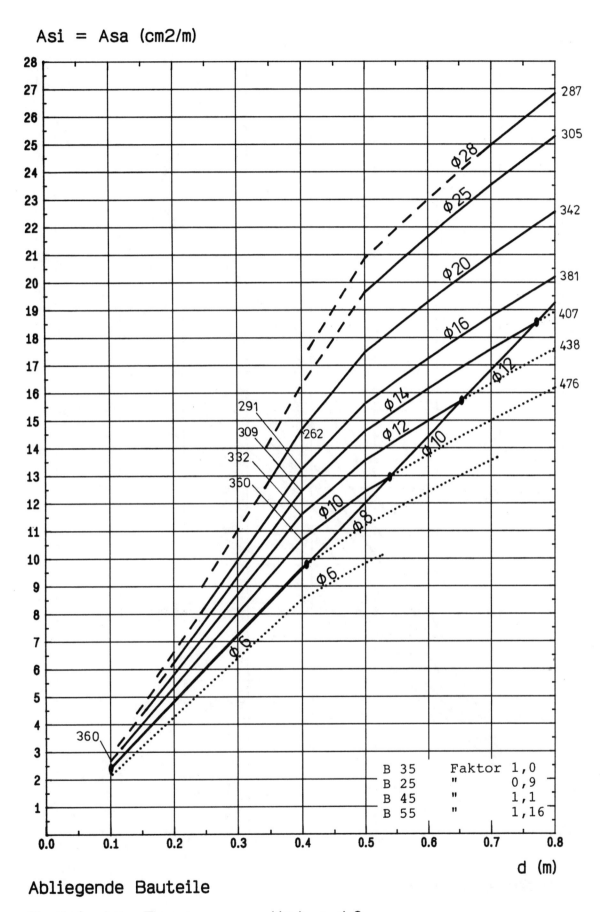

Abliegende Bauteile

Zentrischer Zwang   Kz,t = 1.0

Heft 400   B 35   Wcal = 0.4 mm   c = 8 cm

Asi = Asa (cm2/m)

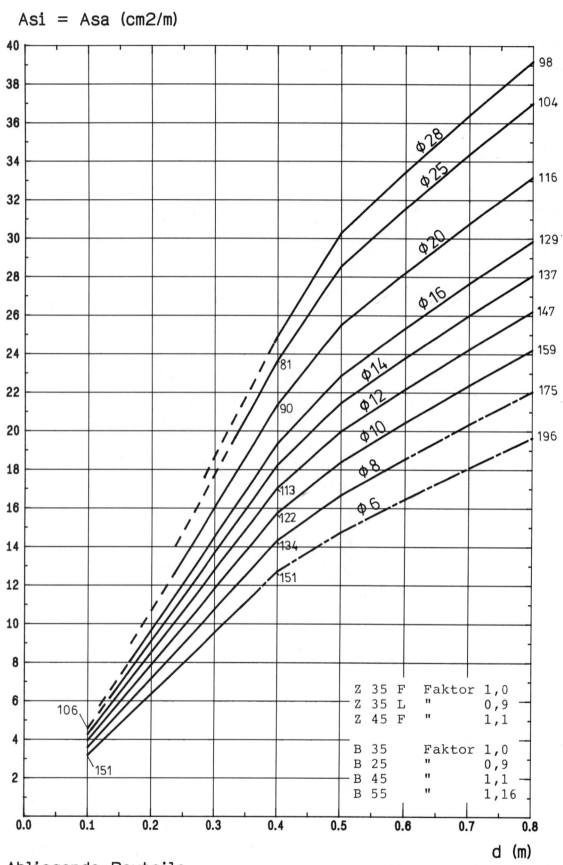

Abliegende Bauteile

Zentrischer Zwang aus Hydratationswärme u. Kz,t = 0,5

Heft 400   B 35   Wcal = 0.1 mm   c = 8 cm

Asi = Asa (cm2/m)

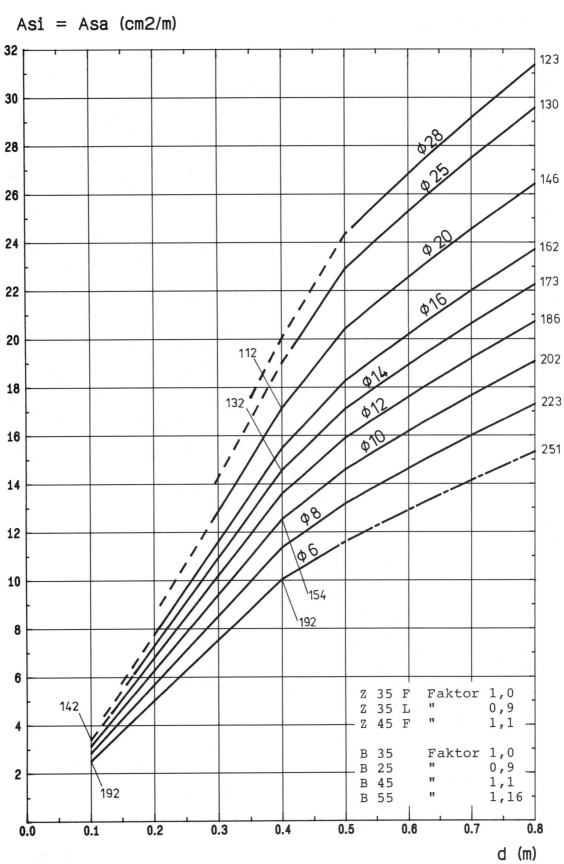

Abliegende Bauteile

Zentrischer Zwang aus Hydratationswärme u. Kz,t = 0,5

Heft 400   B 35   Wcal = 0.15 mm   c = 8 cm

Asi = Asa (cm2/m)

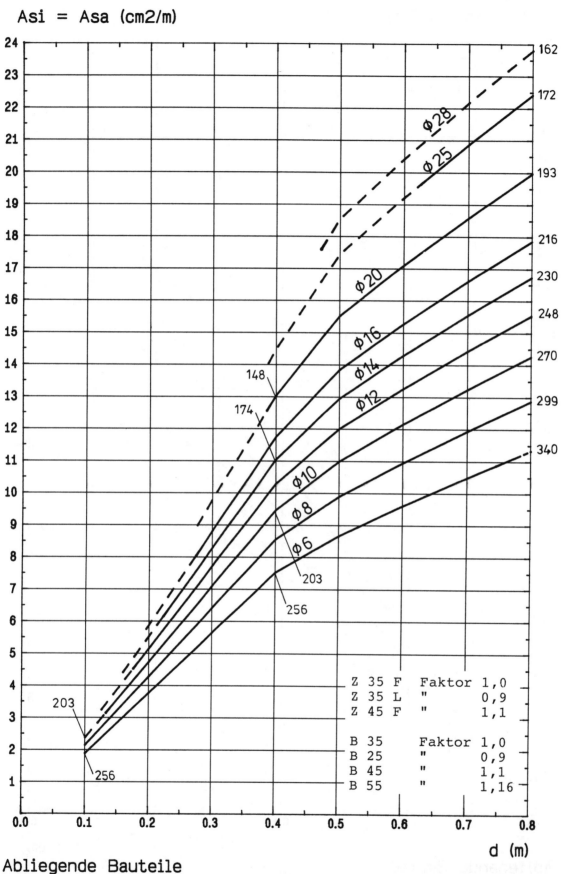

Abliegende Bauteile

Zentrischer Zwang aus Hydratationswärme u. Kz·t = 0,5

Heft 400   B 35   Wcal = 0.25 mm   c = 8 cm

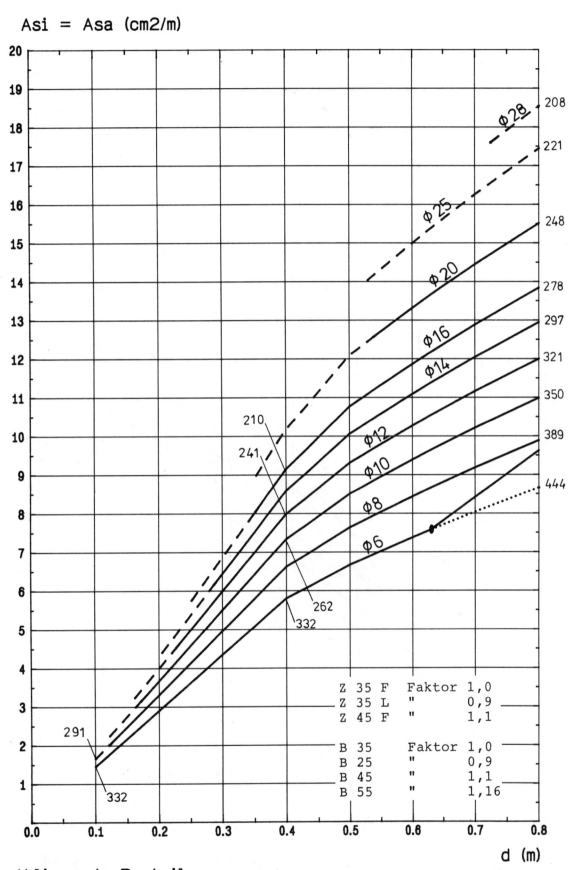

Asi = Asa (cm2/m)

Abliegende Bauteile

Zentrischer Zwang aus Hydratationswärme u. Kz$_i$t = 0,5

Heft 400   B 35   Wcal = 0.4 mm   c = 8 cm

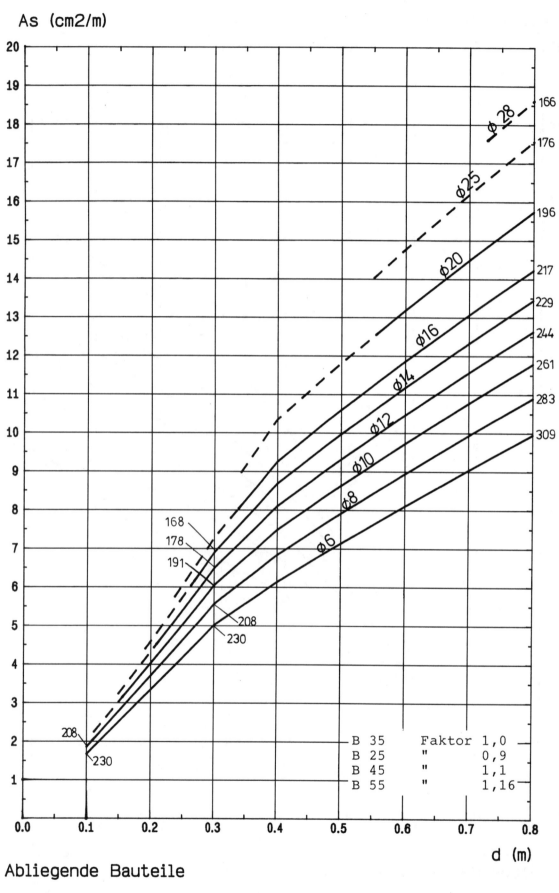

As (cm2/m)

Abliegende Bauteile

Biegezwang   Kz,t = 1.0

Heft 400   B 35   Wcal = 0.1 mm   c = 3 cm

As (cm2/m)

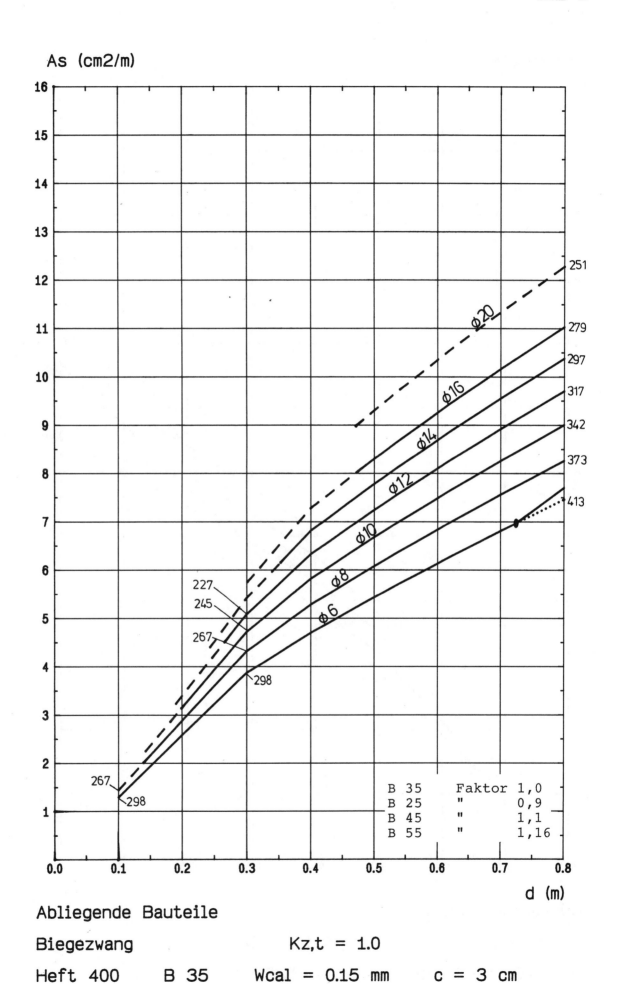

Abliegende Bauteile

Biegezwang   Kz,t = 1.0

Heft 400   B 35   Wcal = 0.15 mm   c = 3 cm

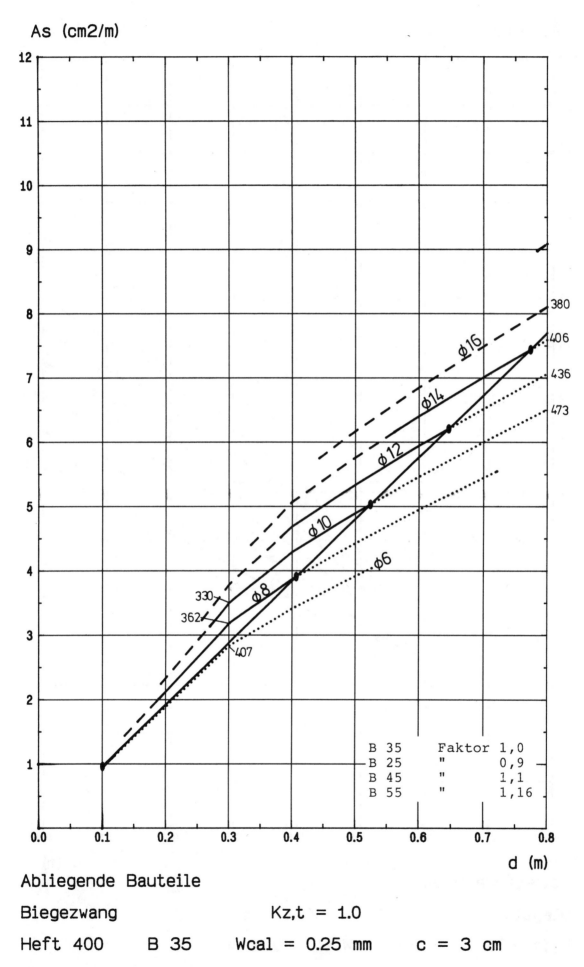

As (cm2/m)

d (m)

Abliegende Bauteile

Biegezwang   Kz,t = 1.0

Heft 400   B 35   Wcal = 0.25 mm   c = 3 cm

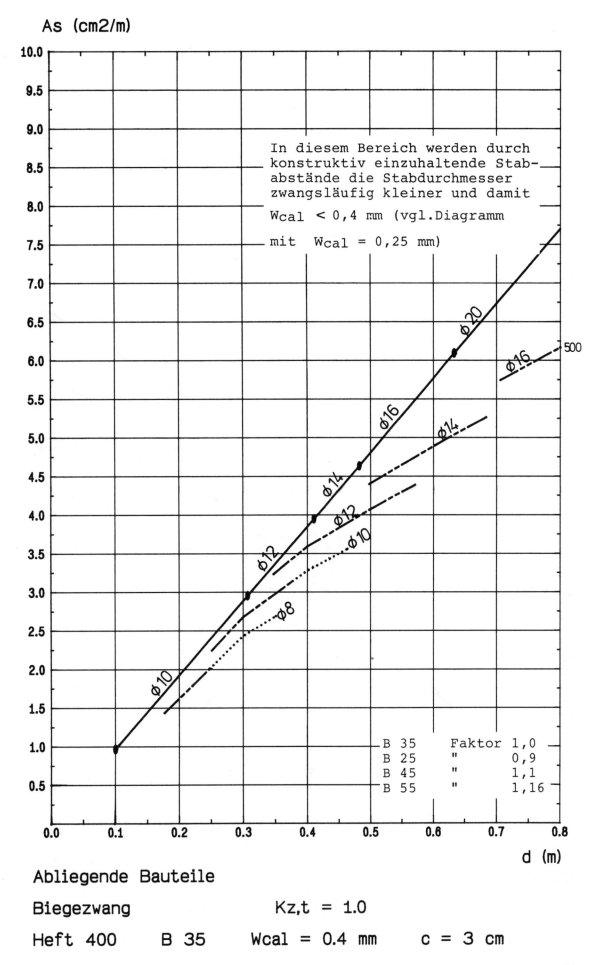

As (cm2/m)

In diesem Bereich werden durch
konstruktiv einzuhaltende Stababstände die Stabdurchmesser
zwangsläufig kleiner und damit

W_{cal} < 0,4 mm (vgl.Diagramm

mit W_{cal} = 0,25 mm)

B 35	Faktor	1,0
B 25	"	0,9
B 45	"	1,1
B 55	"	1,16

d (m)

Abliegende Bauteile

Biegezwang $K_{z,t}$ = 1.0

Heft 400   B 35 W_{cal} = 0.4 mm   c = 3 cm

1.2.2-5

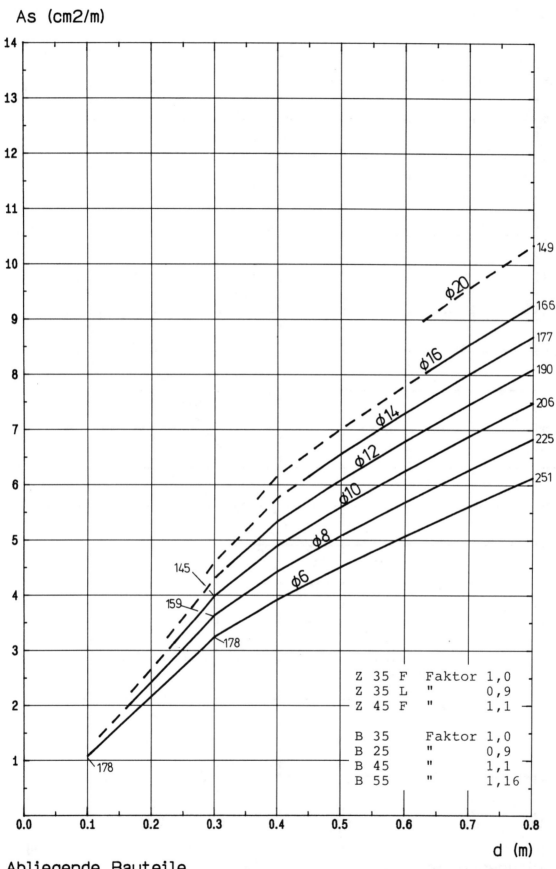

As (cm2/m)

Abliegende Bauteile

Biegezwang aus Hydratationswärme u. Kz,t = 0,5

Heft 400   B 35   Wcal = 0.1 mm   c = 3 cm

188

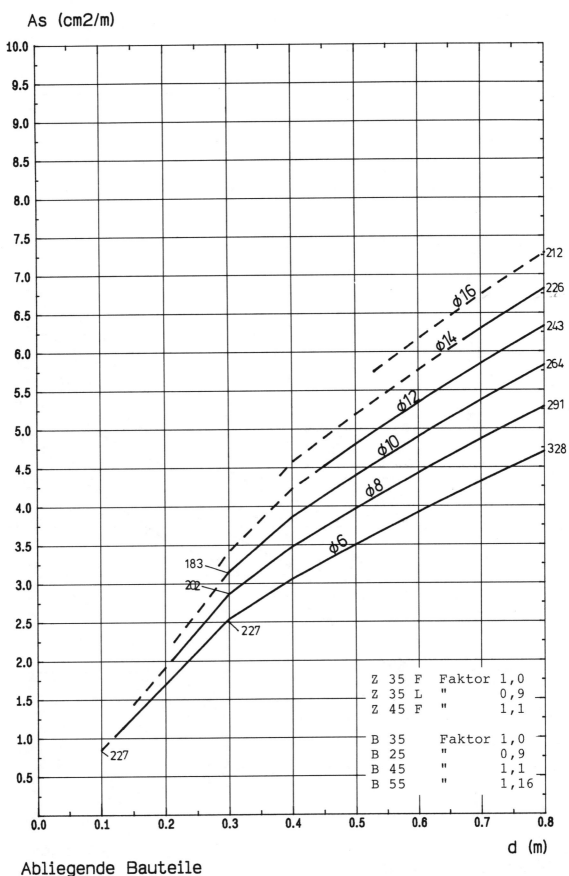

As (cm2/m)

d (m)

Abliegende Bauteile

Biegezwang aus Hydratationswärme u. Kz,t = 0,5

Heft 400   B 35   Wcal = 0.15 mm   c = 3 cm

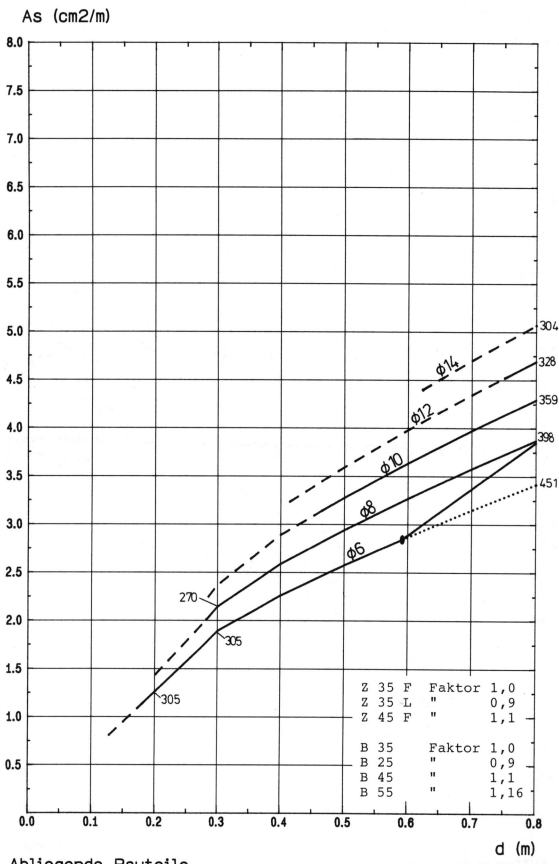

As (cm2/m)

Abliegende Bauteile

Biegezwang aus Hydratationswärme u. Kz,t = 0,5

Heft 400   B 35   Wcal = 0.25 mm   c = 3 cm

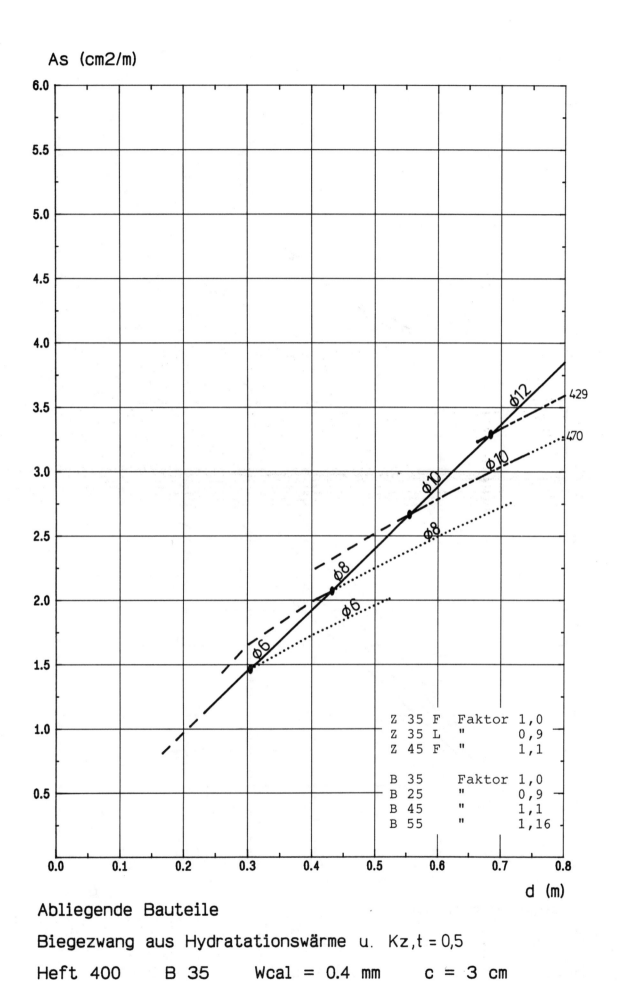

As (cm2/m)

Abliegende Bauteile

Biegezwang aus Hydratationswärme u. Kz,t = 0,5

Heft 400   B 35   Wcal = 0.4 mm   c = 3 cm

As (cm2/m)

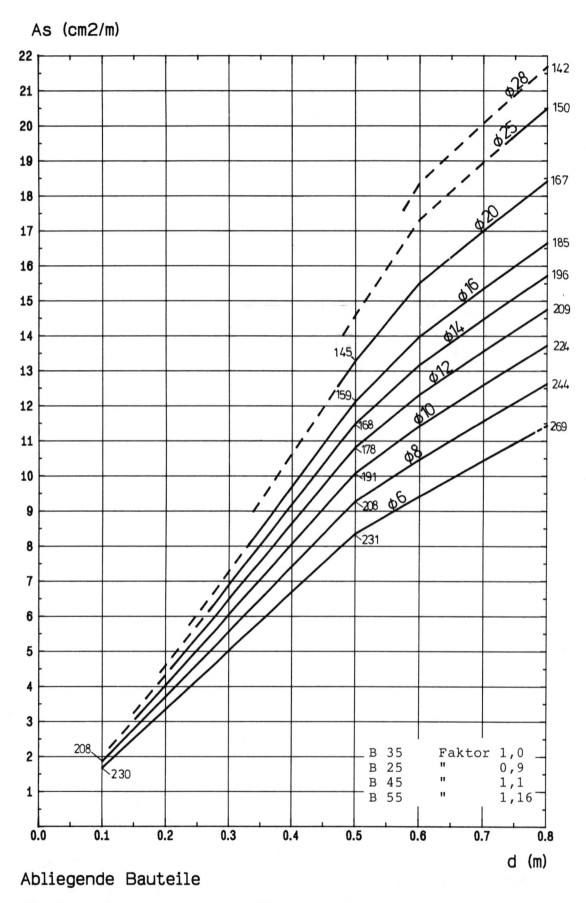

Abliegende Bauteile

Biegezwang   Kz,t = 1.0

Heft 400   B 35   Wcal = 0.1 mm   c = 5 cm

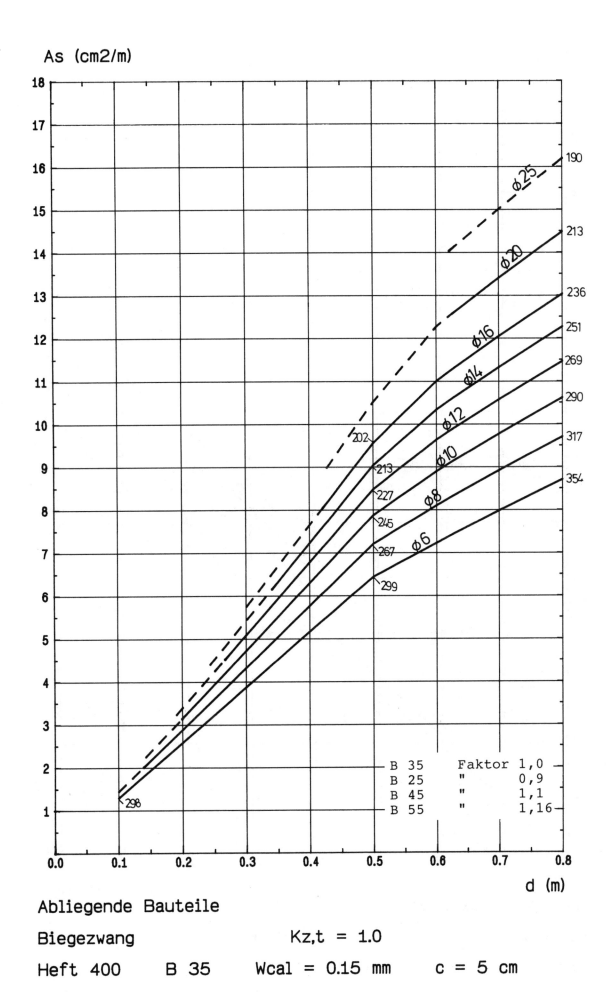

As (cm2/m)

d (m)

Abliegende Bauteile

Biegezwang   Kz,t = 1.0

Heft 400   B 35   Wcal = 0.15 mm   c = 5 cm

193

As (cm2/m)

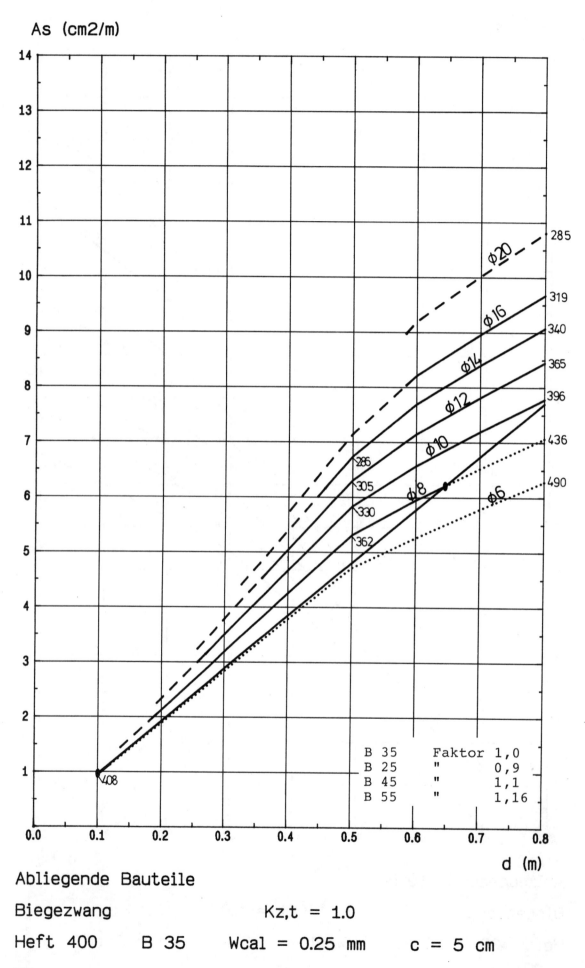

Abliegende Bauteile

Biegezwang   Kz,t = 1.0

Heft 400   B 35   Wcal = 0.25 mm   c = 5 cm

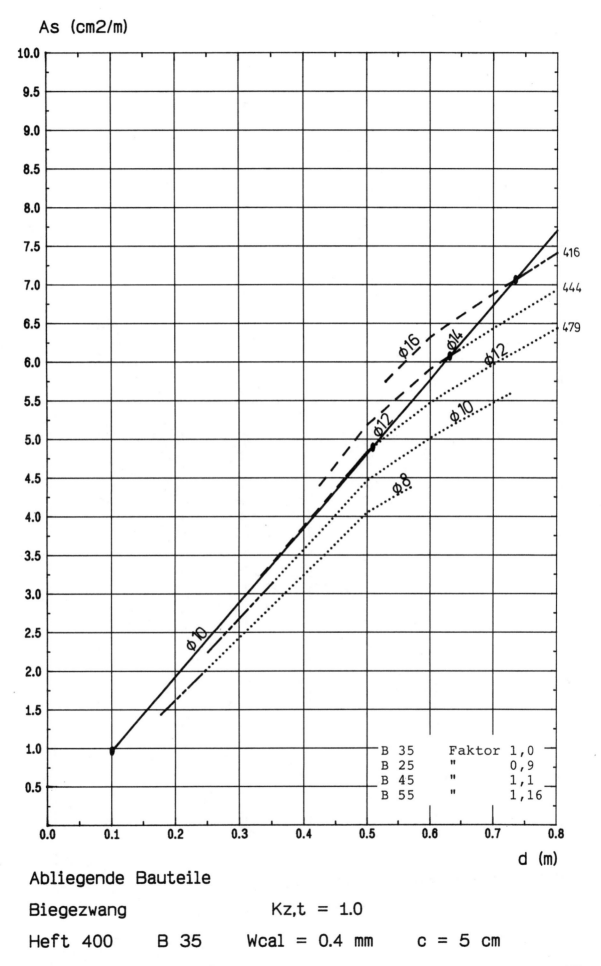

As (cm2/m)

d (m)

Abliegende Bauteile

Biegezwang   Kz,t = 1.0

Heft 400   B 35   Wcal = 0.4 mm   c = 5 cm

As (cm2/m)

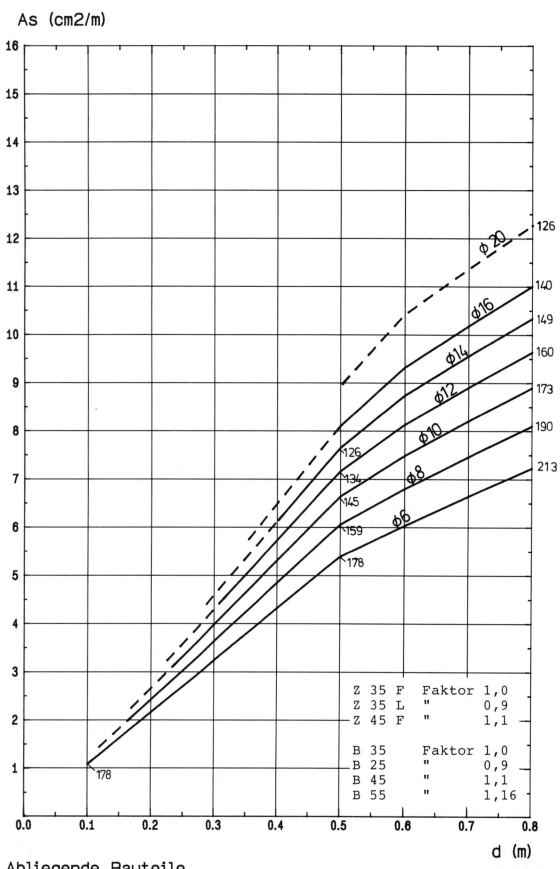

Abliegende Bauteile

Biegezwang aus Hydratationswärme u. Kz,t = 0,5

Heft 400   B 35   Wcal = 0.1 mm   c = 5 cm

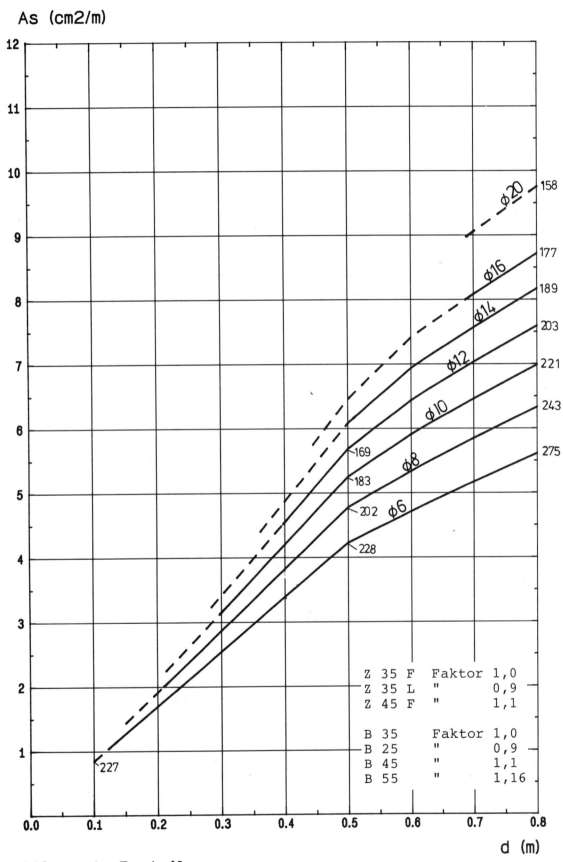

As (cm2/m)

Z 35 F   Faktor 1,0
Z 35 L   "   0,9
Z 45 F   "   1,1

B 35   Faktor 1,0
B 25   "   0,9
B 45   "   1,1
B 55   "   1,16

d (m)

Abliegende Bauteile

Biegezwang aus Hydratationswärme u. Kz,t = 0,5

Heft 400   B 35   Wcal = 0.15 mm   c = 5 cm

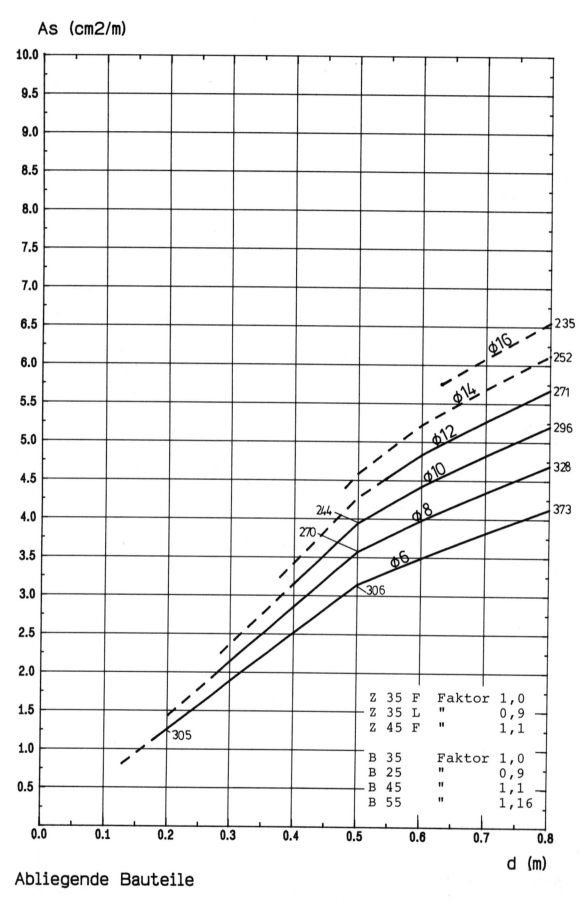

As (cm2/m)

Z 35 F   Faktor 1,0
Z 35 L   "   0,9
Z 45 F   "   1,1

B 35   Faktor 1,0
B 25   "   0,9
B 45   "   1,1
B 55   "   1,16

d (m)

Abliegende Bauteile

Biegezwang aus Hydratationswärme u. $K_{z,t} = 0,5$

Heft 400   B 35   Wcal = 0.25 mm   c = 5 cm

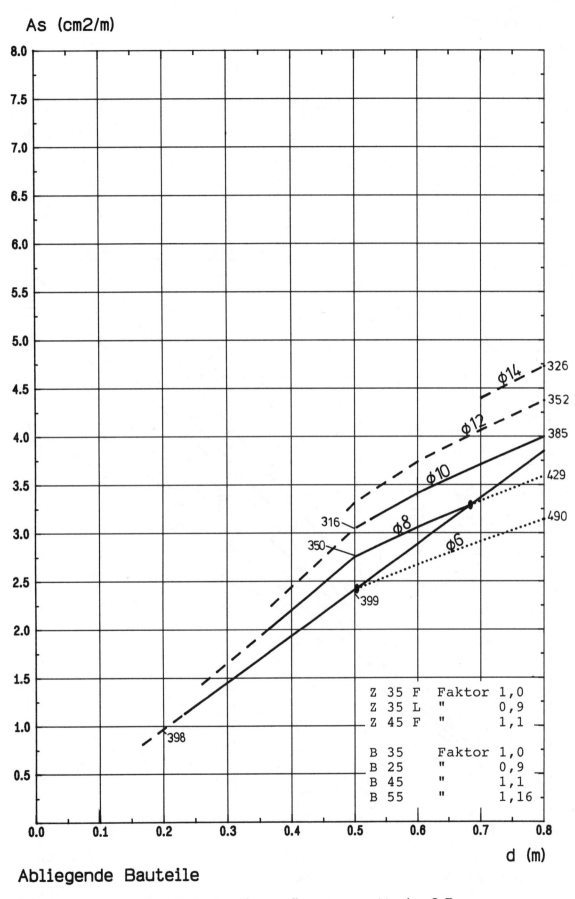

As (cm2/m)

Abliegende Bauteile

Biegezwang aus Hydratationswärme   u. Kz,t = 0,5

Heft 400   B 35   Wcal = 0.4 mm   c = 5 cm

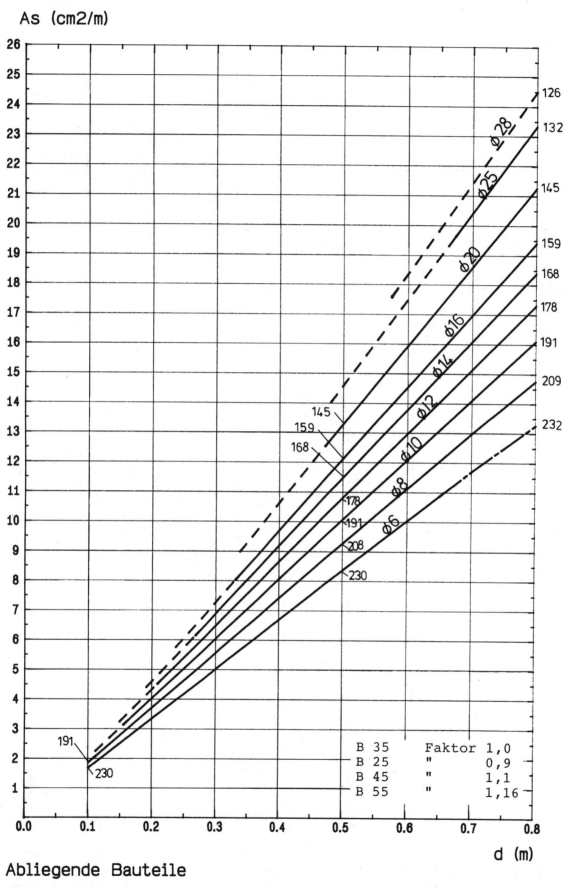

As (cm2/m)

d (m)

Abliegende Bauteile

Biegezwang   Kz,t = 1.0

Heft 400   B 35   Wcal = 0.1 mm   c = 8 cm

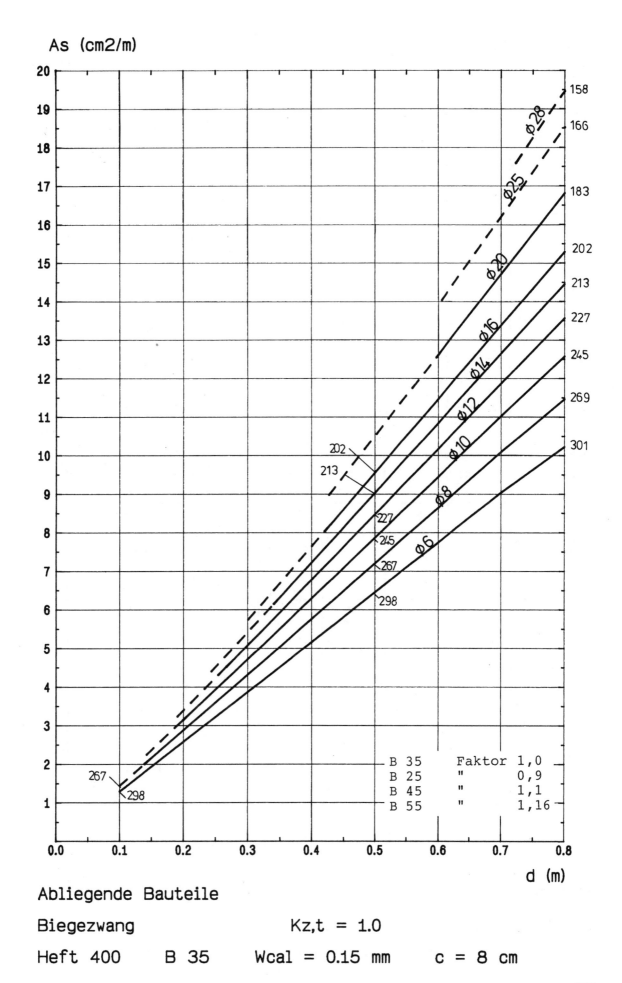

As (cm2/m)

d (m)

Abliegende Bauteile

Biegezwang   Kz,t = 1.0

Heft 400   B 35   Wcal = 0.15 mm   c = 8 cm

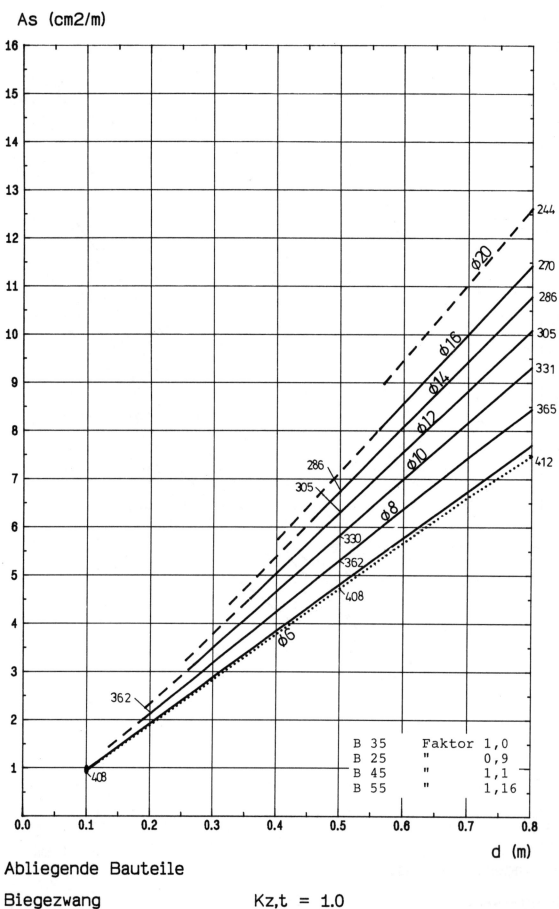

As (cm2/m)

d (m)

Abliegende Bauteile

Biegezwang   Kz,t = 1.0

Heft 400   B 35   Wcal = 0.25 mm   c = 8 cm

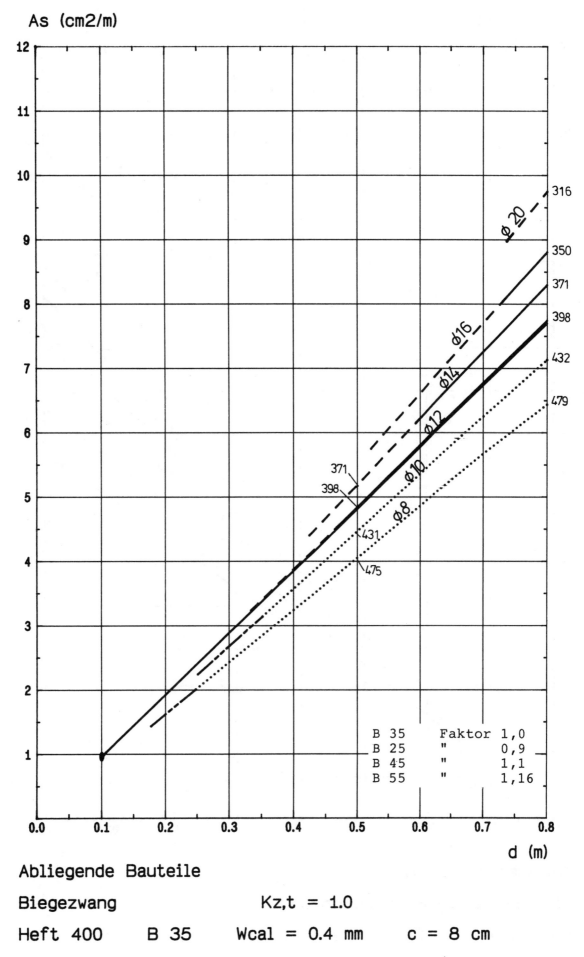

As (cm2/m)

Abliegende Bauteile

Biegezwang   Kz,t = 1.0

Heft 400   B 35   Wcal = 0.4 mm   c = 8 cm

B 35	Faktor 1,0
B 25	" 0,9
B 45	" 1,1
B 55	" 1,16

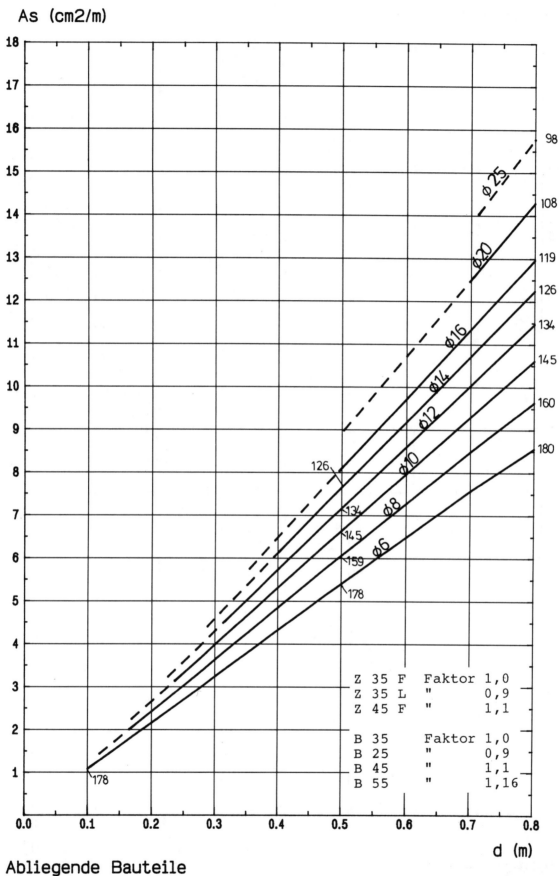

As (cm2/m)

d (m)

Abliegende Bauteile

Biegezwang aus Hydratationswärme u. Kz,t = 0,5

Heft 400   B 35   Wcal = 0.1 mm   c = 8 cm

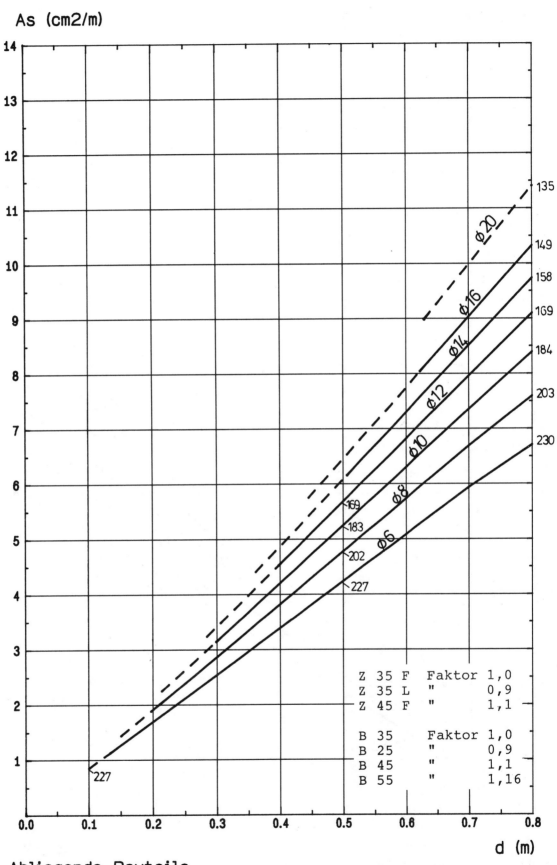

As (cm2/m)

Abliegende Bauteile

Biegezwang aus Hydratationswärme u. Kz,t = 0,5

Heft 400   B 35   Wcal = 0.15 mm   c = 8 cm

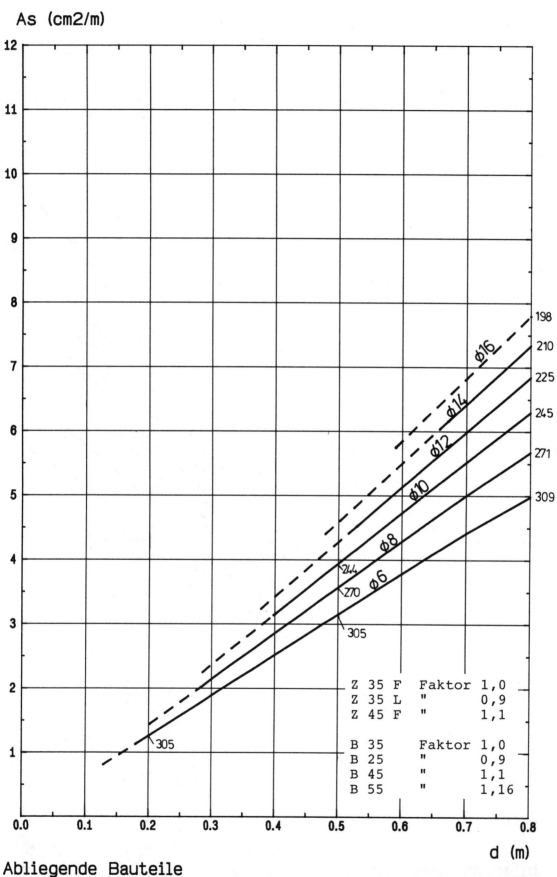

Abliegende Bauteile

Biegezwang aus Hydratationswärme u. Kz,t = 0,5

Heft 400   B 35   Wcal = 0.25 mm   c = 8 cm

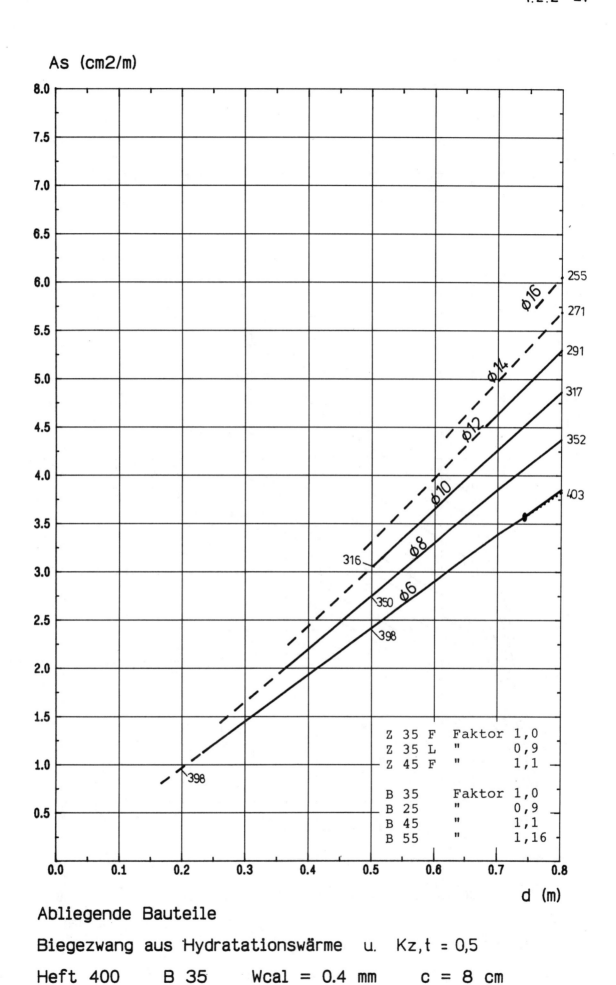

As (cm2/m)

d (m)

Abliegende Bauteile

Biegezwang aus Hydratationswärme u. Kz,t = 0,5

Heft 400   B 35   Wcal = 0.4 mm   c = 8 cm

Asi = Asa (cm2/m)

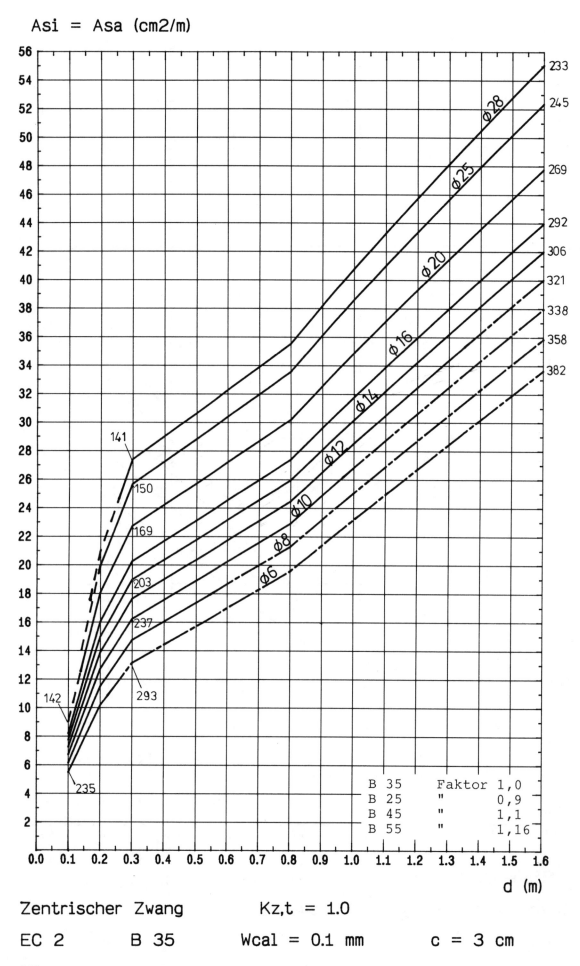

Zentrischer Zwang   Kz,t = 1.0

EC 2   B 35   Wcal = 0.1 mm   c = 3 cm

Asi = Asa (cm2/m)

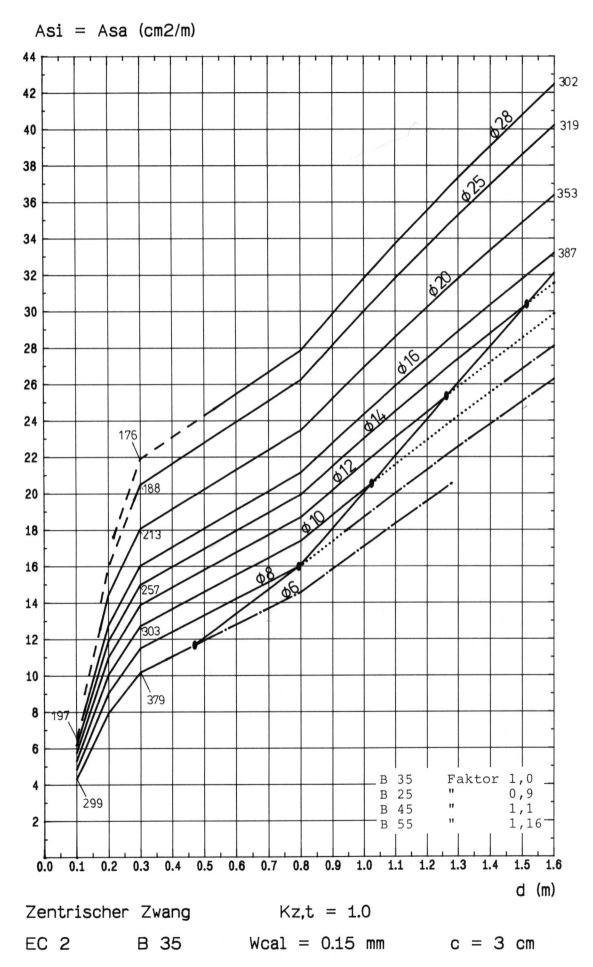

d (m)

Zentrischer Zwang   Kz,t = 1.0

EC 2   B 35   Wcal = 0.15 mm   c = 3 cm

Asi = Asa (cm2/m)

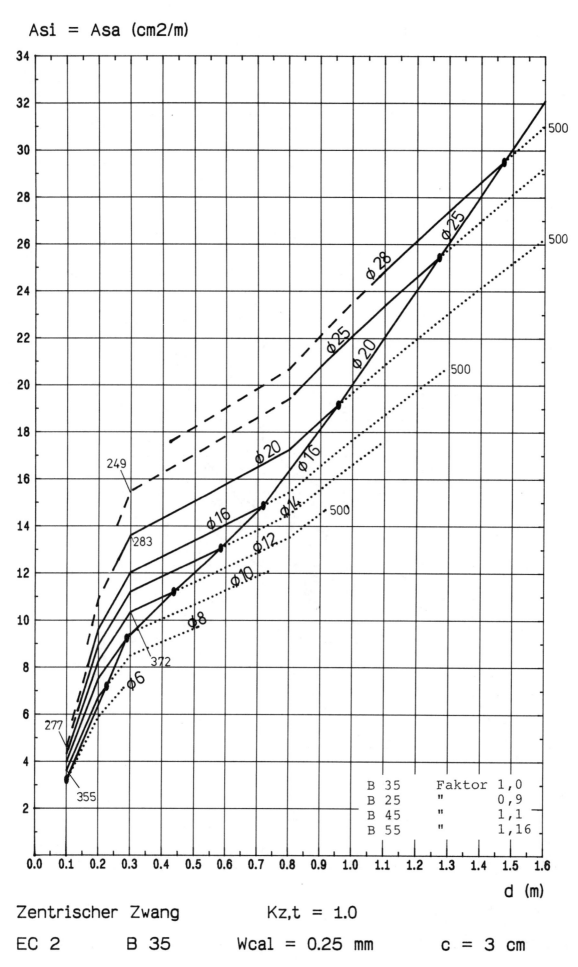

Zentrischer Zwang   Kz,t = 1.0

EC 2   B 35   Wcal = 0.25 mm   c = 3 cm

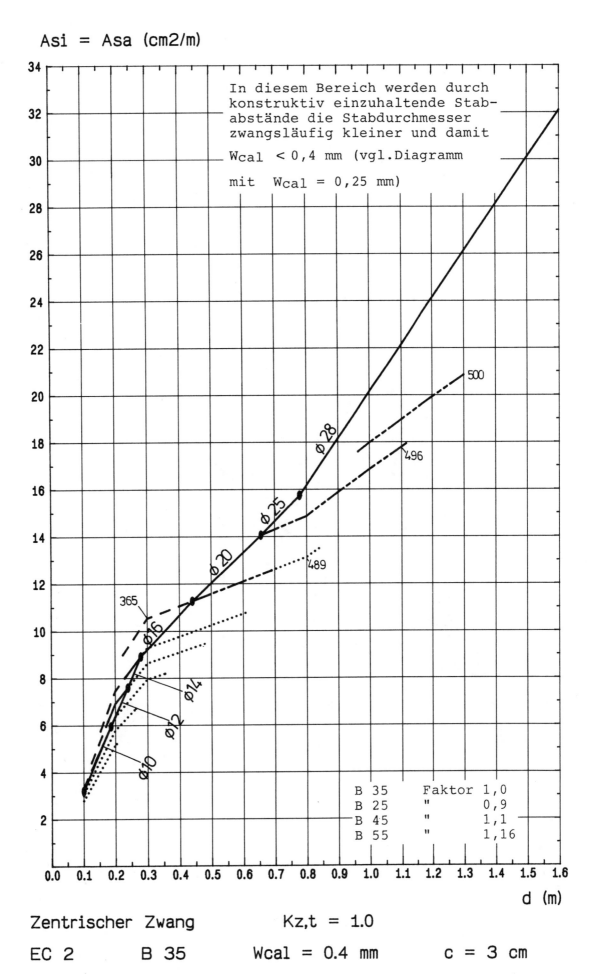

Asi = Asa (cm2/m)

In diesem Bereich werden durch
konstruktiv einzuhaltende Stababstände die Stabdurchmesser
zwangsläufig kleiner und damit
$W_{cal} < 0,4$ mm (vgl.Diagramm

mit $W_{cal} = 0,25$ mm)

B 35	Faktor	1,0
B 25	"	0,9
B 45	"	1,1
B 55	"	1,16

d (m)

Zentrischer Zwang $K_{z,t} = 1.0$

EC 2   B 35 $W_{cal} = 0.4$ mm   c = 3 cm

Asi = Asa (cm2/m)

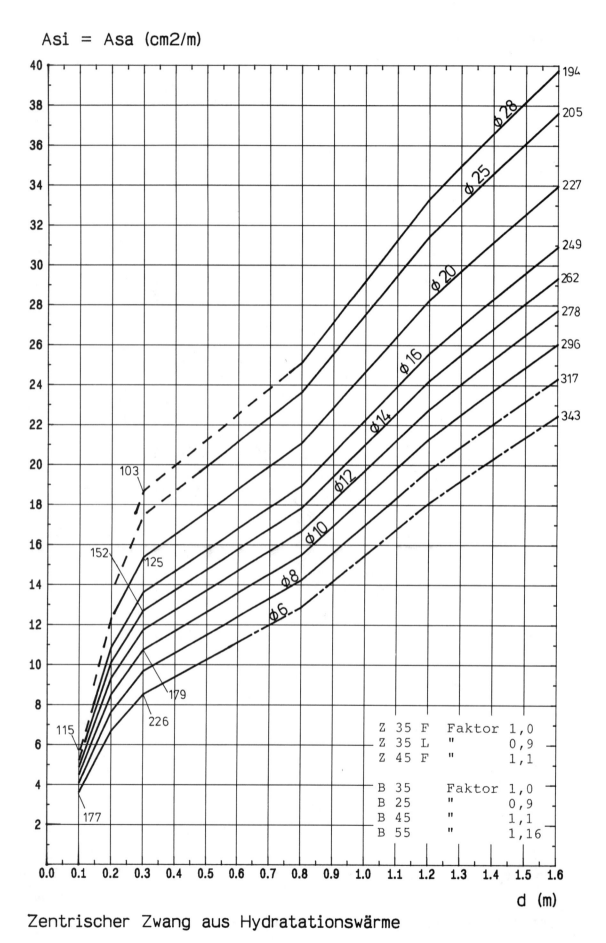

Zentrischer Zwang aus Hydratationswärme

EC 2   B 35   Wcal = 0.1 mm   c = 3 cm

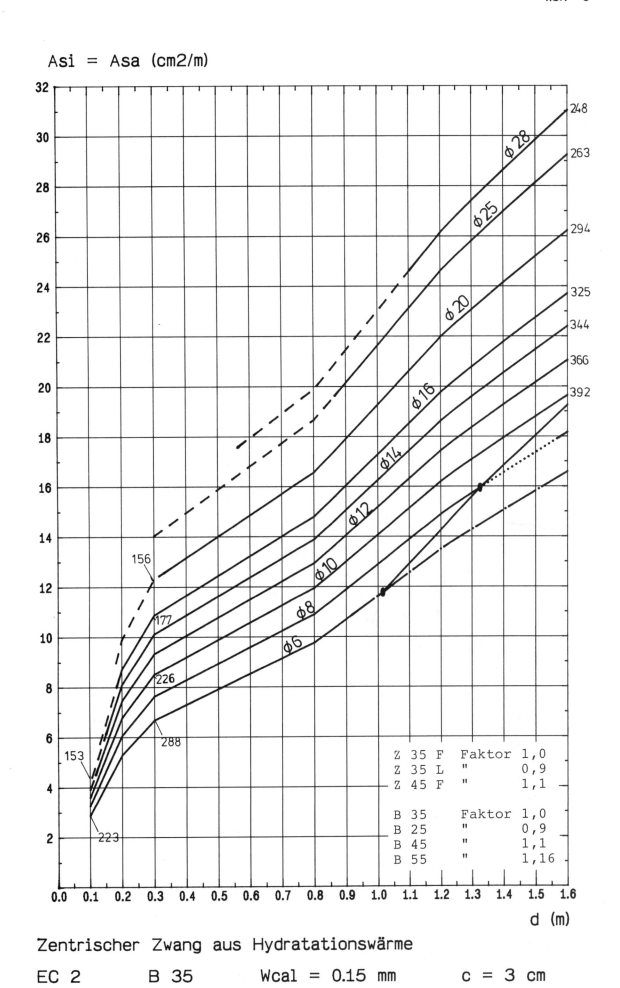

Asi = Asa (cm2/m)

Zentrischer Zwang aus Hydratationswärme

EC 2   B 35   Wcal = 0.15 mm   c = 3 cm

Asi = Asa (cm2/m)

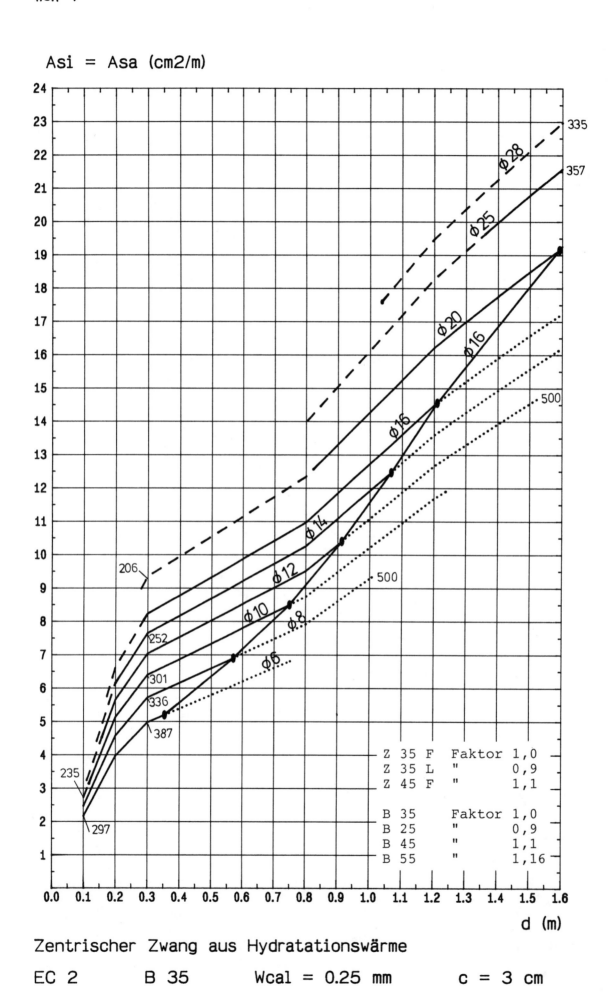

Zentrischer Zwang aus Hydratationswärme

EC 2   B 35   Wcal = 0.25 mm   c = 3 cm

214

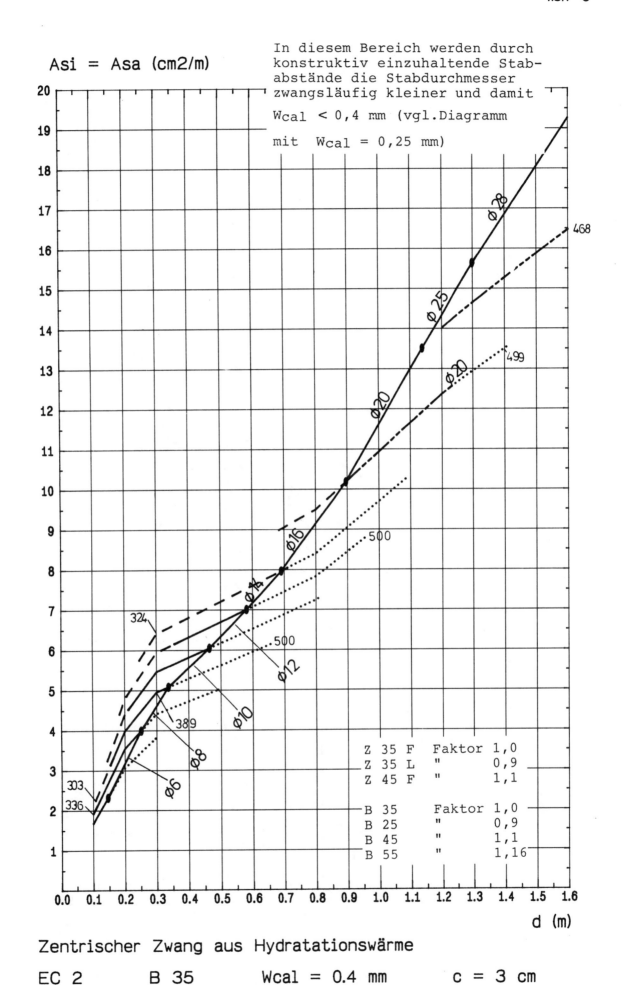

Asi = Asa (cm2/m)

In diesem Bereich werden durch konstruktiv einzuhaltende Stababstände die Stabdurchmesser zwangsläufig kleiner und damit $W_{cal} < 0,4$ mm (vgl.Diagramm mit $W_{cal} = 0,25$ mm)

Z 35 F	Faktor	1,0
Z 35 L	"	0,9
Z 45 F	"	1,1

B 35	Faktor	1,0
B 25	"	0,9
B 45	"	1,1
B 55	"	1,16

d (m)

Zentrischer Zwang aus Hydratationswärme

EC 2   B 35   Wcal = 0.4 mm   c = 3 cm

Asi = Asa (cm2/m)

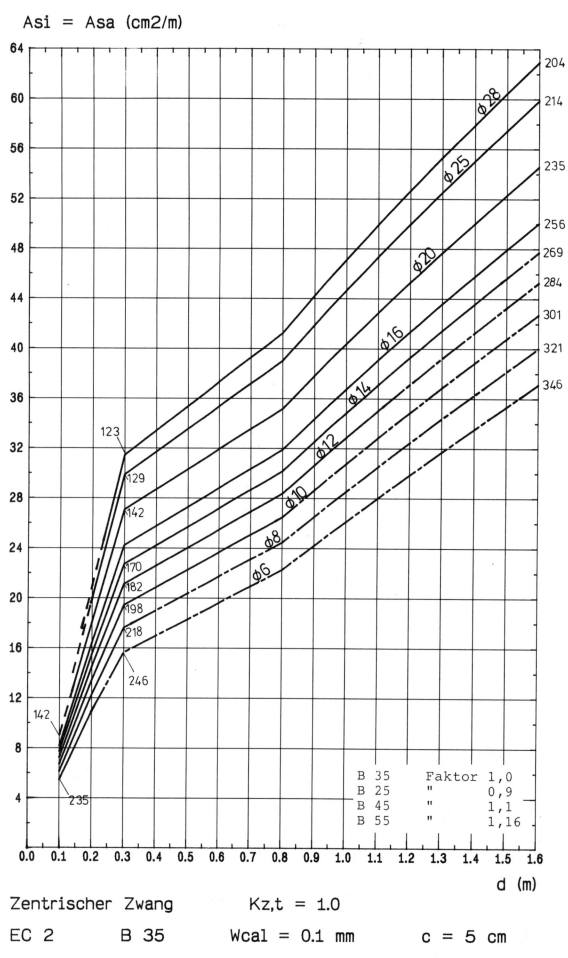

Zentrischer Zwang   Kz,t = 1.0

EC 2   B 35   Wcal = 0.1 mm   c = 5 cm

Asi = Asa (cm2/m)

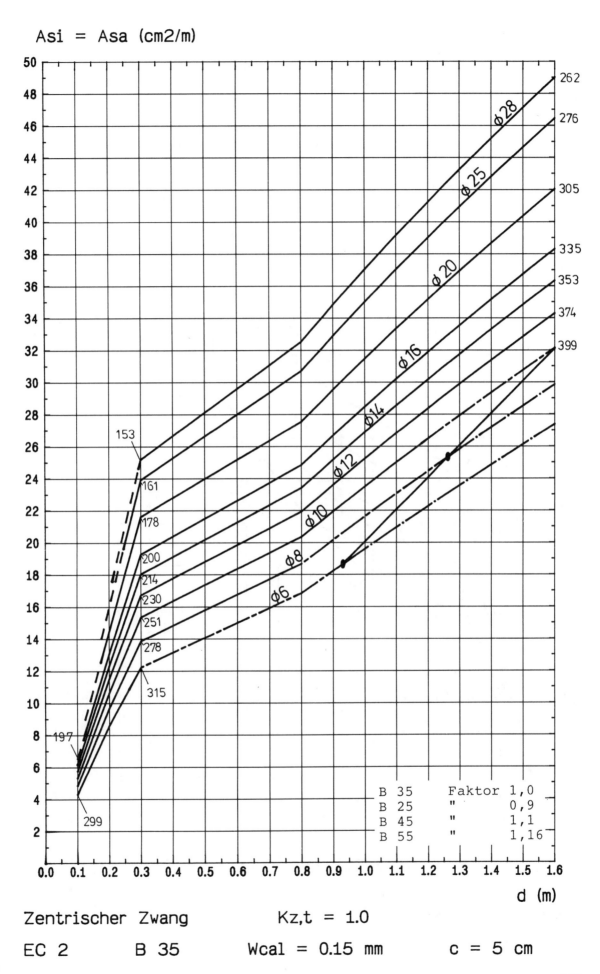

Zentrischer Zwang   Kz,t = 1.0

EC 2   B 35   Wcal = 0.15 mm   c = 5 cm

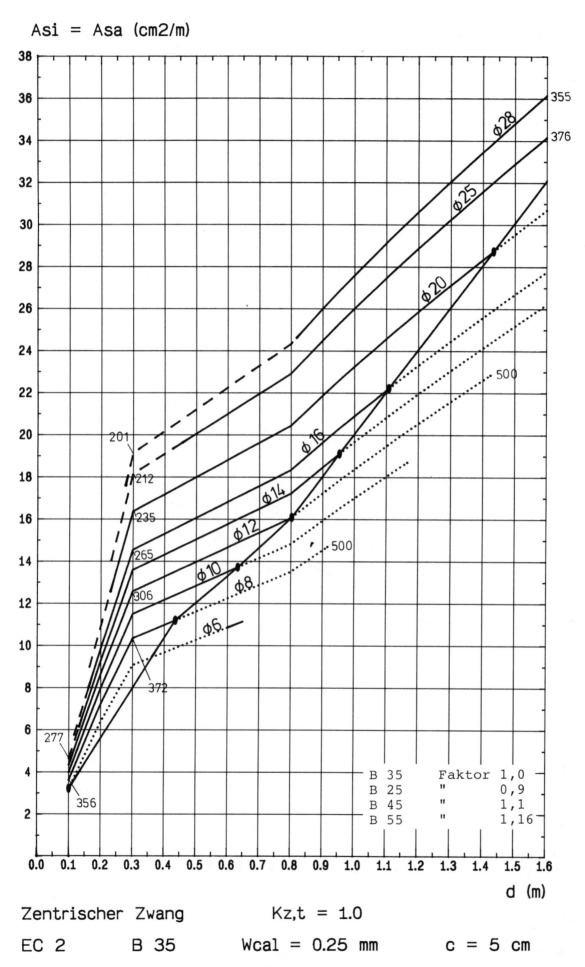

Asi = Asa (cm2/m)

Zentrischer Zwang   Kz,t = 1.0

EC 2   B 35   Wcal = 0.25 mm   c = 5 cm

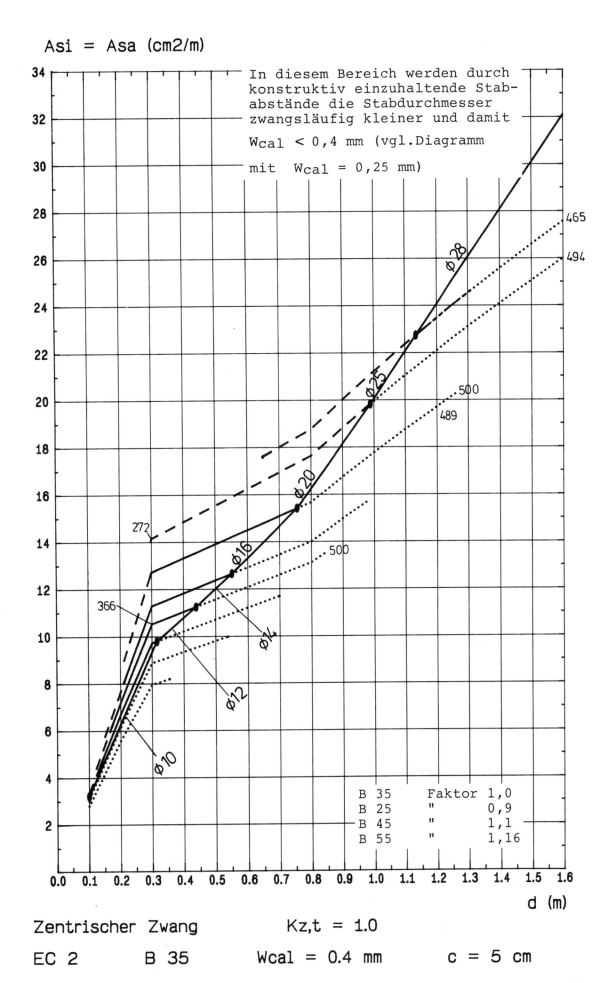

Asi = Asa (cm2/m)

In diesem Bereich werden durch
konstruktiv einzuhaltende Stababstände die Stabdurchmesser
zwangsläufig kleiner und damit

$W_{cal} < 0,4$ mm (vgl.Diagramm

mit $W_{cal} = 0,25$ mm)

B 35	Faktor	1,0
B 25	"	0,9
B 45	"	1,1
B 55	"	1,16

d (m)

Zentrischer Zwang $K_{z,t} = 1.0$

EC 2   B 35 $W_{cal} = 0.4$ mm   c = 5 cm

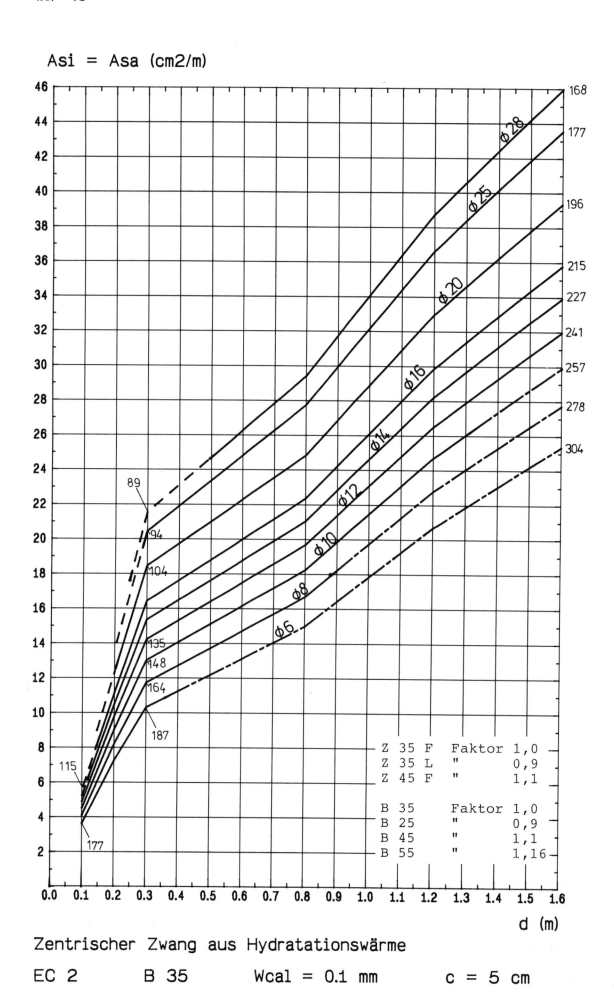

Asi = Asa (cm2/m)

Zentrischer Zwang aus Hydratationswärme

EC 2   B 35   Wcal = 0.1 mm   c = 5 cm

Asi = Asa (cm2/m)

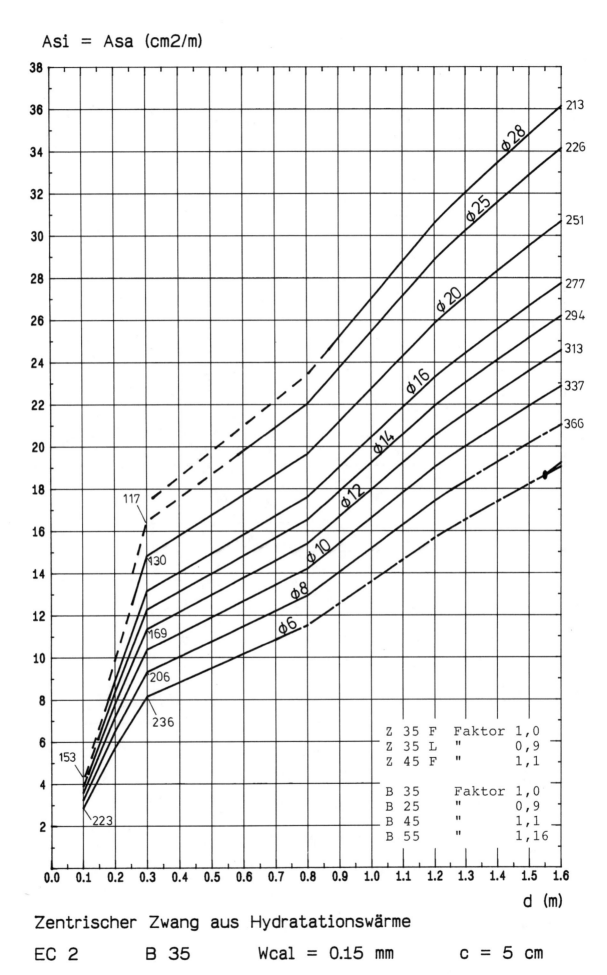

Zentrischer Zwang aus Hydratationswärme

EC 2   B 35   Wcal = 0.15 mm   c = 5 cm

Z 35 F	Faktor	1,0	
Z 35 L	"	0,9	
Z 45 F	"	1,1	
B 35	Faktor	1,0	
B 25	"	0,9	
B 45	"	1,1	
B 55	"	1,16	

Asi = Asa (cm2/m)

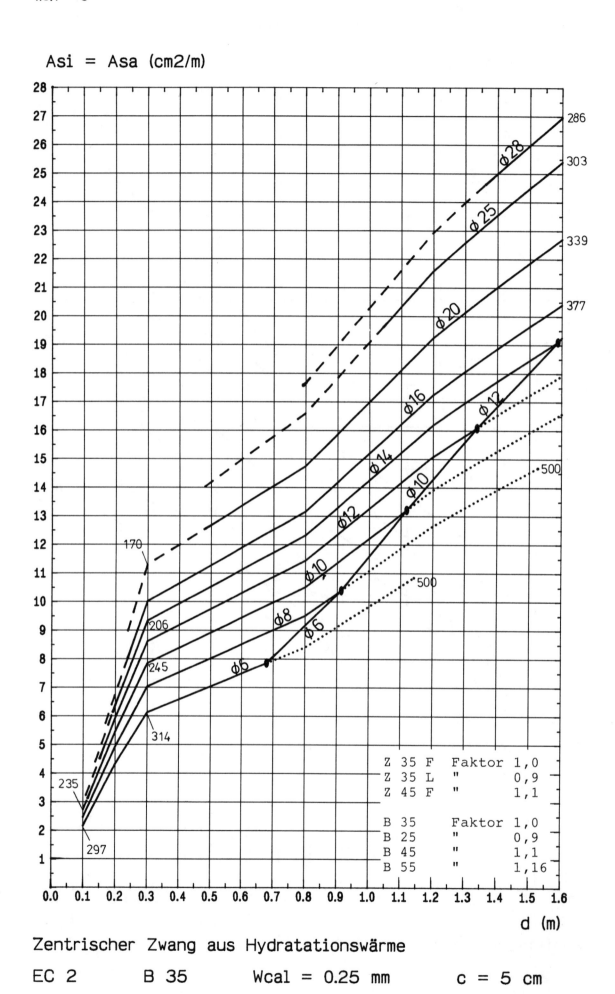

Zentrischer Zwang aus Hydratationswärme

EC 2   B 35   Wcal = 0.25 mm   c = 5 cm

Asi = Asa (cm2/m)

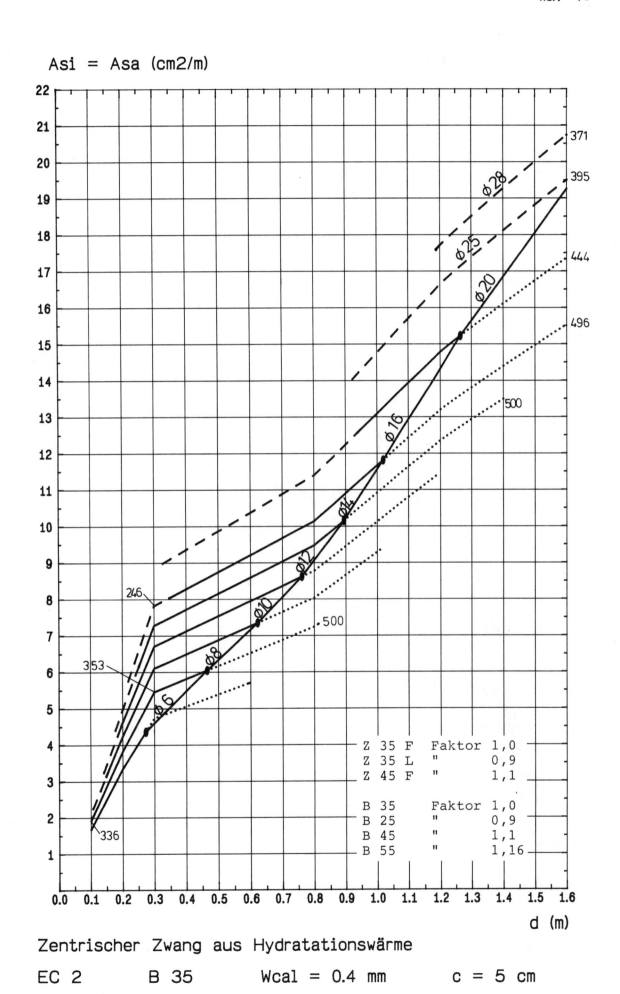

Zentrischer Zwang aus Hydratationswärme

EC 2   B 35   Wcal = 0.4 mm   c = 5 cm

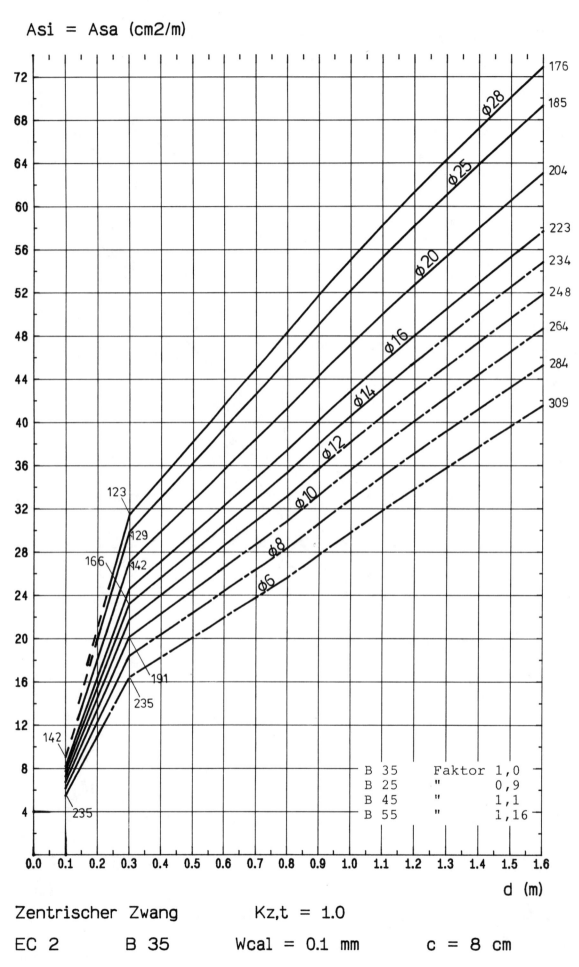

Asi = Asa (cm2/m)

d (m)

Zentrischer Zwang   Kz,t = 1.0

EC 2   B 35   Wcal = 0.1 mm   c = 8 cm

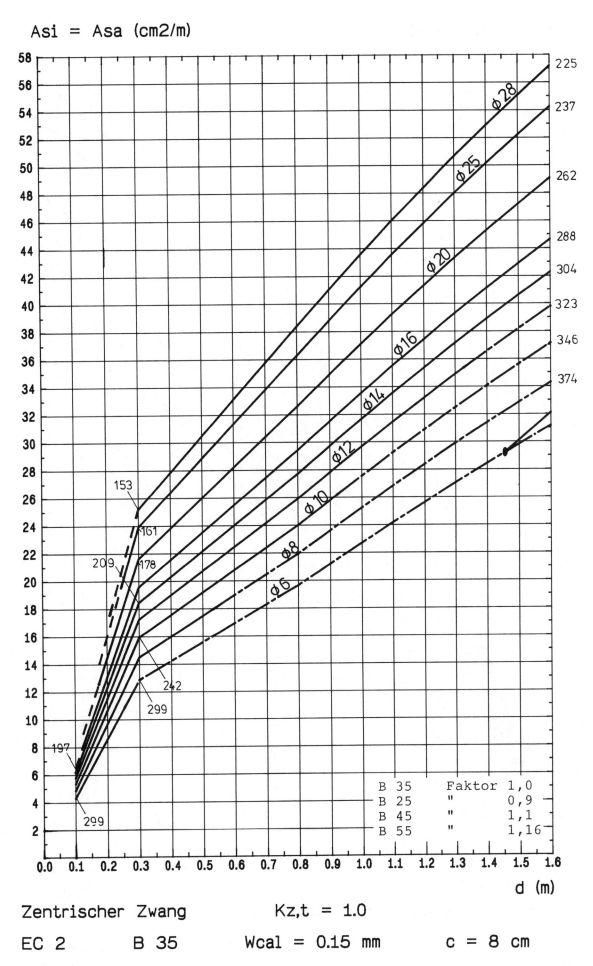

Asi = Asa (cm2/m)

Zentrischer Zwang   Kz,t = 1.0

EC 2   B 35   Wcal = 0.15 mm   c = 8 cm

Asi = Asa (cm2/m)

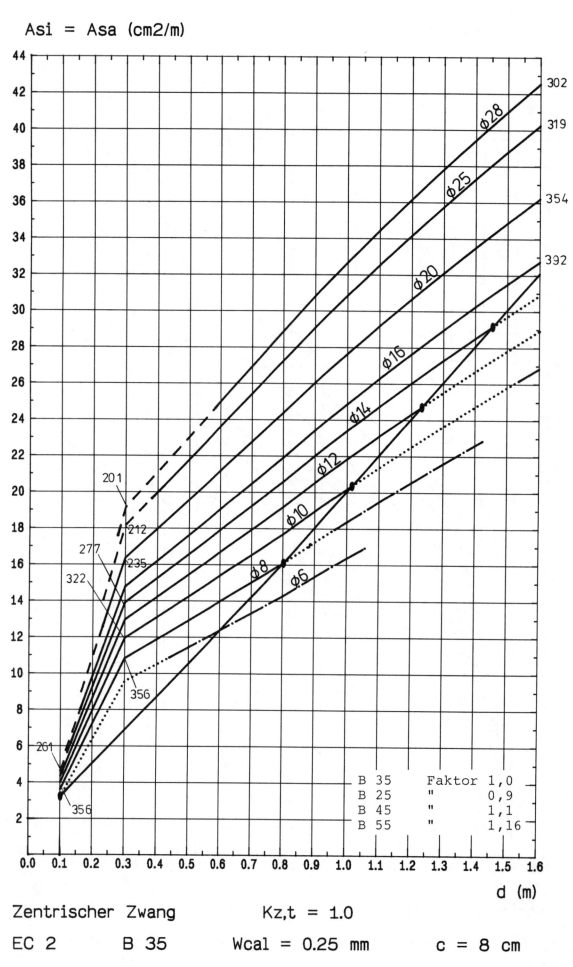

Zentrischer Zwang   Kz,t = 1.0

EC 2   B 35   Wcal = 0.25 mm   c = 8 cm

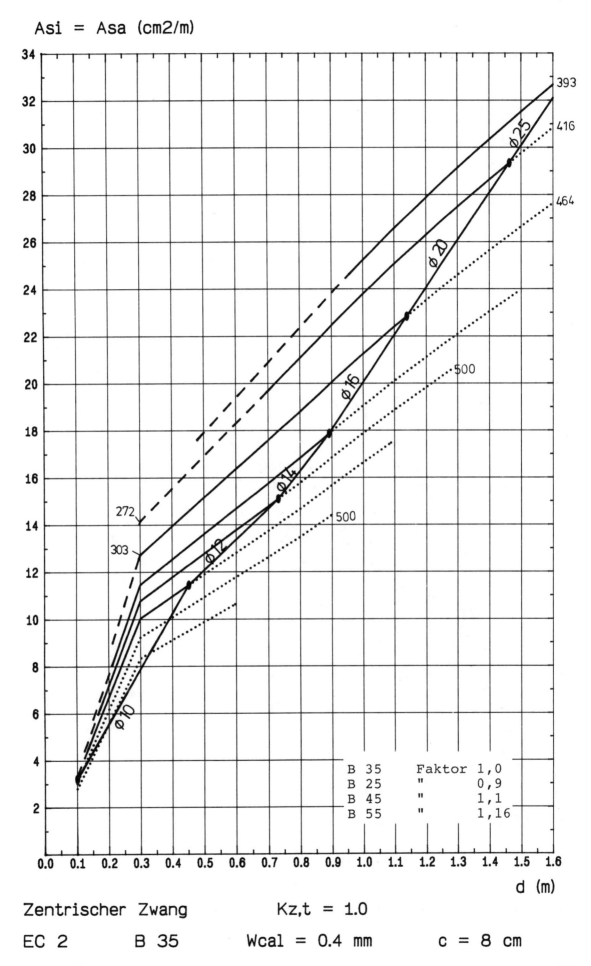

Asi = Asa (cm2/m)

d (m)

Zentrischer Zwang   Kz,t = 1.0

EC 2   B 35   Wcal = 0.4 mm   c = 8 cm

Asi = Asa (cm2/m)

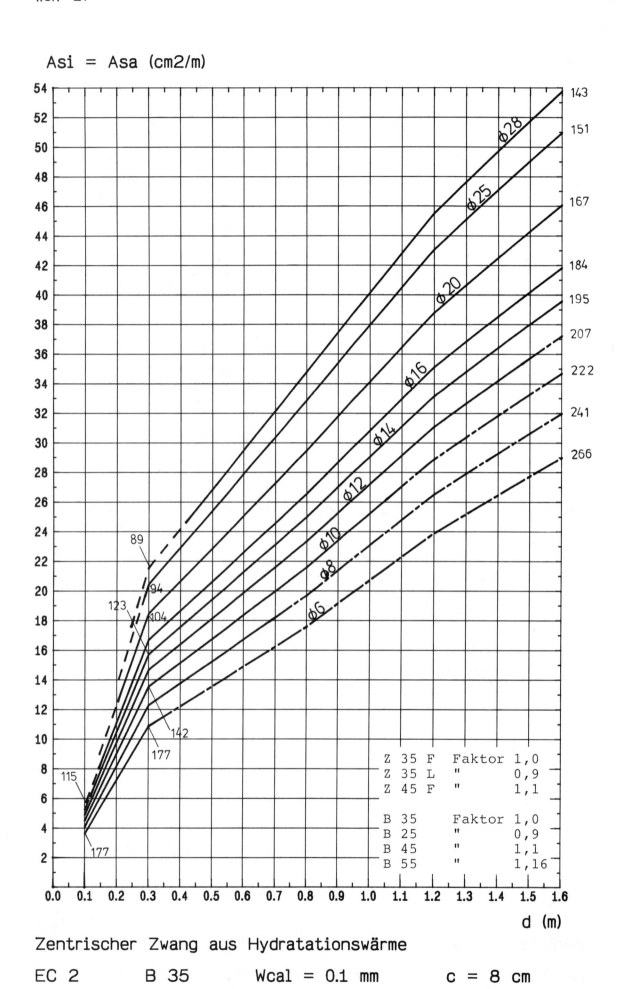

Zentrischer Zwang aus Hydratationswärme

EC 2   B 35   Wcal = 0.1 mm   c = 8 cm

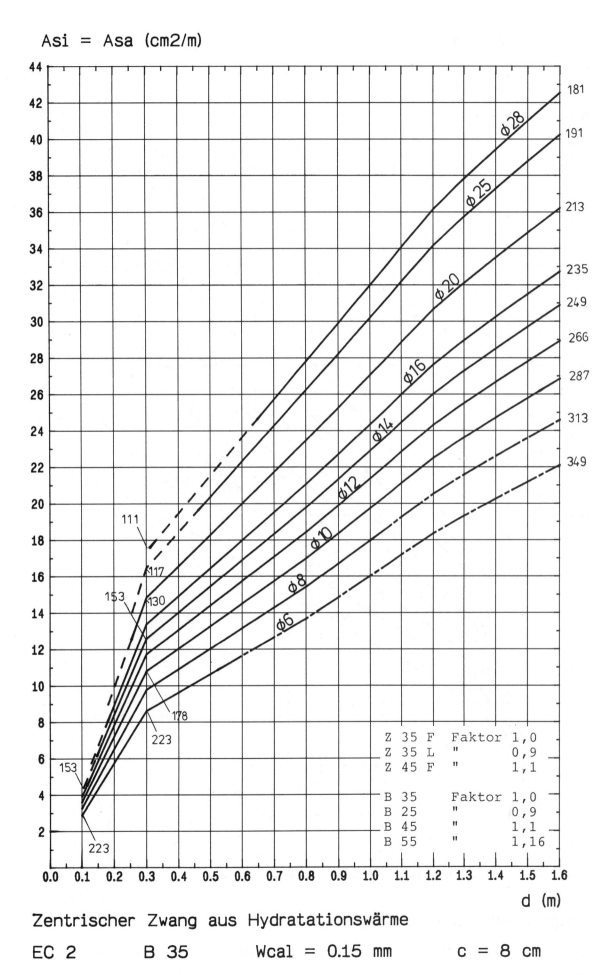

Asi = Asa (cm2/m)

Zentrischer Zwang aus Hydratationswärme

EC 2   B 35   Wcal = 0.15 mm   c = 8 cm

229

Asi = Asa (cm2/m)

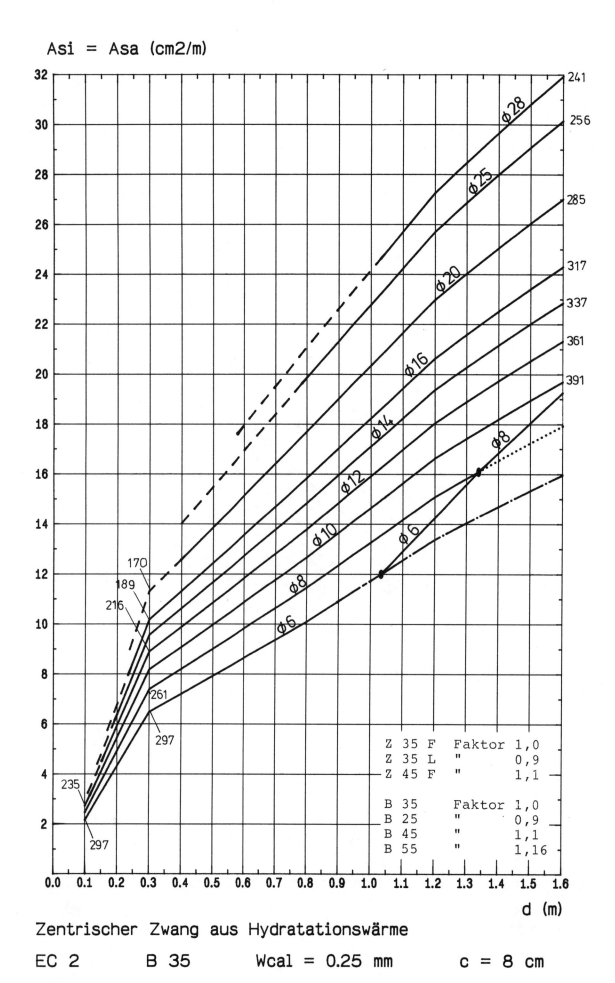

Zentrischer Zwang aus Hydratationswärme

EC 2   B 35   Wcal = 0.25 mm   c = 8 cm

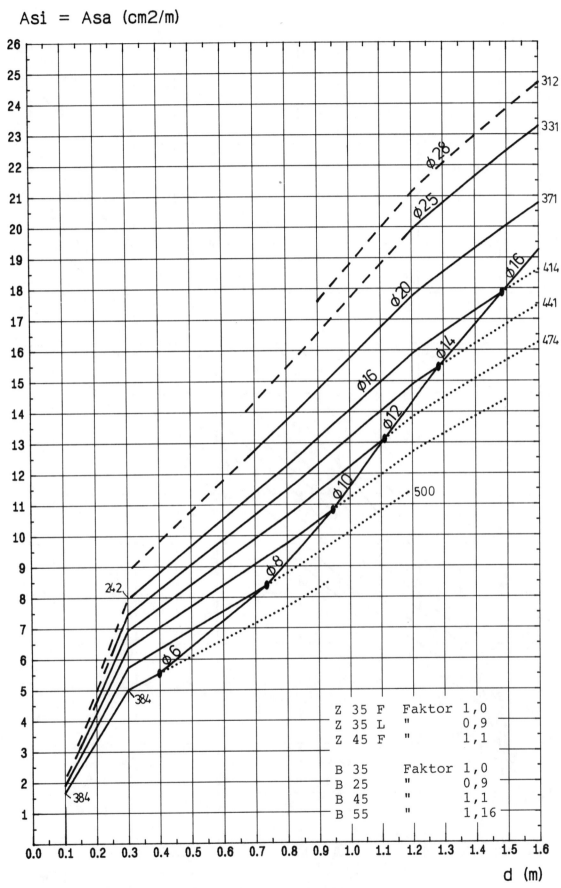

Asi = Asa (cm2/m)

Z 35 F   Faktor 1,0
Z 35 L   "   0,9
Z 45 F   "   1,1

B 35   Faktor 1,0
B 25   "   0,9
B 45   "   1,1
B 55   "   1,16

d (m)

Zentrischer Zwang aus Hydratationswärme

EC 2   B 35   Wcal = 0.4 mm   c = 8 cm

231

As (cm2/m)

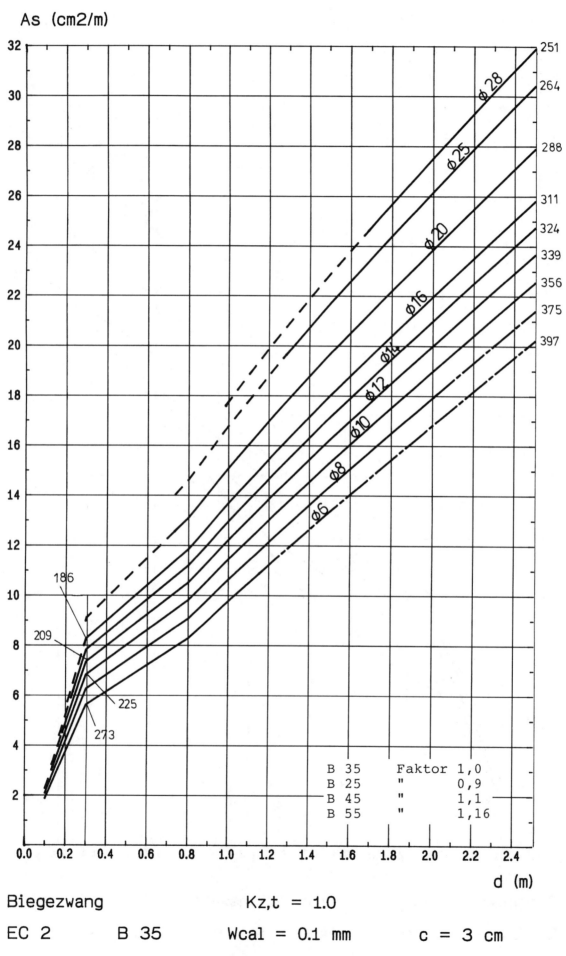

Biegezwang   Kz,t = 1.0

EC 2   B 35   Wcal = 0.1 mm   c = 3 cm

As (cm2/m)

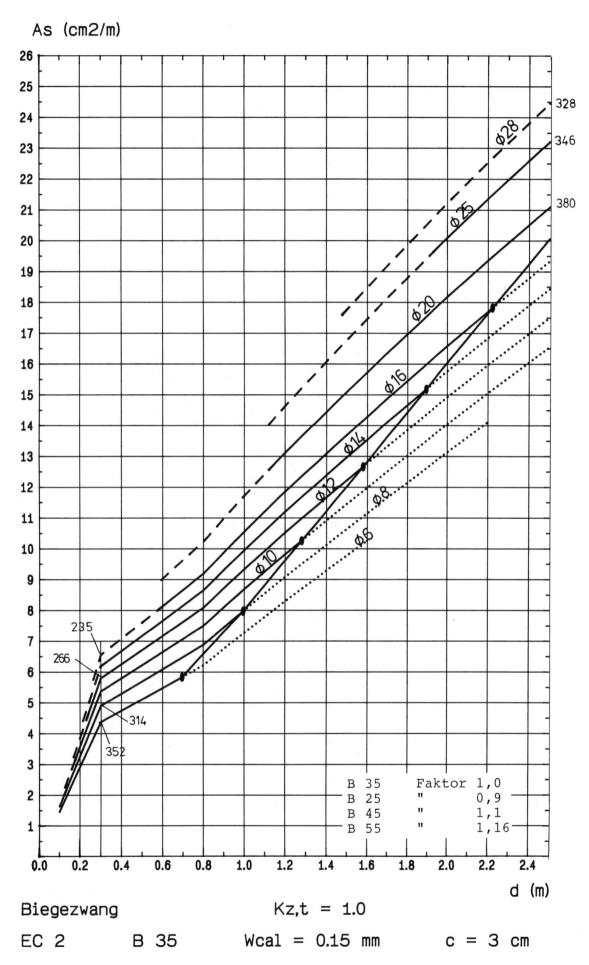

Biegezwang   Kz,t = 1.0

EC 2   B 35   Wcal = 0.15 mm   c = 3 cm

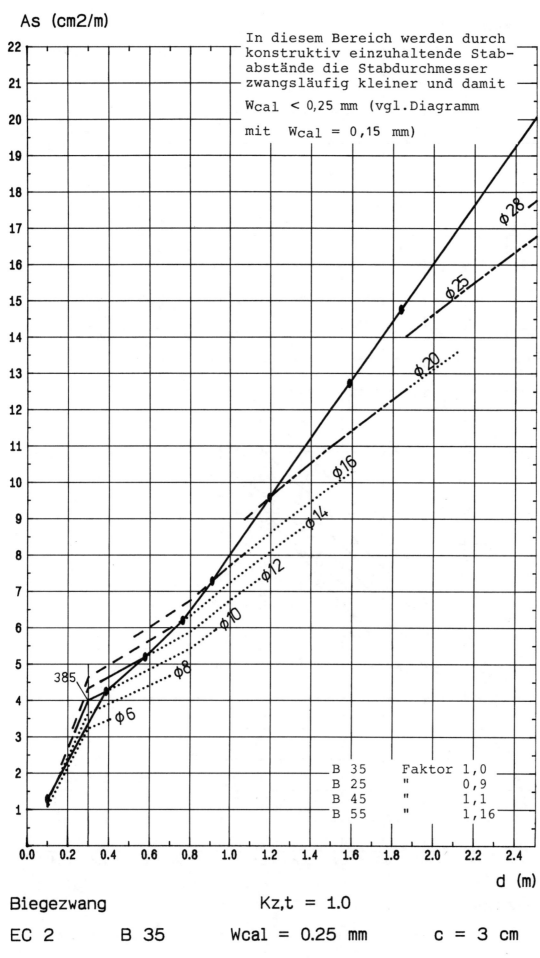

As (cm2/m)

In diesem Bereich werden durch
konstruktiv einzuhaltende Stababstände die Stabdurchmesser
zwangsläufig kleiner und damit
$W_{cal} < 0,25$ mm (vgl.Diagramm
mit $W_{cal} = 0,15$ mm)

385

$\phi 6$

$\phi 8$

$\phi 10$

$\phi 12$

$\phi 14$

$\phi 16$

$\phi 20$

$\phi 25$

$\phi 28$

B 35	Faktor	1,0
B 25	"	0,9
B 45	"	1,1
B 55	"	1,16

d (m)

Biegezwang $K_{z,t} = 1.0$

EC 2   **B 35** $W_{cal} = 0.25$ mm   c = 3 cm

234

As (cm2/m)

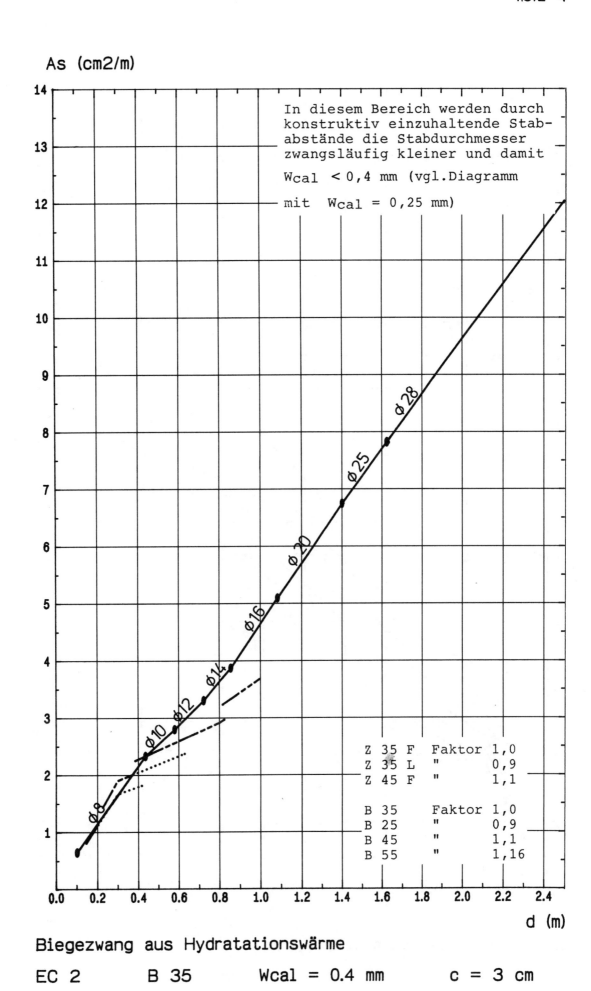

In diesem Bereich werden durch
konstruktiv einzuhaltende Stababstände die Stabdurchmesser
zwangsläufig kleiner und damit

$W_{cal} < 0,4$ mm (vgl.Diagramm

mit $W_{cal} = 0,25$ mm)

Z 35 F Faktor 1,0
Z 35 L   "   0,9
Z 45 F   "   1,1

B 35 Faktor 1,0
B 25   "   0,9
B 45   "   1,1
B 55   "   1,16

d (m)

Biegezwang aus Hydratationswärme

EC 2   B 35   Wcal = 0.4 mm   c = 3 cm

As (cm2/m)

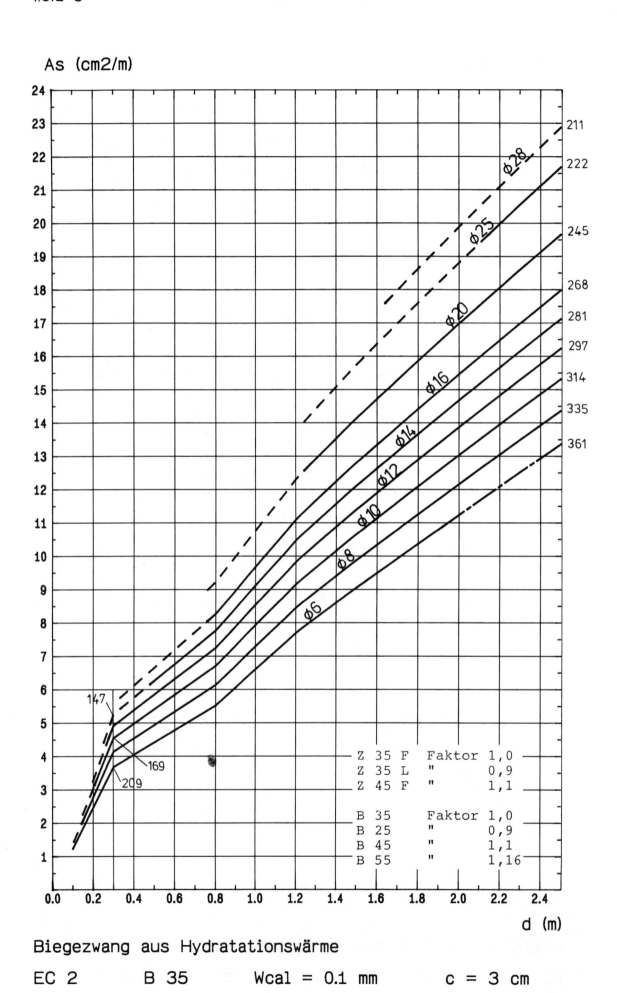

Biegezwang aus Hydratationswärme

EC 2   B 35   Wcal = 0.1 mm   c = 3 cm

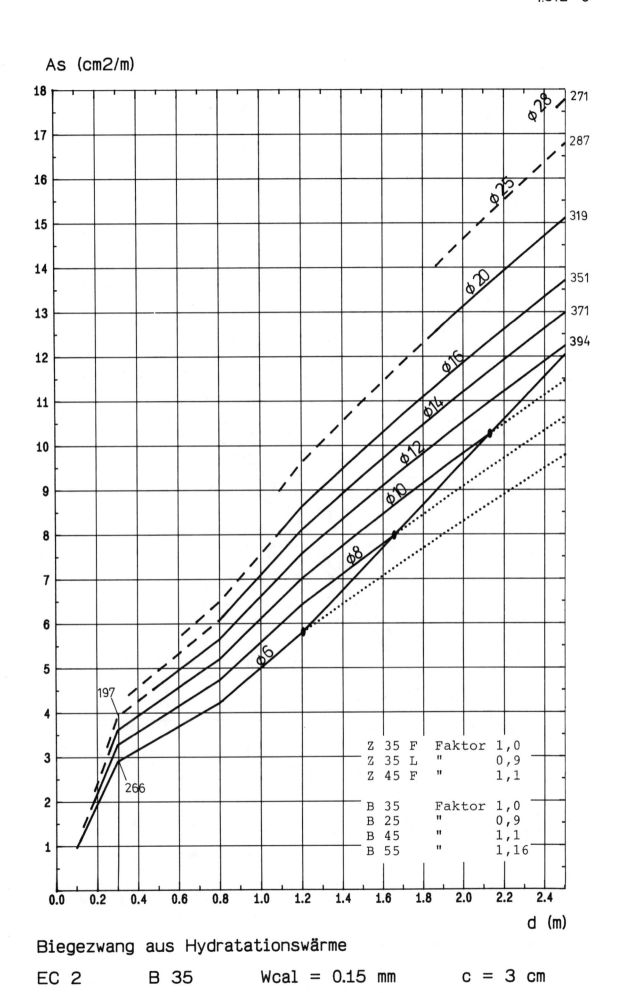

Biegezwang aus Hydratationswärme

EC 2   B 35   Wcal = 0.15 mm   c = 3 cm

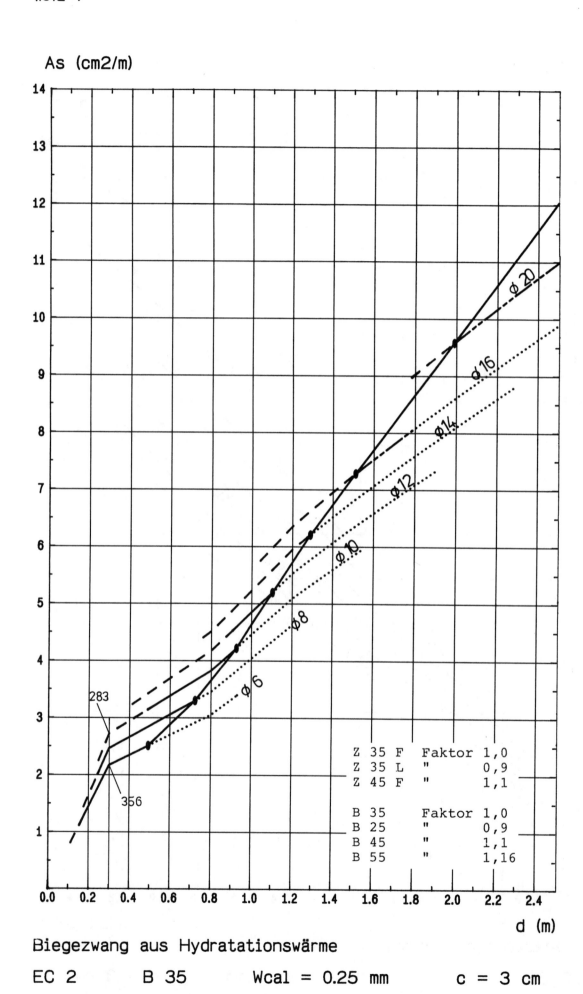

As (cm2/m)

d (m)

Biegezwang aus Hydratationswärme

EC 2   B 35   Wcal = 0.25 mm   c = 3 cm

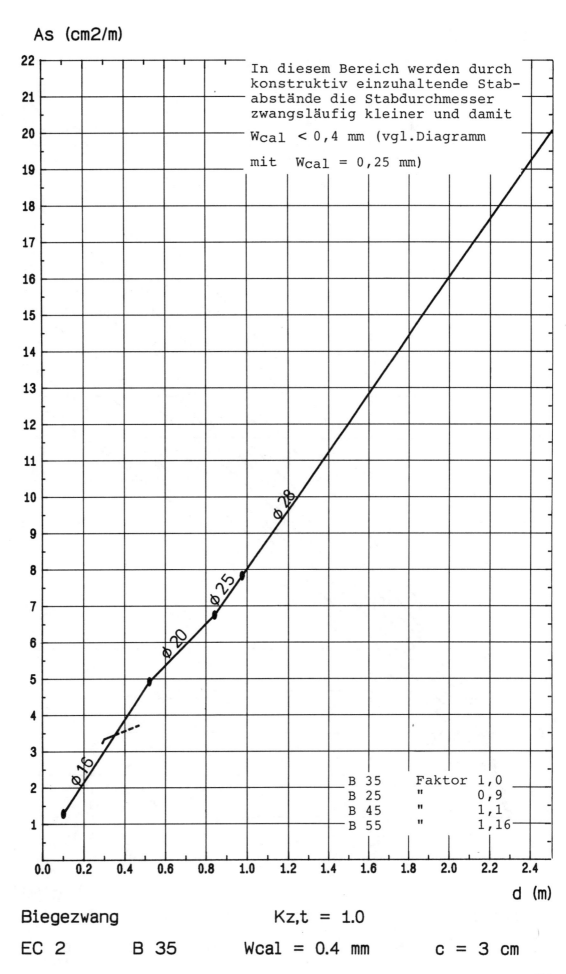

As (cm2/m)

In diesem Bereich werden durch konstruktiv einzuhaltende Stababstände die Stabdurchmesser zwangsläufig kleiner und damit $W_{cal} < 0,4$ mm (vgl.Diagramm mit $W_{cal} = 0,25$ mm)

B 35	Faktor	1,0
B 25	"	0,9
B 45	"	1,1
B 55	"	1,16

d (m)

Biegezwang $Kz,t = 1.0$

EC 2   B 35 $W_{cal} = 0.4$ mm $c = 3$ cm

As (cm2/m)

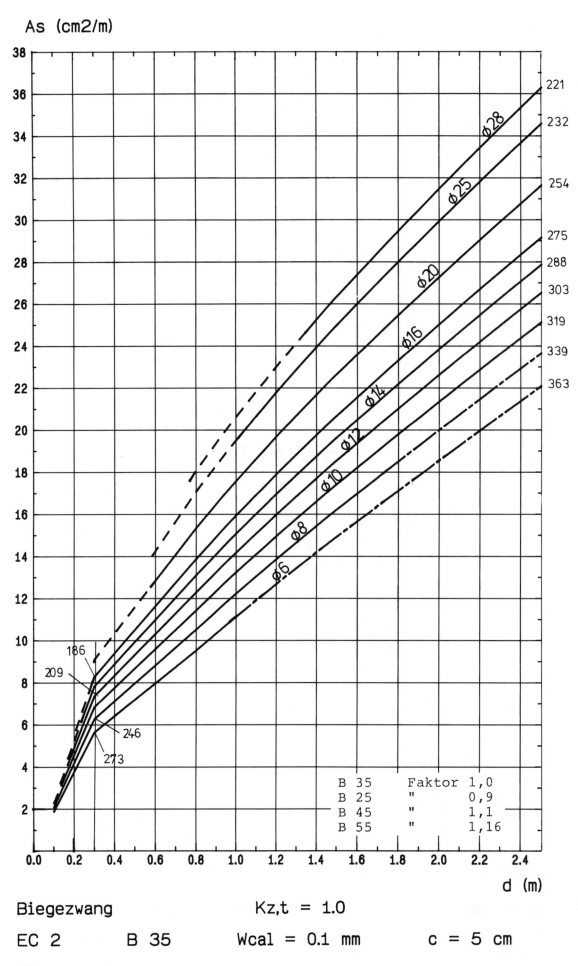

Biegezwang   Kz,t = 1.0

EC 2   B 35   Wcal = 0.1 mm   c = 5 cm

As (cm2/m)

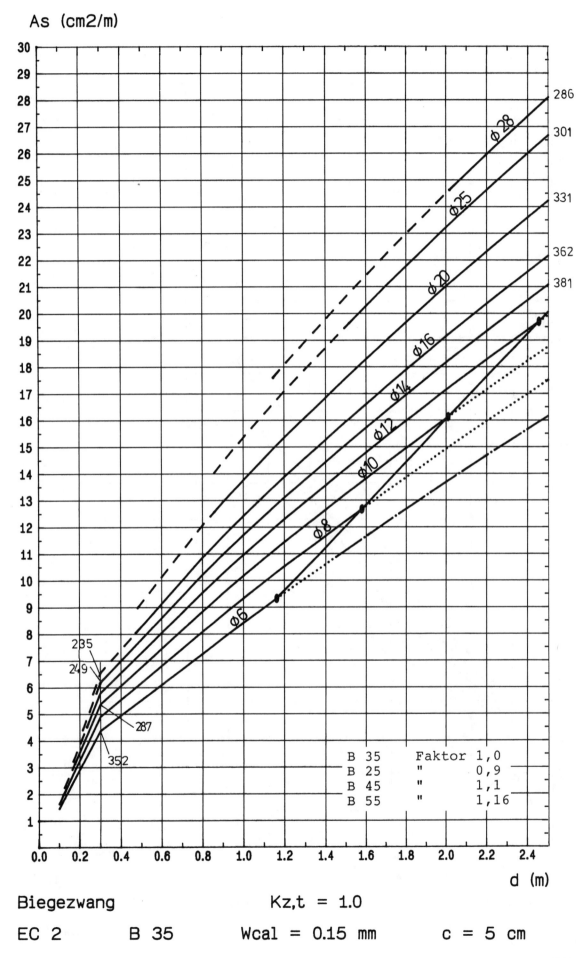

Biegezwang   Kz,t = 1.0

EC 2   B 35   Wcal = 0.15 mm   c = 5 cm

As (cm2/m)

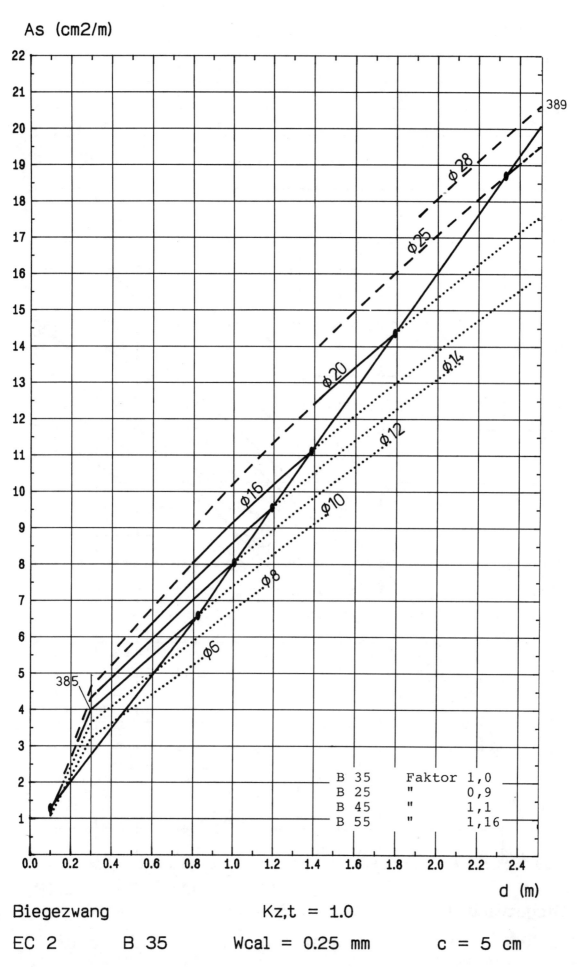

Biegezwang   Kz,t = 1.0

EC 2   B 35   Wcal = 0.25 mm   c = 5 cm

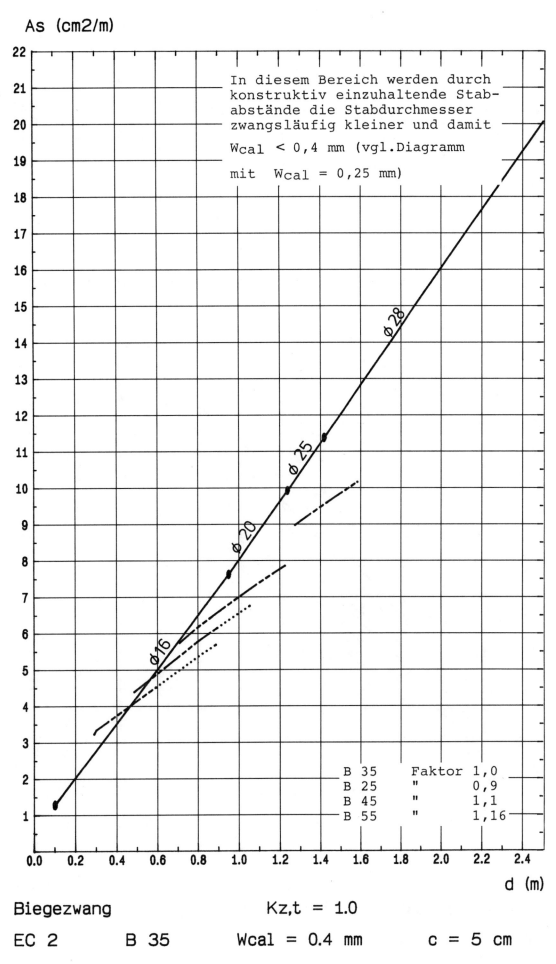

As (cm2/m)

In diesem Bereich werden durch
konstruktiv einzuhaltende Stababstände die Stabdurchmesser
zwangsläufig kleiner und damit

W_{cal} < 0,4 mm (vgl.Diagramm

mit W_{cal} = 0,25 mm)

B 35	Faktor	1,0
B 25	"	0,9
B 45	"	1,1
B 55	"	1,16

d (m)

Biegezwang   Kz,t = 1.0

EC 2   B 35   Wcal = 0.4 mm   c = 5 cm

As (cm2/m)

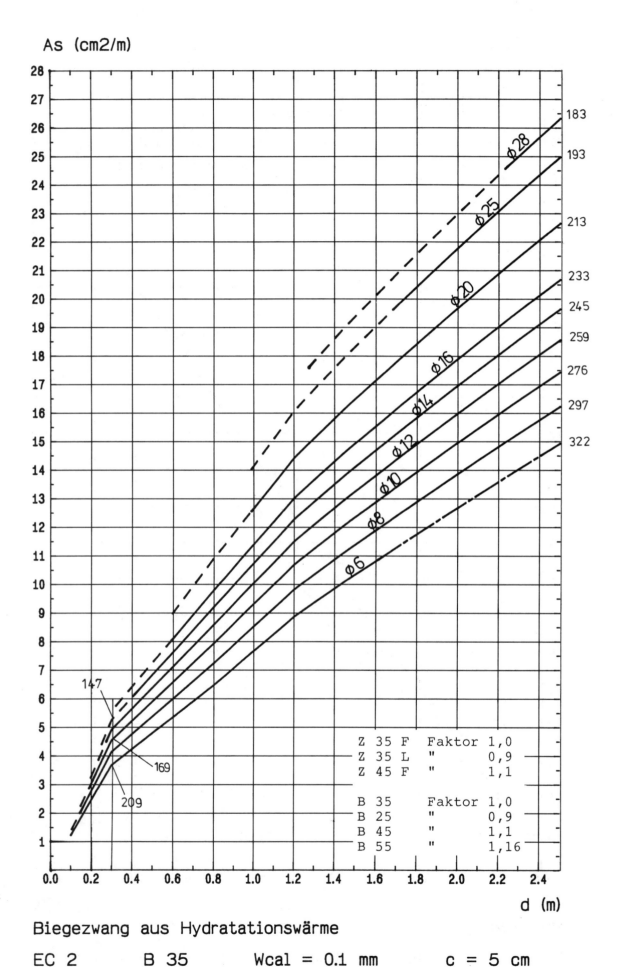

Biegezwang aus Hydratationswärme

EC 2   B 35   Wcal = 0.1 mm   c = 5 cm

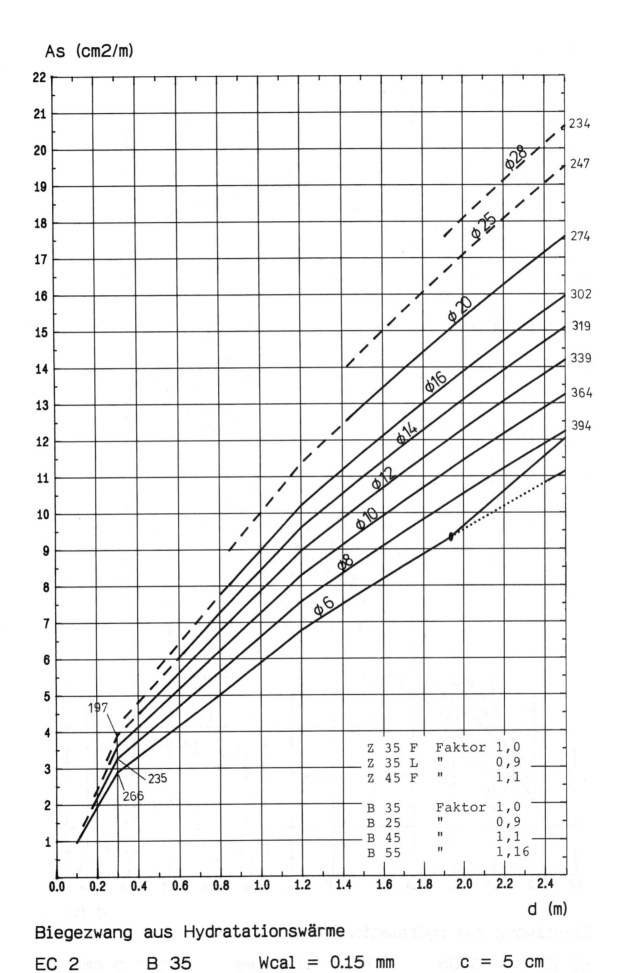

Biegezwang aus Hydratationswärme

EC 2   B 35   Wcal = 0.15 mm   c = 5 cm

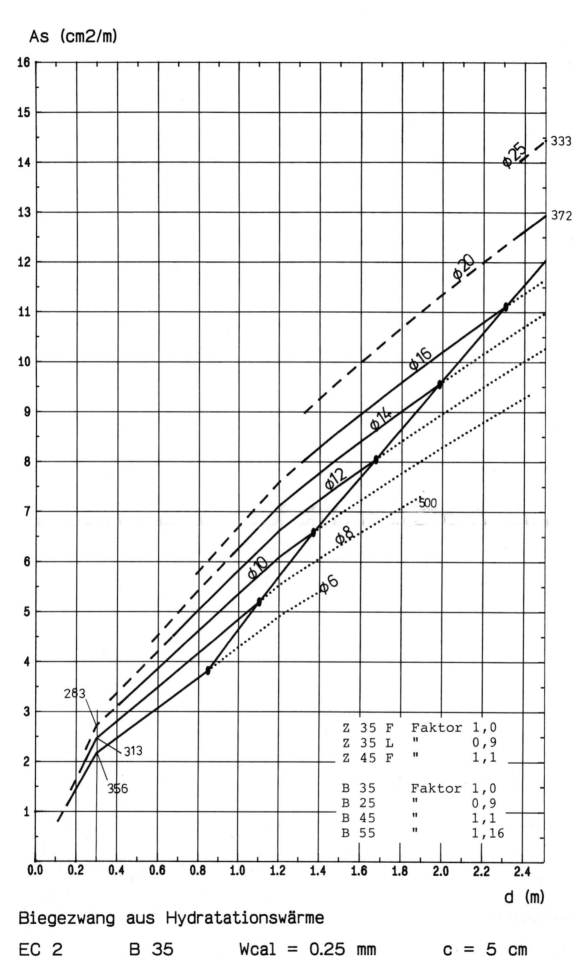

As (cm2/m)

d (m)

Biegezwang aus Hydratationswärme

EC 2   B 35   Wcal = 0.25 mm   c = 5 cm

As (cm2/m)

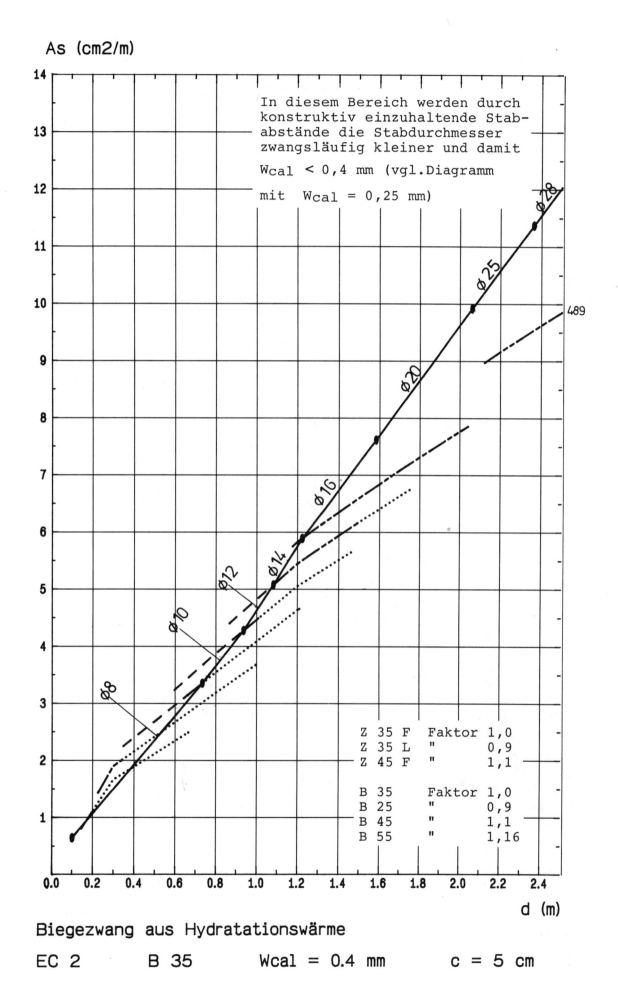

In diesem Bereich werden durch konstruktiv einzuhaltende Stababstände die Stabdurchmesser zwangsläufig kleiner und damit $W_{cal} < 0,4$ mm (vgl.Diagramm mit $W_{cal} = 0,25$ mm)

Z 35 F	Faktor	1,0
Z 35 L	"	0,9
Z 45 F	"	1,1
B 35	Faktor	1,0
B 25	"	0,9
B 45	"	1,1
B 55	"	1,16

d (m)

Biegezwang aus Hydratationswärme

EC 2   B 35 $W_{cal} = 0.4$ mm   c = 5 cm

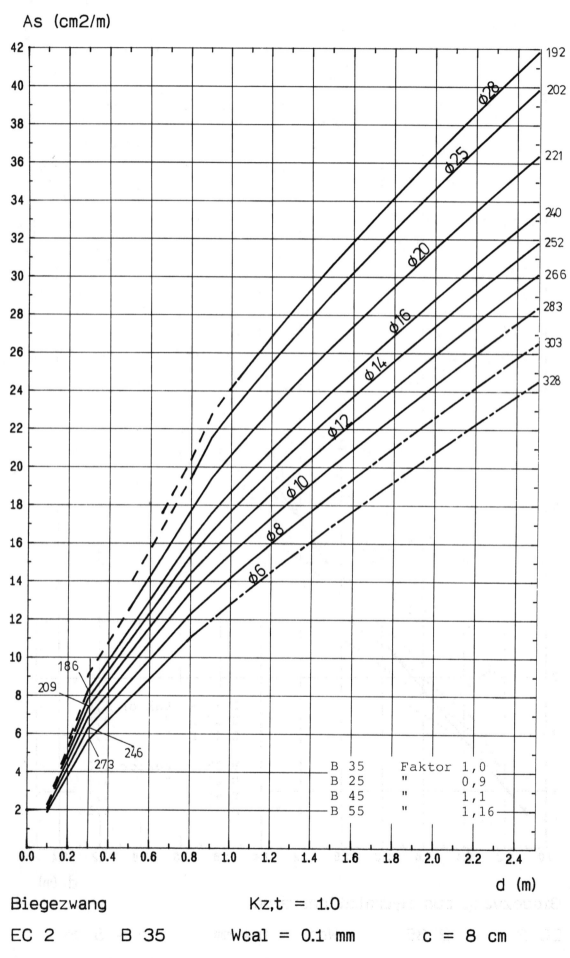

As (cm2/m)

d (m)

Biegezwang   Kz,t = 1.0

EC 2   B 35   Wcal = 0.1 mm   c = 8 cm

B 35	Faktor 1,0
B 25	" 0,9
B 45	" 1,1
B 55	" 1,16

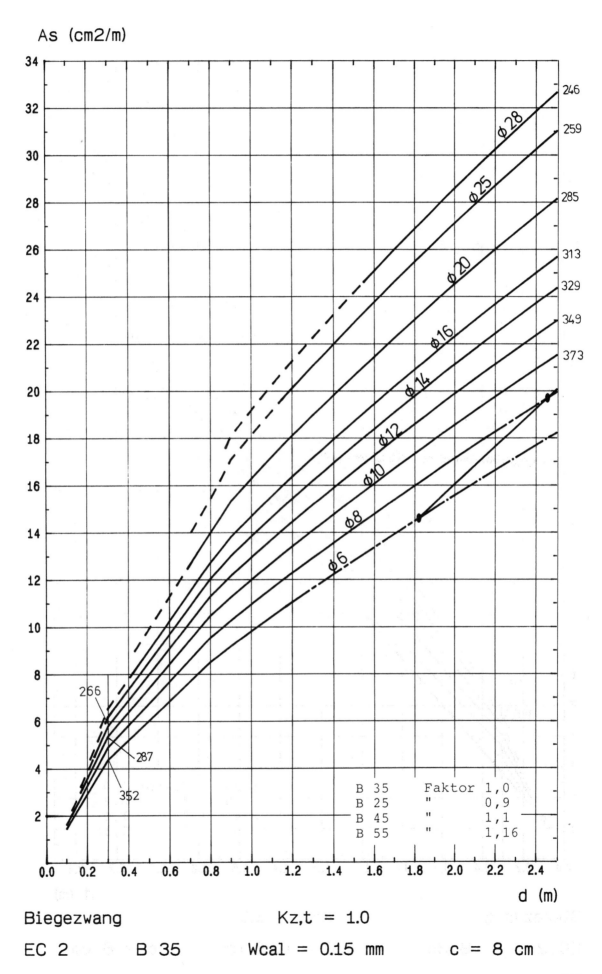

As (cm2/m)

Biegezwang   Kz,t = 1.0

EC 2   B 35   Wcal = 0.15 mm   c = 8 cm

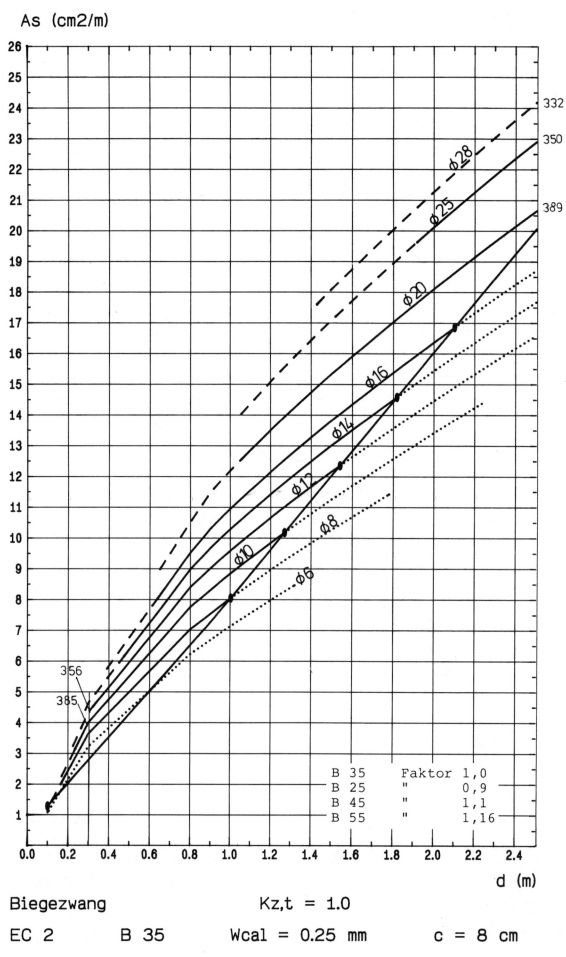

As (cm2/m)

d (m)

B 35   Faktor 1,0
B 25   "   0,9
B 45   "   1,1
B 55   "   1,16

Biegezwang   Kz,t = 1.0

EC 2   B 35   Wcal = 0.25 mm   c = 8 cm

As (cm2/m)

In diesem Bereich werden durch
konstruktiv einzuhaltende Stababstände die Stabdurchmesser
zwangsläufig kleiner und damit

W_cal < 0,4 mm (vgl.Diagramm

mit   W_cal = 0,25 mm)

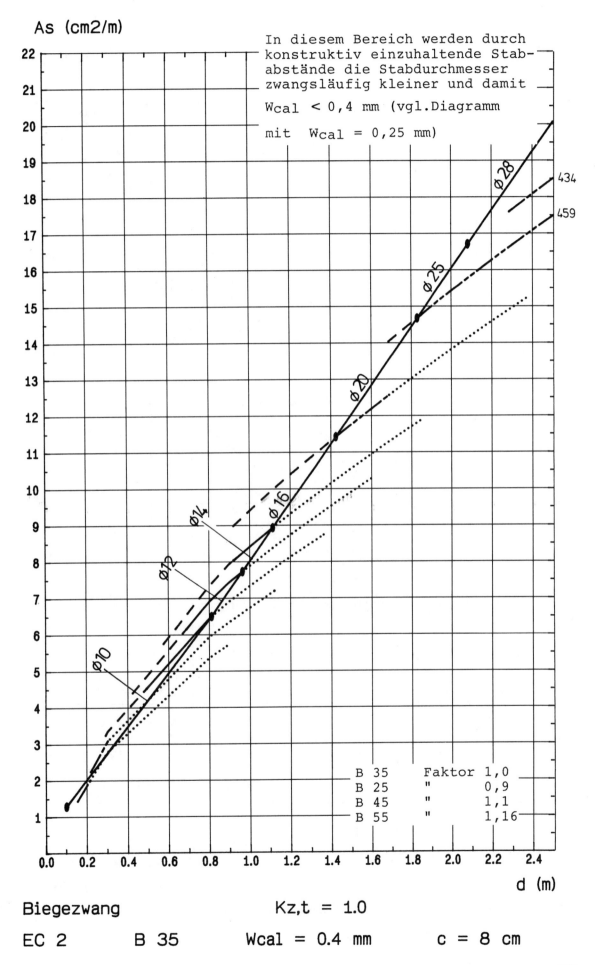

B 35	Faktor	1,0
B 25	"	0,9
B 45	"	1,1
B 55	"	1,16

d (m)

Biegezwang   Kz,t = 1.0

EC 2   B 35   Wcal = 0.4 mm   c = 8 cm

As (cm2/m)

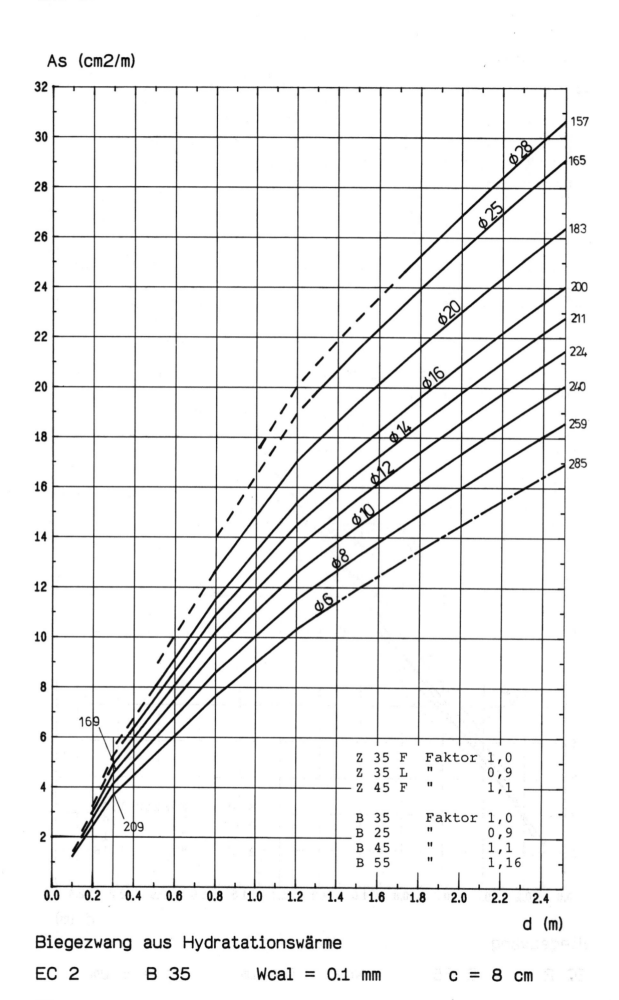

Biegezwang aus Hydratationswärme

EC 2   B 35   Wcal = 0.1 mm   c = 8 cm

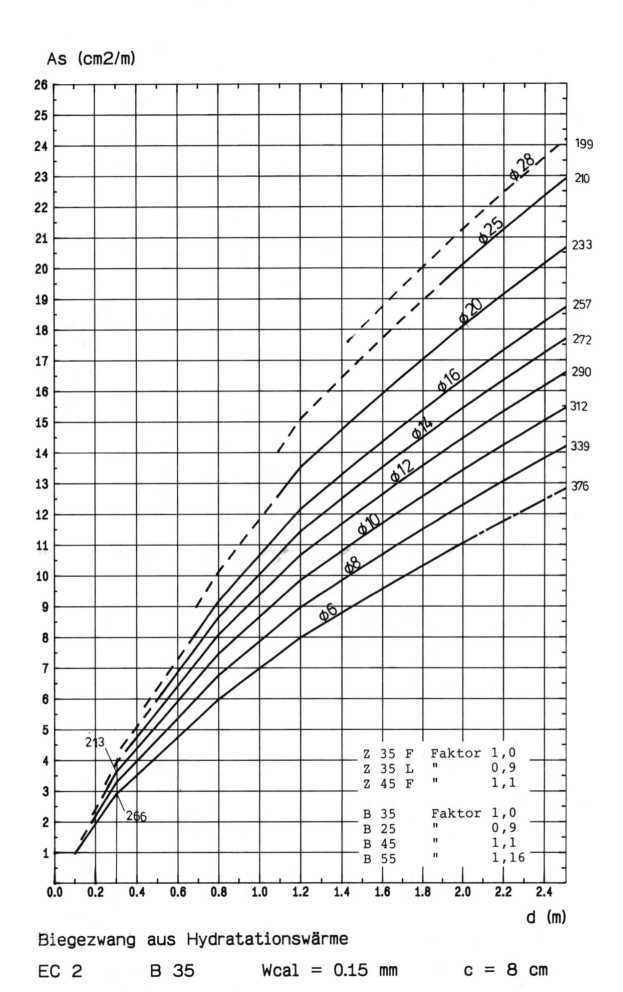

Biegezwang aus Hydratationswärme

EC 2   B 35   Wcal = 0.15 mm   c = 8 cm

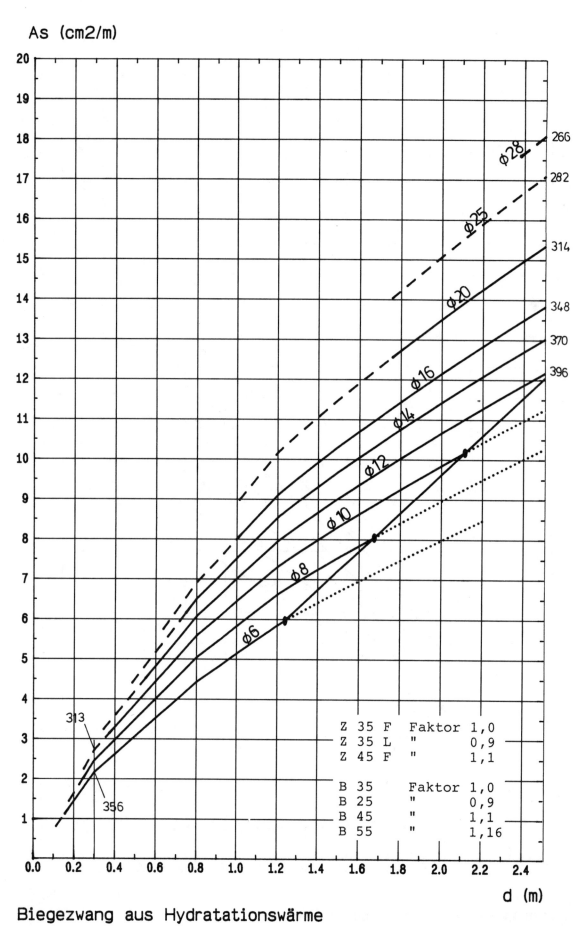

Biegezwang aus Hydratationswärme

EC 2   B 35   Wcal = 0.25 mm   c = 8 cm

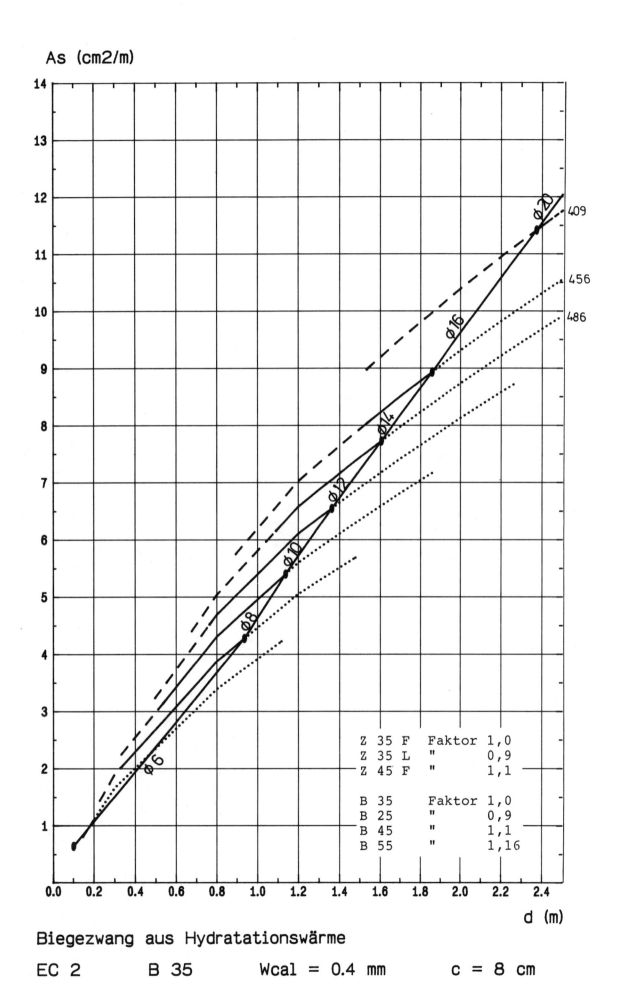

As (cm2/m)

Z 35 F   Faktor 1,0
Z 35 L   "   0,9
Z 45 F   "   1,1

B 35   Faktor 1,0
B 25   "   0,9
B 45   "   1,1
B 55   "   1,16

d (m)

Biegezwang aus Hydratationswärme

EC 2   B 35   Wcal = 0.4 mm   c = 8 cm

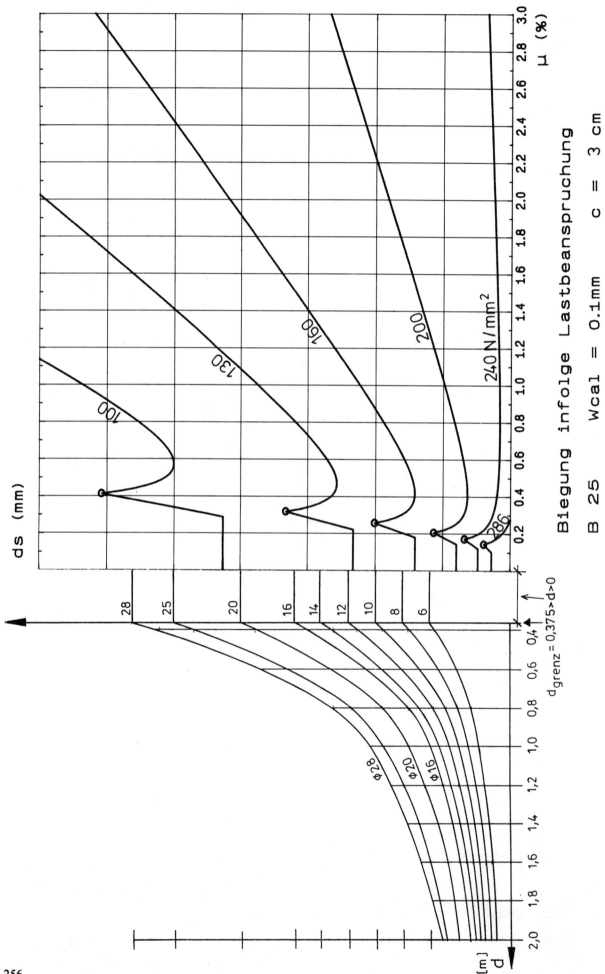

Biegung infolge Lastbeanspruchung

B 25   Wcal = 0.1mm   c = 3 cm

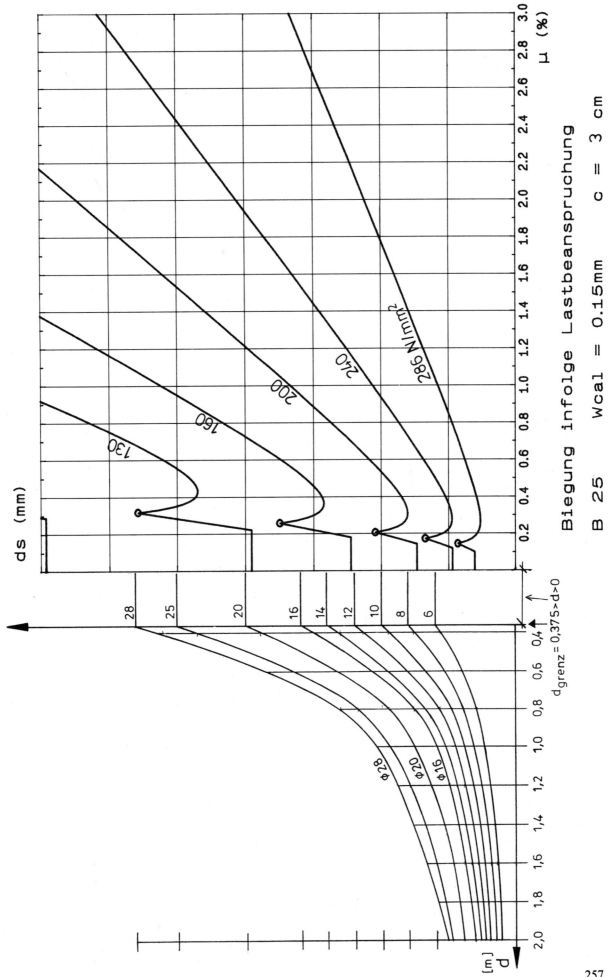

Biegung infolge Lastbeanspruchung

B 25   Wcal = 0.15mm   c = 3 cm

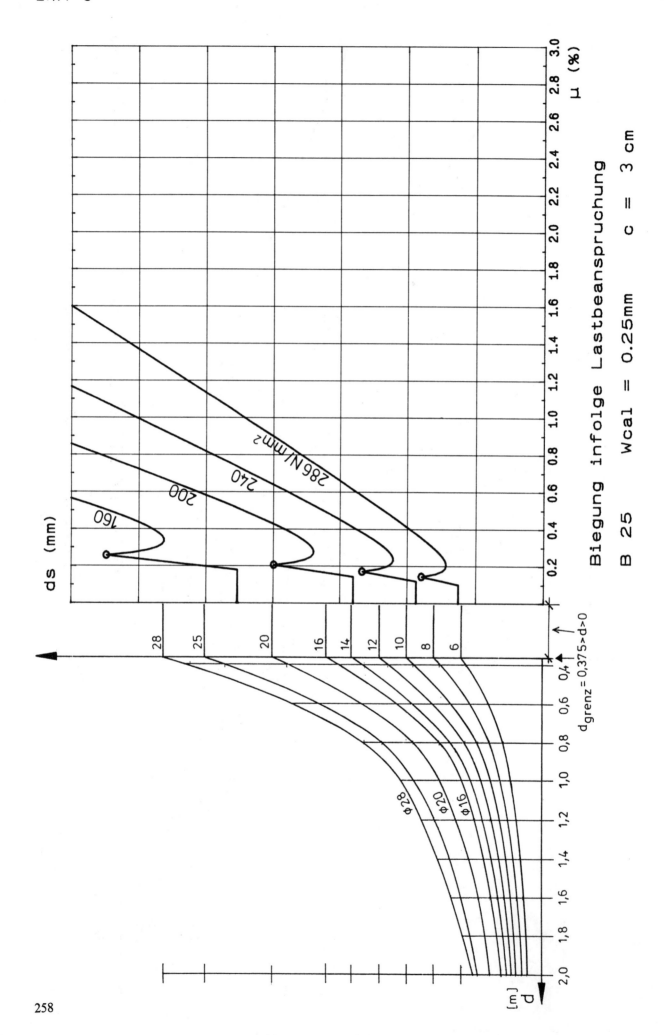

ds (mm)

286 N/mm²

240

200

160

Biegung infolge Lastbeanspruchung

B 25   Wcal = 0.25mm   c = 3 cm

μ (%)

$d_{grenz} = 0,375 > d > 0$

Φ28   Φ20   Φ16

[m]
d

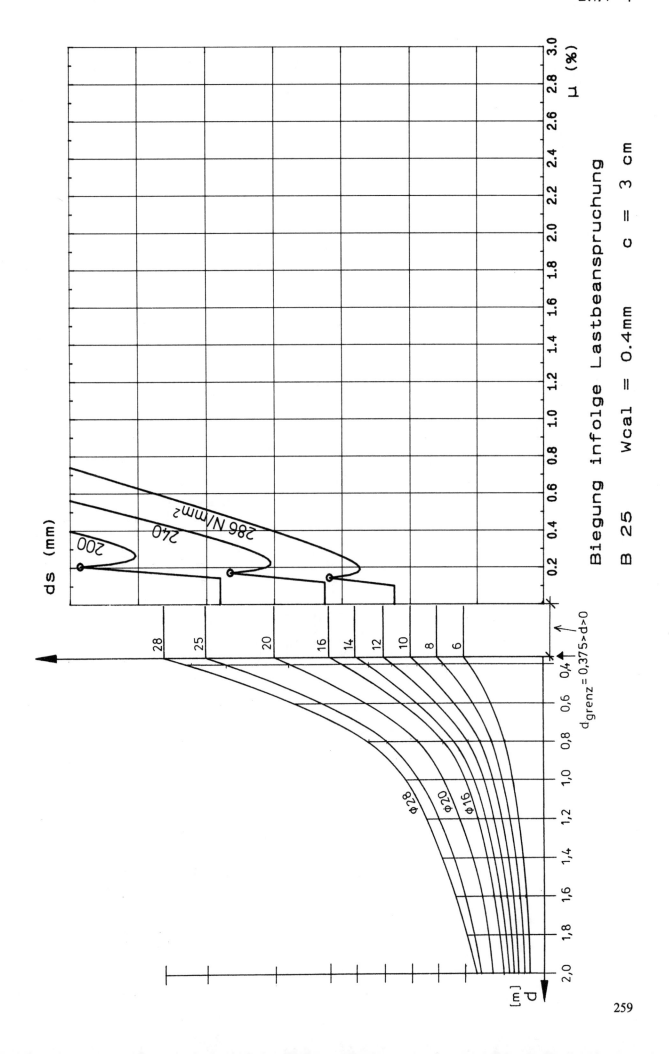

Biegung infolge Lastbeanspruchung

B 25   Wcal = 0.4mm   c = 3 cm

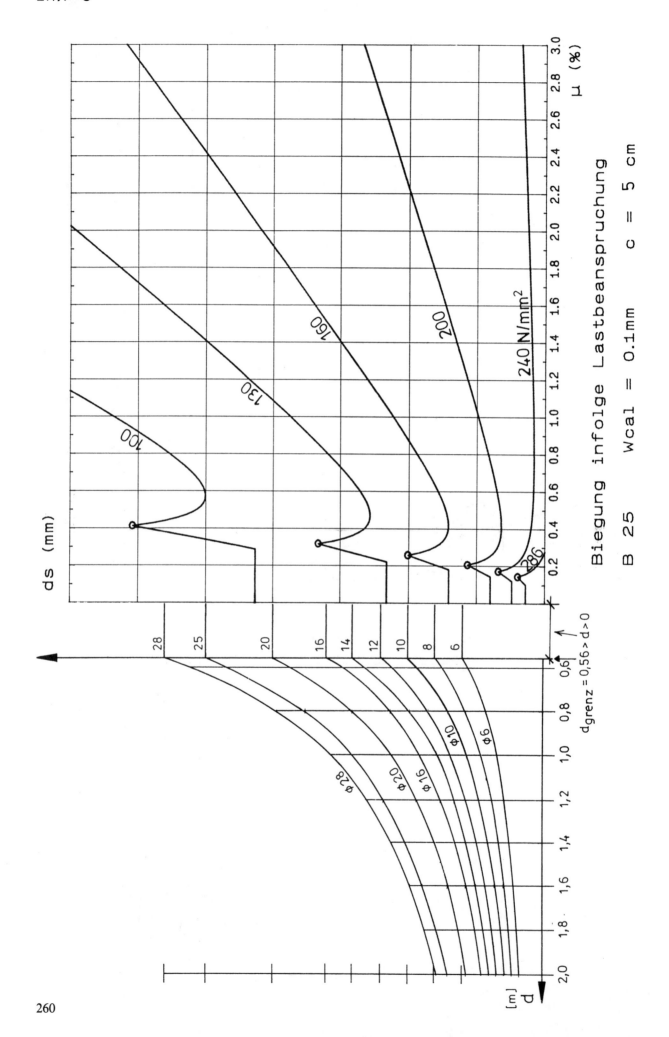

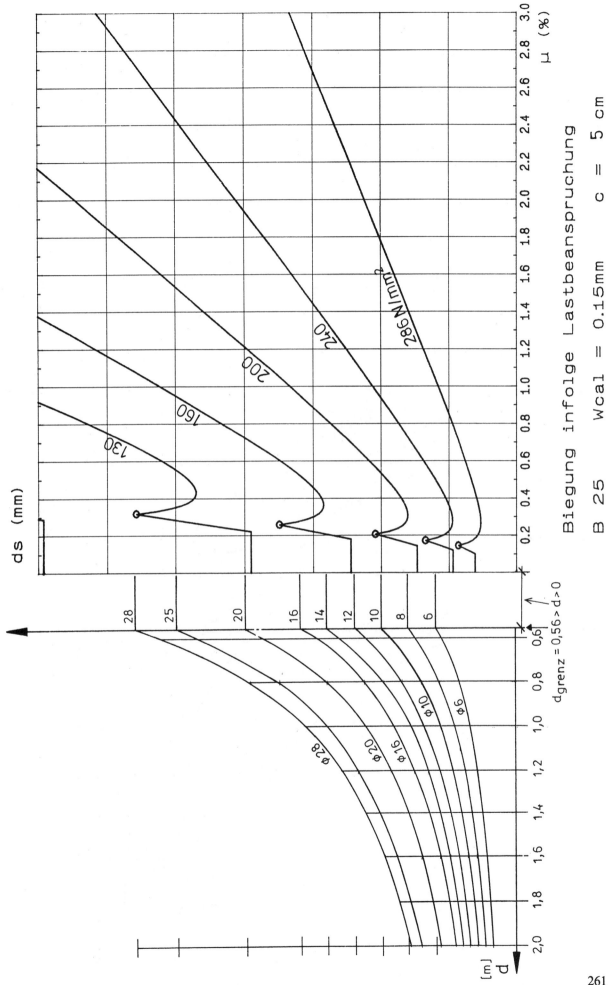

Biegung infolge Lastbeanspruchung

B 25   Wcal = 0.15mm   c = 5 cm

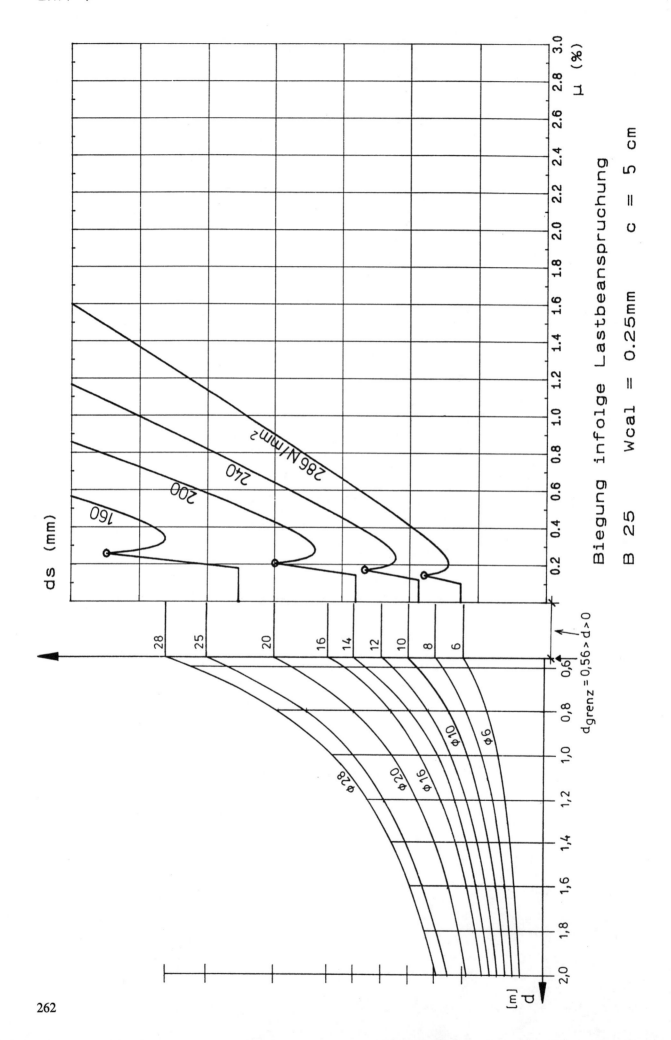

Biegung infolge Lastbeanspruchung

B 25   wcal = 0.25mm   c = 5 cm

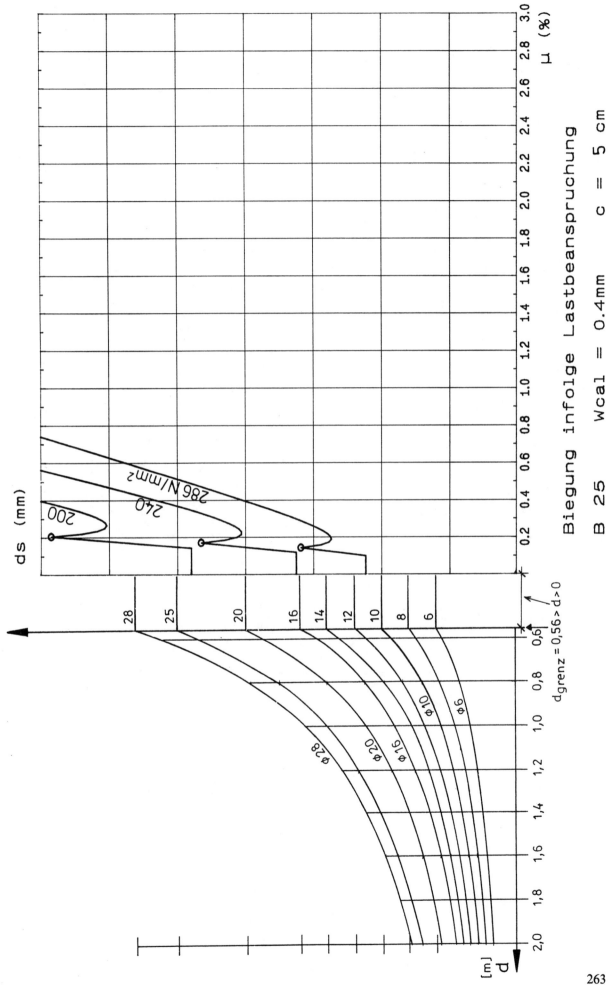

ds (mm)

286 N/mm²
240
200

Biegung infolge Lastbeanspruchung

B 25   Wcal = 0.4mm   c = 5 cm

$d_{grenz} = 0,56 > d > 0$

28
25
20
16
14
12
10
8
6

Φ28
Φ20
Φ16
Φ10
Φ6

d [m]

μ (%)

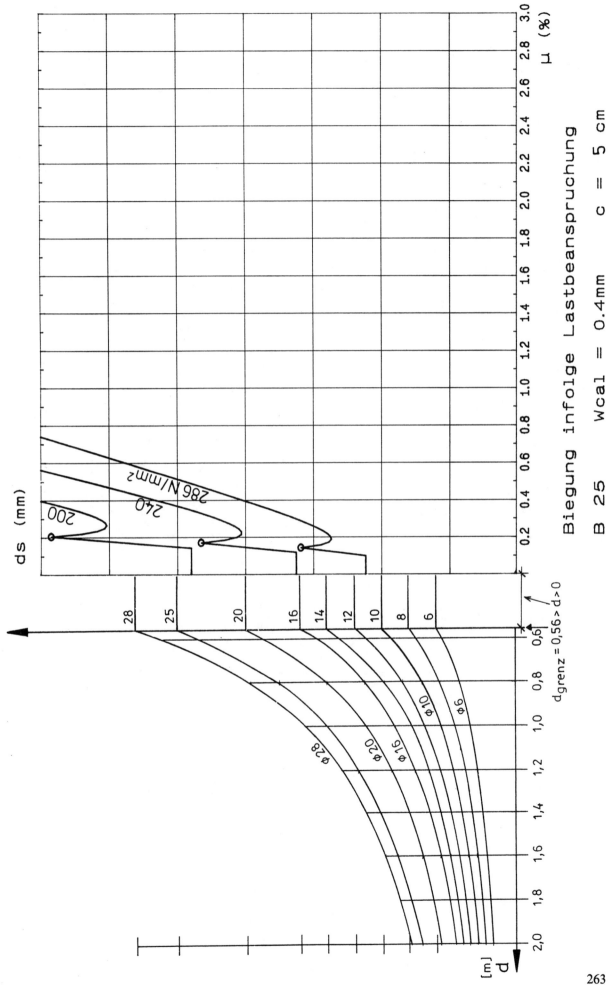

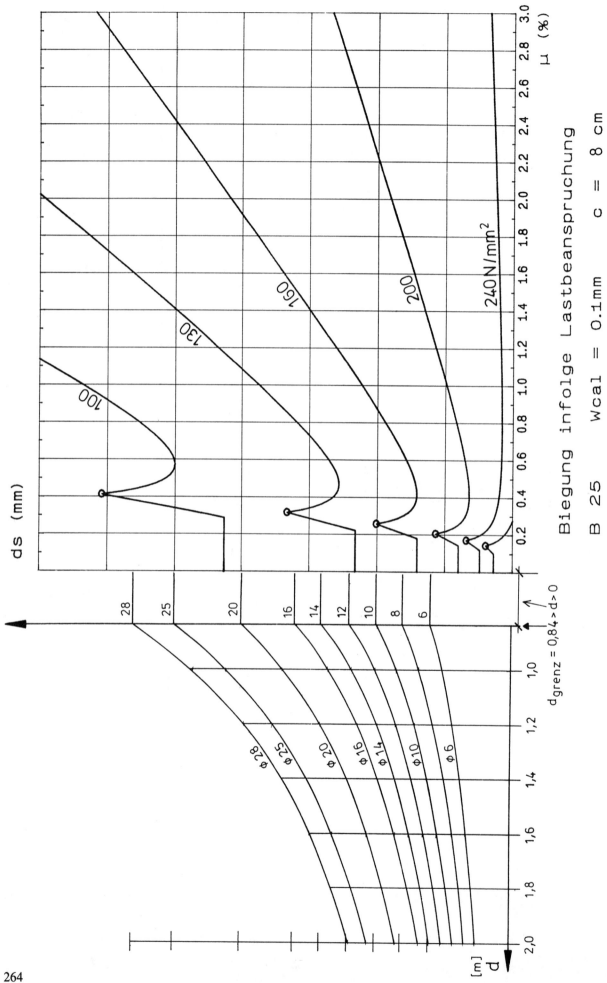

Biegung infolge Lastbeanspruchung

B 25   Wcal = 0.1mm   c = 8 cm

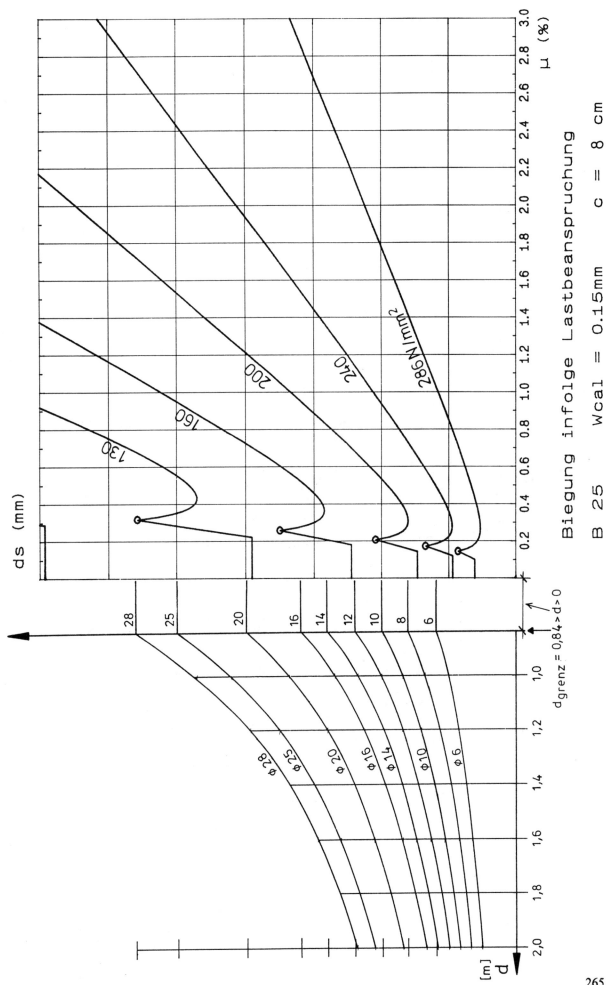

ds (mm)

$d_{grenz} = 0,84 > d > 0$

Biegung infolge Lastbeanspruchung

B 25   Wcal = 0.15mm   c = 8 cm

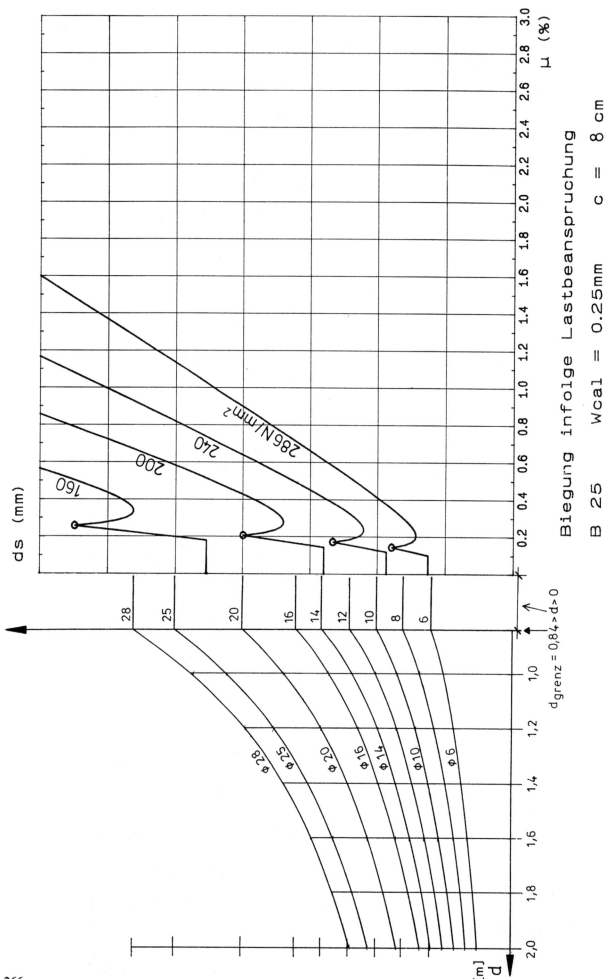

Biegung infolge Lastbeanspruchung

B 25   Wcal = 0.25mm   c = 8 cm

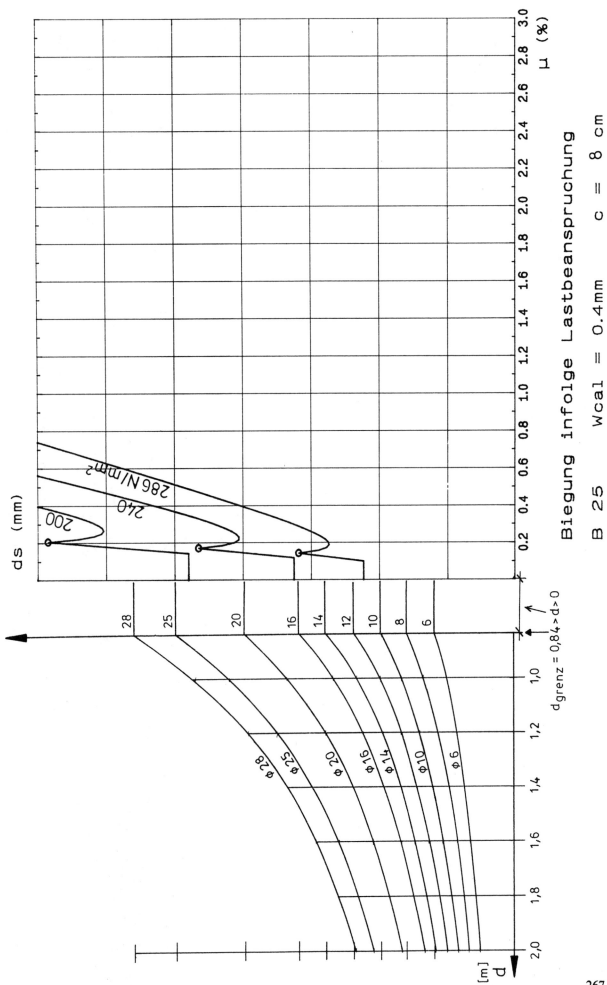

ds (mm)

200

240

286 N/mm²

Biegung infolge Lastbeanspruchung

B 25   Wcal = 0.4mm   c = 8 cm

$d_{grenz} = 0,84 > d > 0$

28
25
20
16
14
12
10
8
6

Φ28
Φ25
Φ20
Φ16
Φ14
Φ10
Φ6

[m]
d

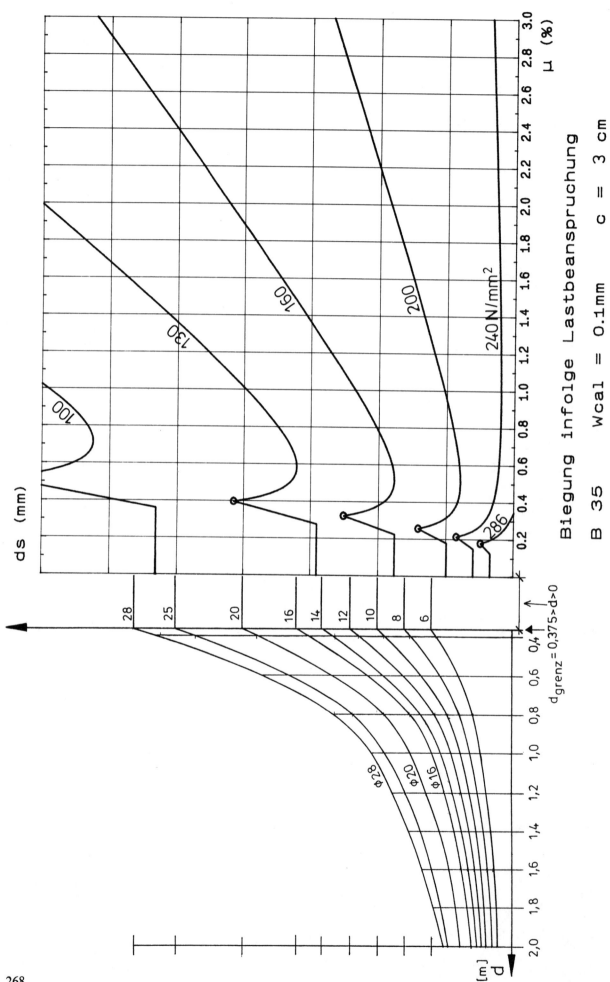

ds (mm)

100

130

160

200

240 N/mm²

286

28

25

20

16

14

12

10

8

6

$d_{grenz} = 0.375 > d > 0$

0,4

0,6

0,8

1,0

Φ28

Φ20

Φ16

1,2

1,4

1,6

1,8

2,0

d [m]

Biegung infolge Lastbeanspruchung

B 35   Wcal = 0.1mm   c = 3 cm

μ (%)

3.0 2.8 2.6 2.4 2.2 2.0 1.8 1.6 1.4 1.2 1.0 0.8 0.6 0.4 0.2

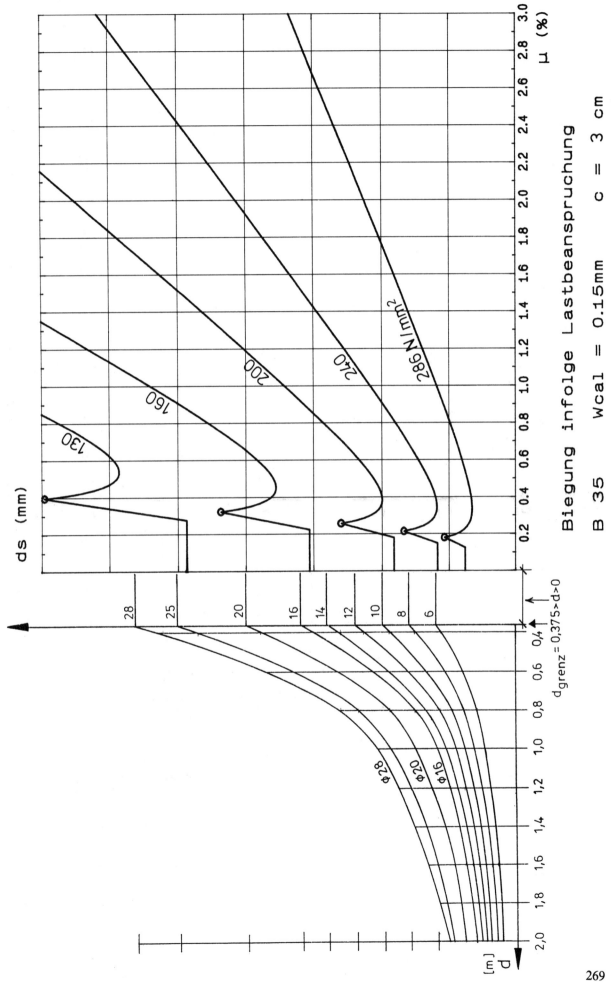

Biegung infolge Lastbeanspruchung

B 35   Wcal = 0.15mm   c = 3 cm

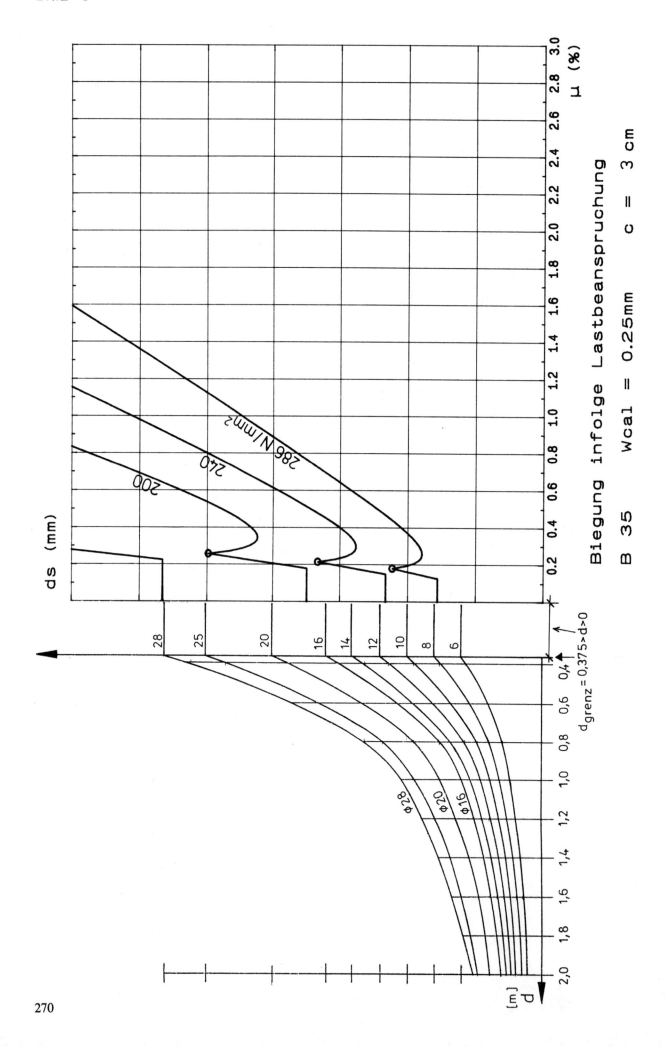

Biegung infolge Lastbeanspruchung

B 35   wcal = 0.25mm   c = 3 cm

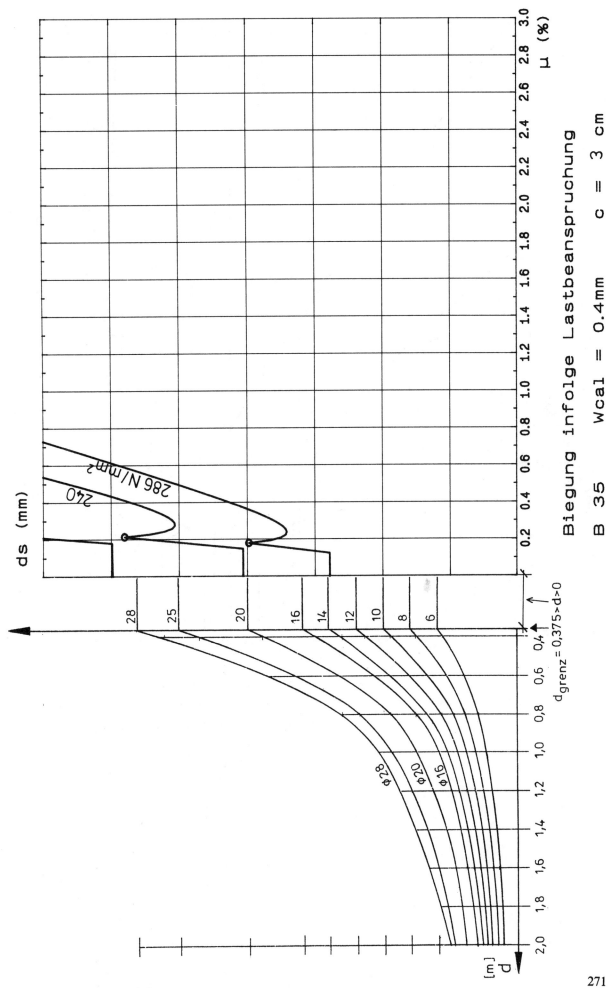

Biegung infolge Lastbeanspruchung

B 35   Wcal = 0.4mm   c = 3 cm

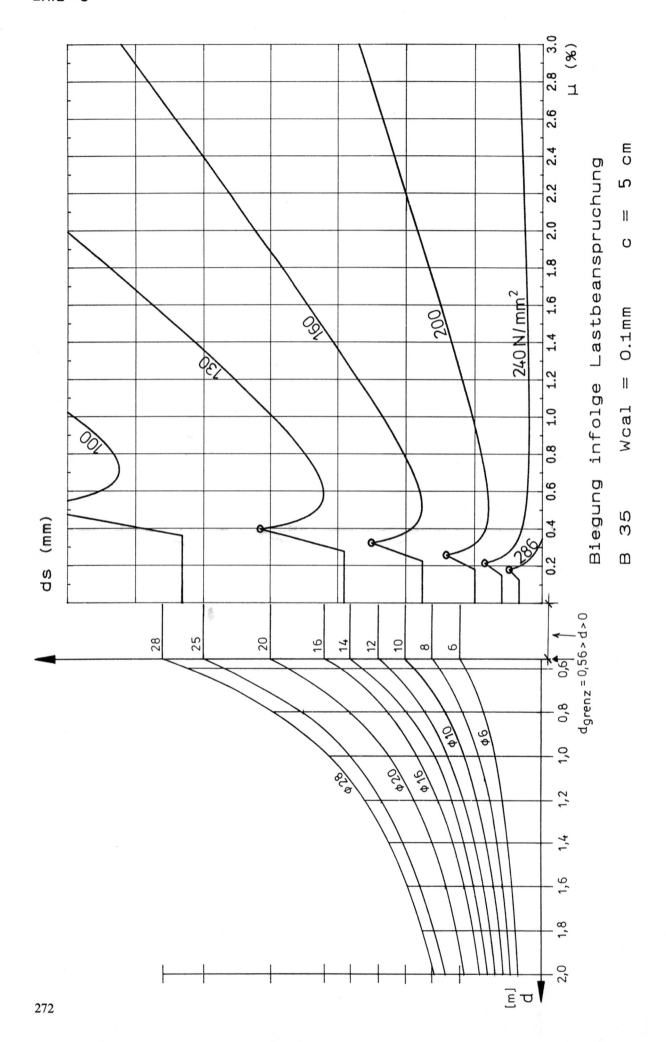

Biegung infolge Lastbeanspruchung

B 35   Wcal = 0.1mm   c = 5 cm

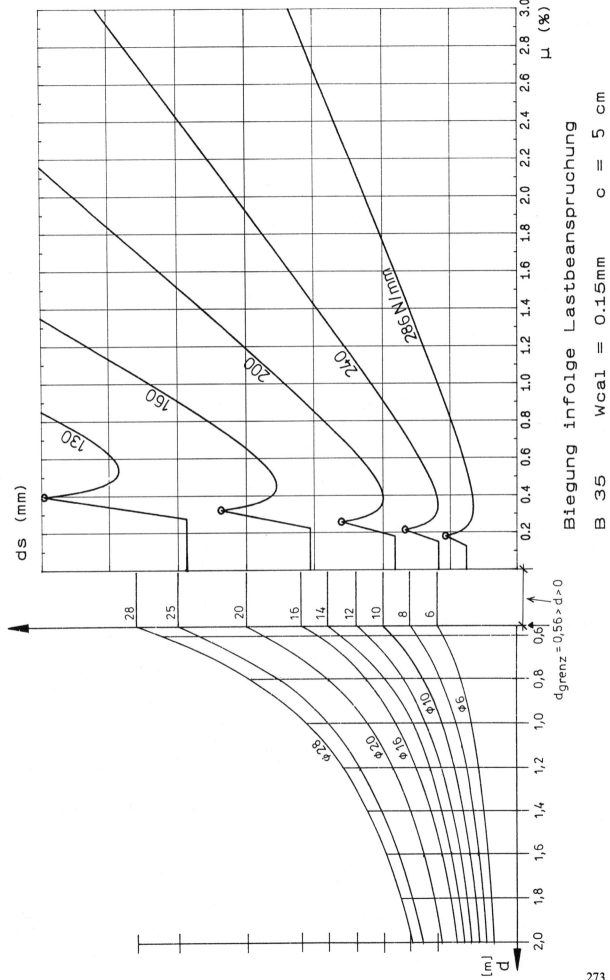

ds (mm)

130   160   200   240   285N/mm

μ (%)

Biegung infolge Lastbeanspruchung

B 35   Wcal = 0.15mm   c = 5 cm

$d_{grenz} = 0,56 > d > 0$

28   25   20   16   14   12   10   8   6

Φ28   Φ20   Φ16   Φ10   Φ6

d [m]

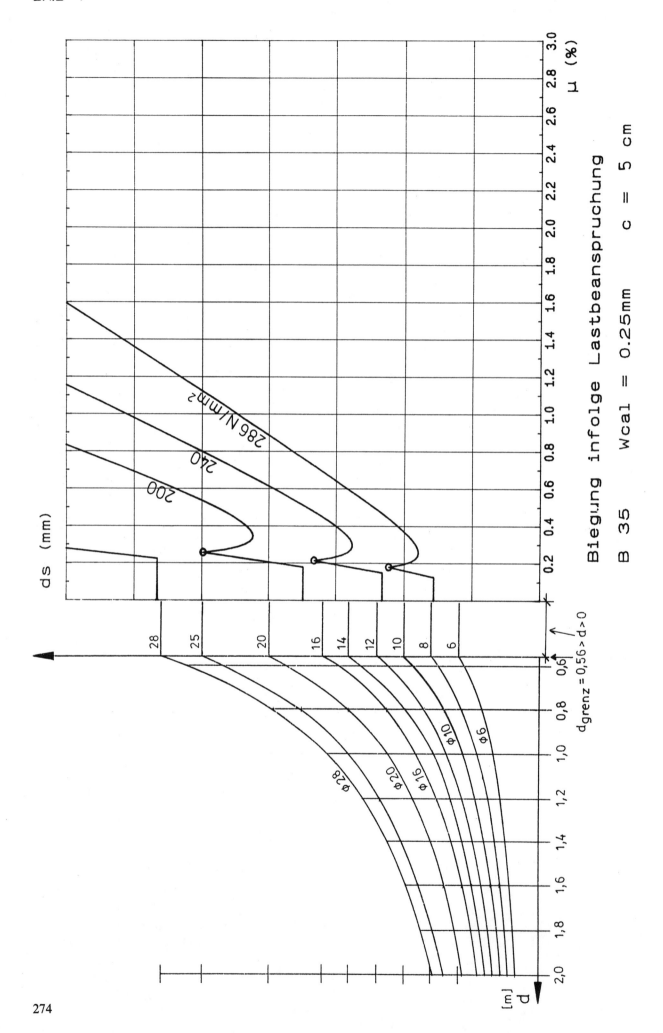

Biegung infolge Lastbeanspruchung

B 35   Wcal = 0.25mm   c = 5 cm

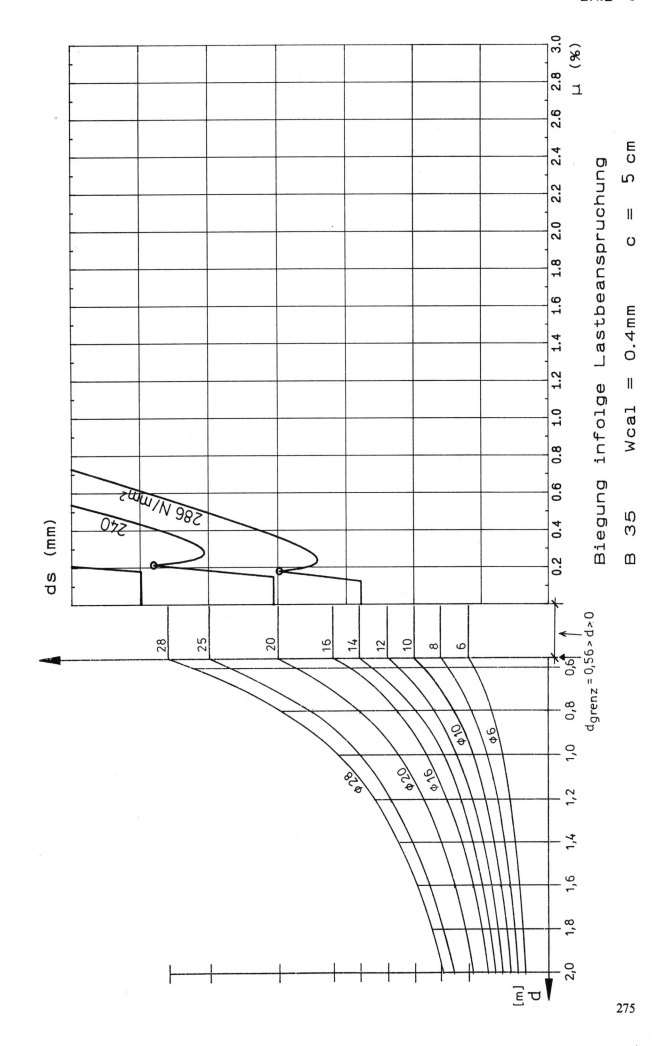

Biegung infolge Lastbeanspruchung

B 35   Wcal = 0.4mm   c = 5 cm

2.1.2 - 9

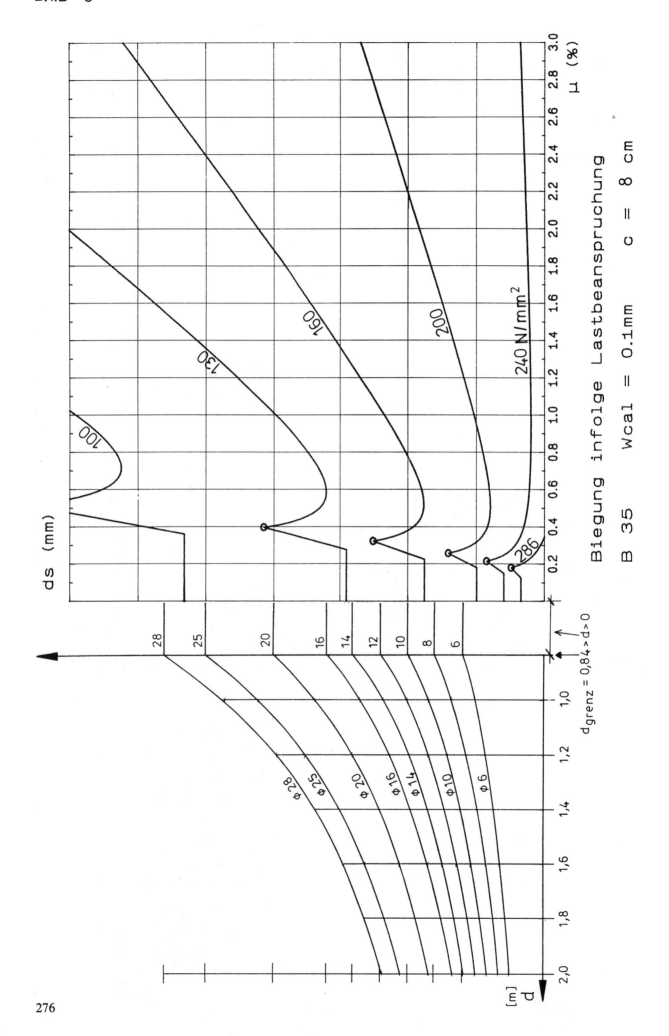

Biegung infolge Lastbeanspruchung

B 35   Wcal = 0.1mm   c = 8 cm

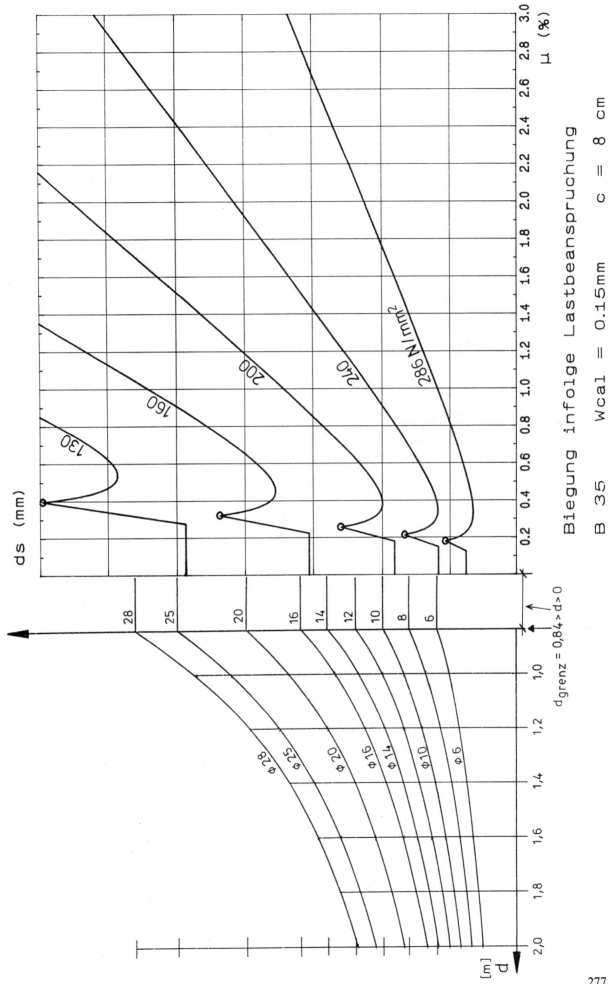

Biegung infolge Lastbeanspruchung

B 35   Wcal = 0.15mm   c = 8 cm

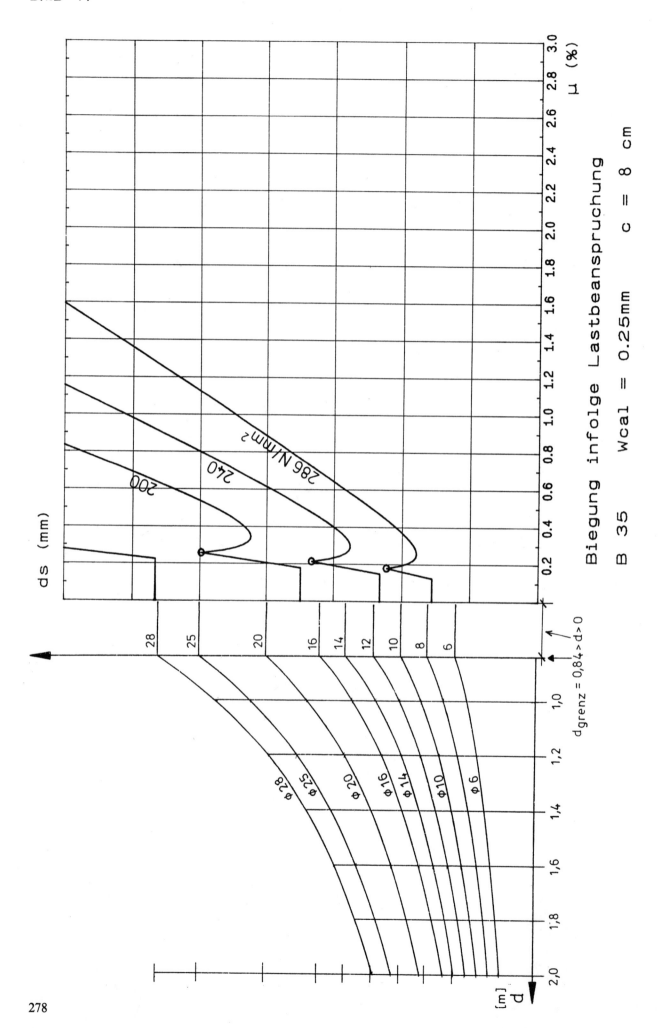

Biegung infolge Lastbeanspruchung

B 35   Wcal = 0.25mm   c = 8 cm

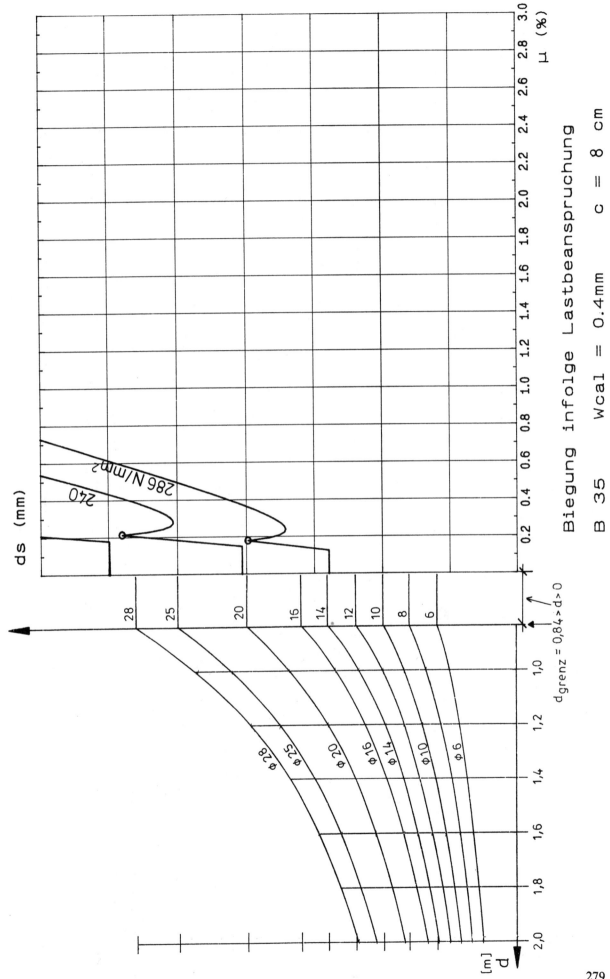

Biegung infolge Lastbeanspruchung

B 35   Wcal = 0.4mm   c = 8 cm

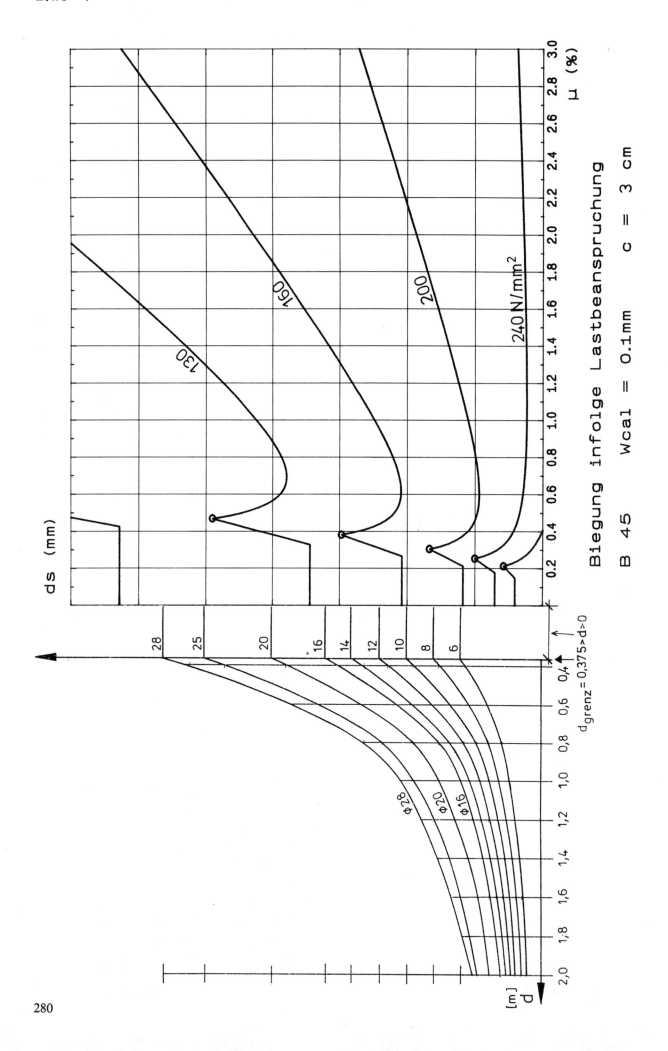

Biegung infolge Lastbeanspruchung

B 45   Wcal = 0.1mm   c = 3 cm

ds (mm)

130   160   200   240 N/mm²

μ (%)

$d_{grenz} = 0.375 > d > 0$

Φ28   Φ20   Φ16

d [m]

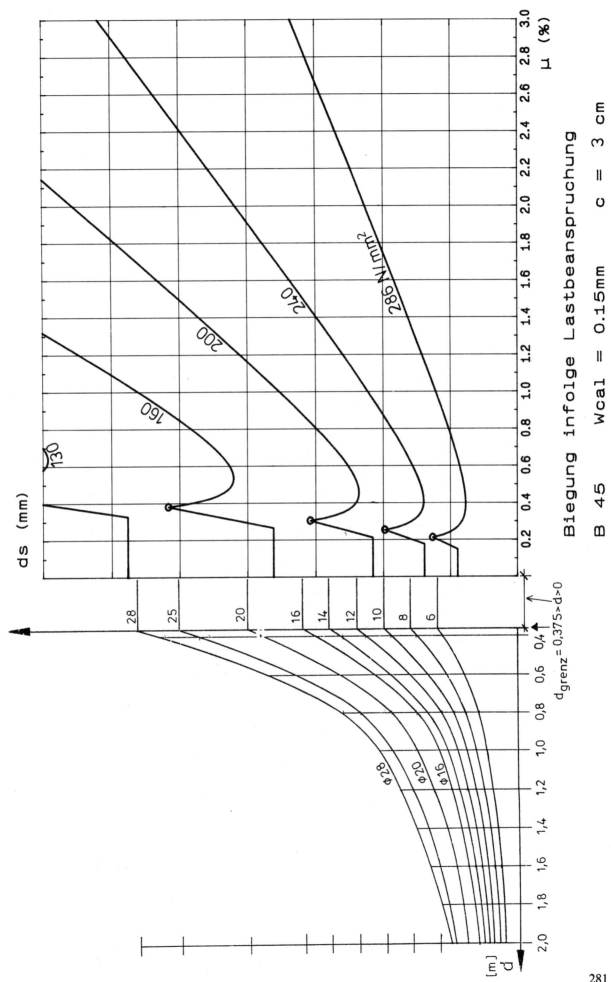

Biegung infolge Lastbeanspruchung

B 45   Wcal = 0.15mm   c = 3 cm

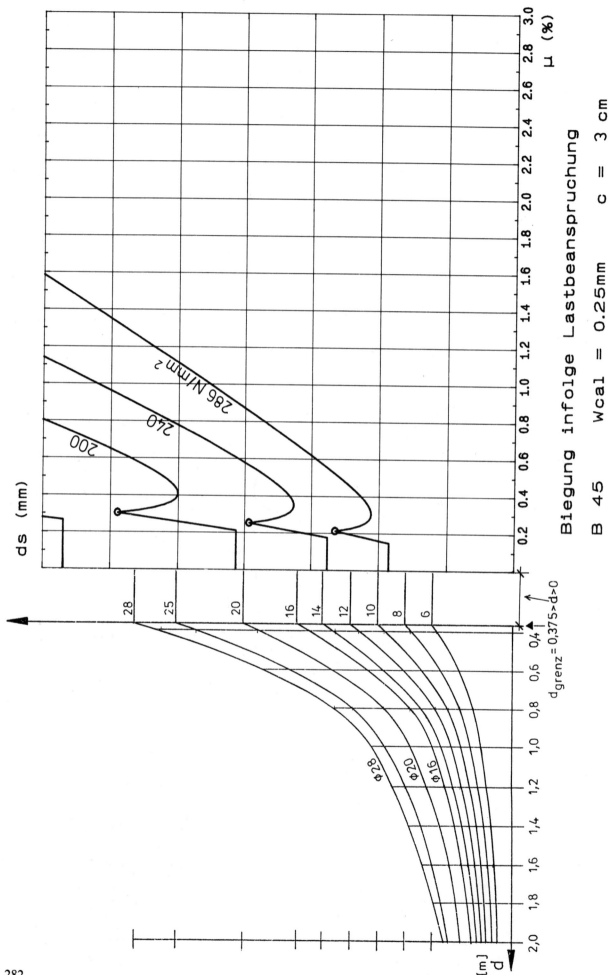

ds (mm)

Biegung infolge Lastbeanspruchung

B 45   Wcal = 0.25mm   c = 3 cm

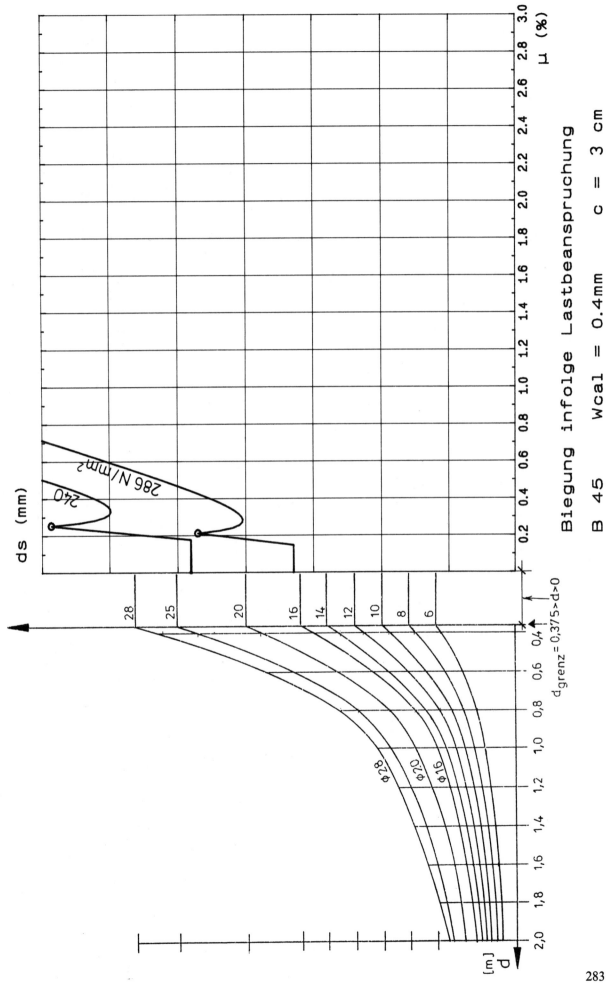

Biegung infolge Lastbeanspruchung   c = 3 cm

B 45   Wcal = 0.4mm

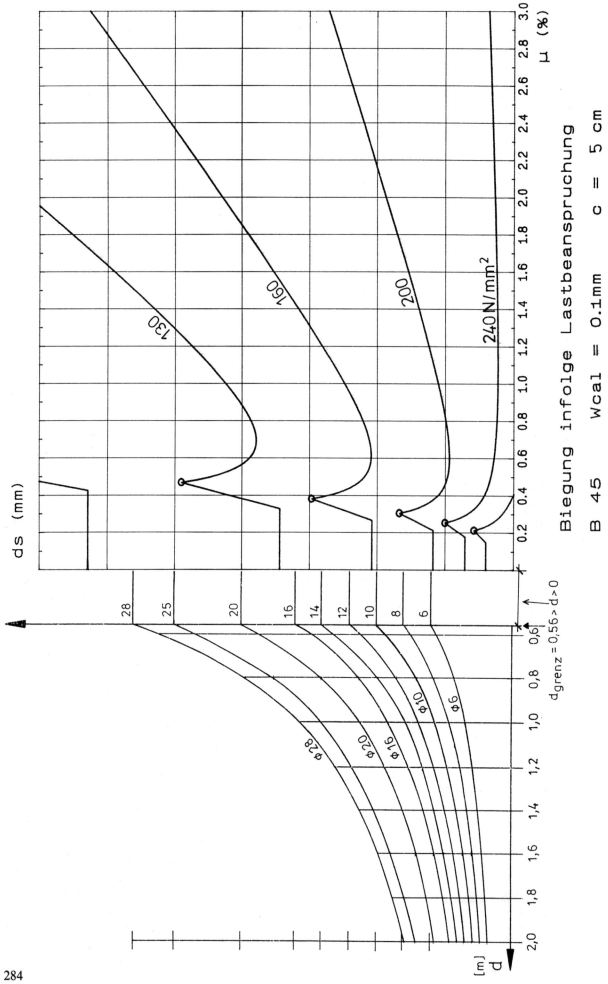

ds (mm)

μ (%)

Biegung infolge Lastbeanspruchung

B 45   Wcal = 0.1mm   c = 5 cm

240 N/mm²

130

160

200

$d_{grenz} = 0,56 > d > 0$

Φ28 Φ20 Φ16 Φ10 Φ6

28 25 20 16 14 12 10 8 6

d [m]

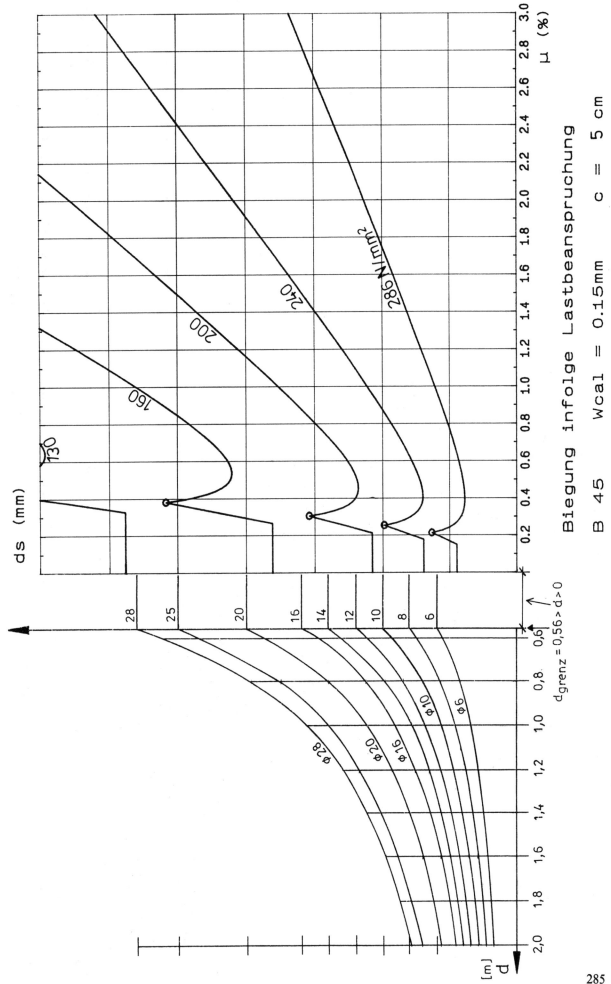

Biegung infolge Lastbeanspruchung   c = 5 cm

B 45   Wcal = 0.15mm

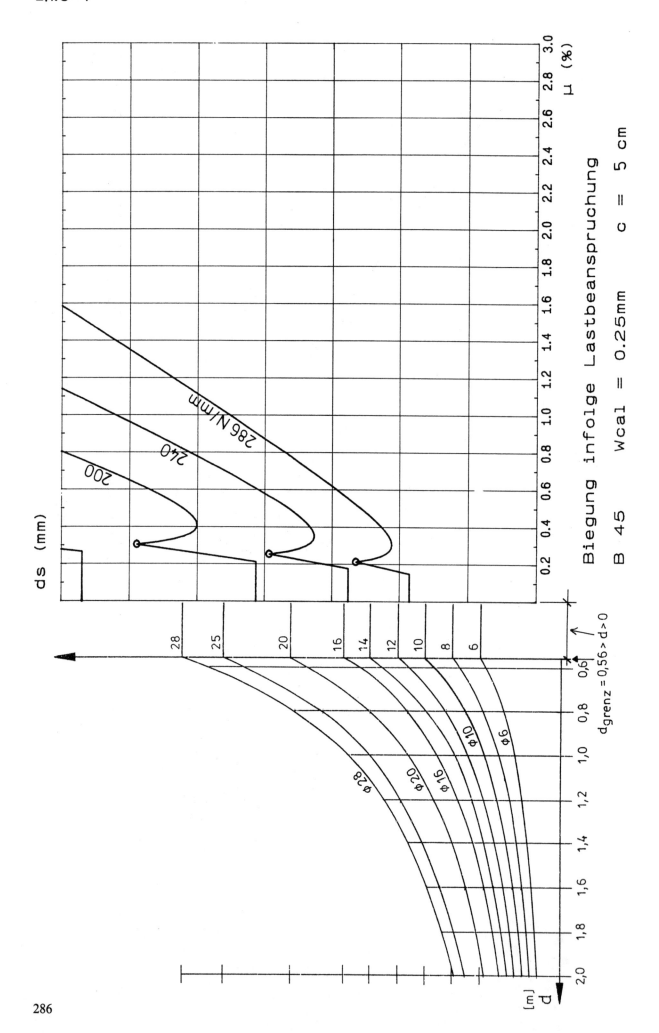

ds (mm)

200   240   286 N/mm

Biegung infolge Lastbeanspruchung

B 45   Wcal = 0.25mm   c = 5 cm

μ (%)

28   25   20   16   14   12   10   8   6

$d_{grenz} = 0{,}56 > d > 0$

Φ28   Φ20   Φ16   Φ10   Φ6

[m]   d

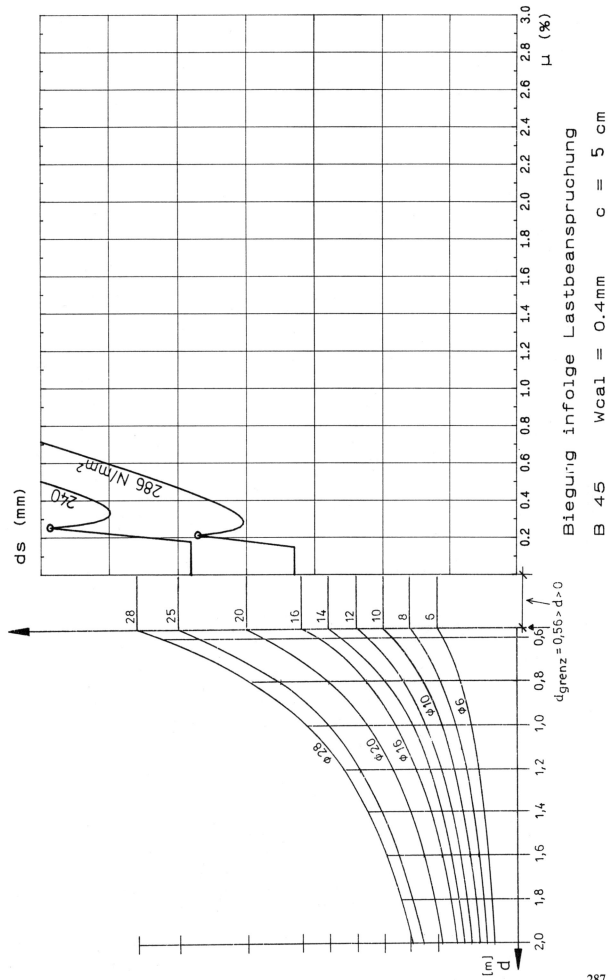

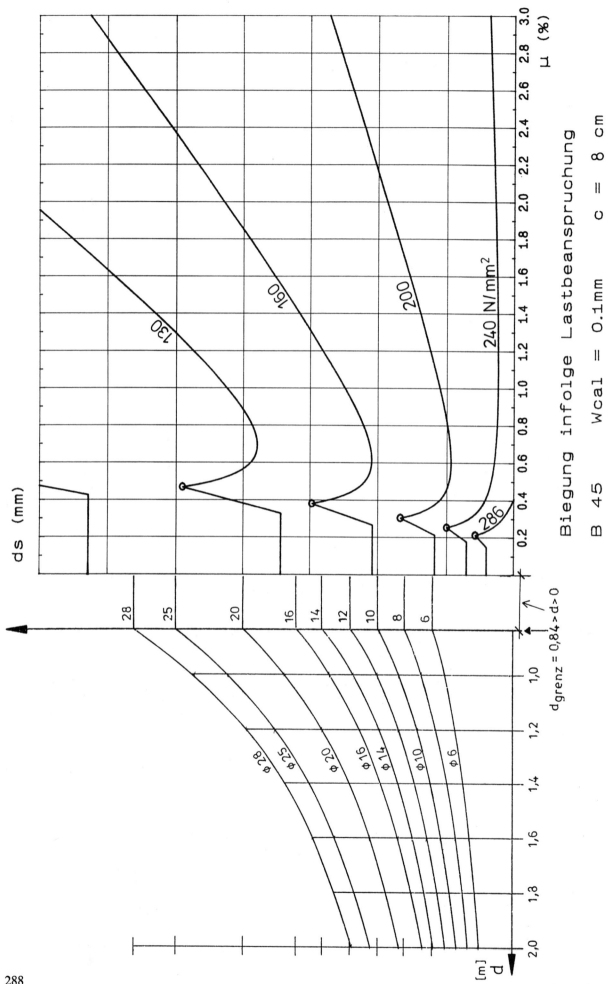

Biegung infolge Lastbeanspruchung

B 45   Wcal = 0.1mm   c = 8 cm

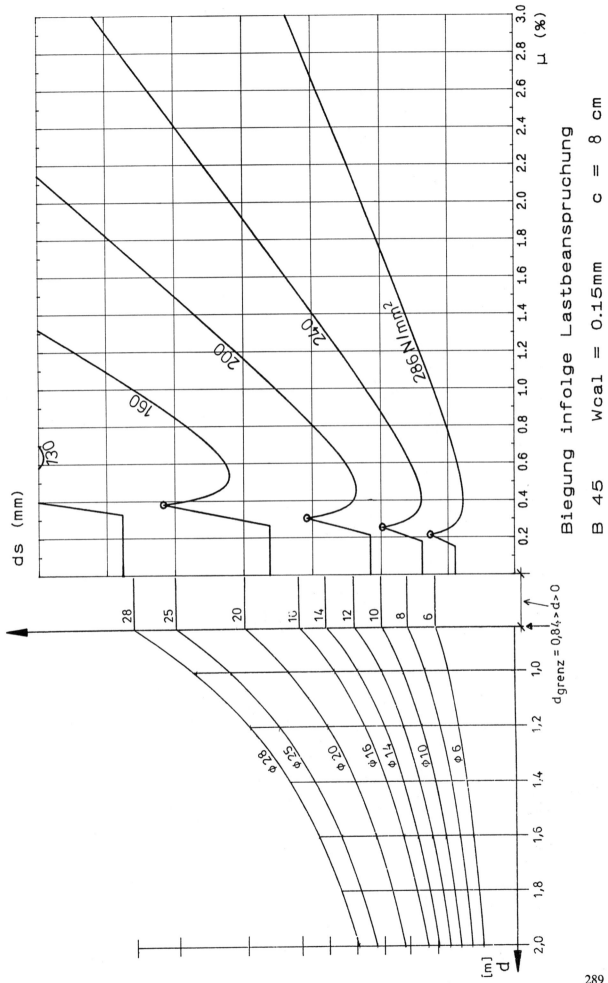

Biegung infolge Lastbeanspruchung   c = 8 cm

B 45   Wcal = 0.15mm

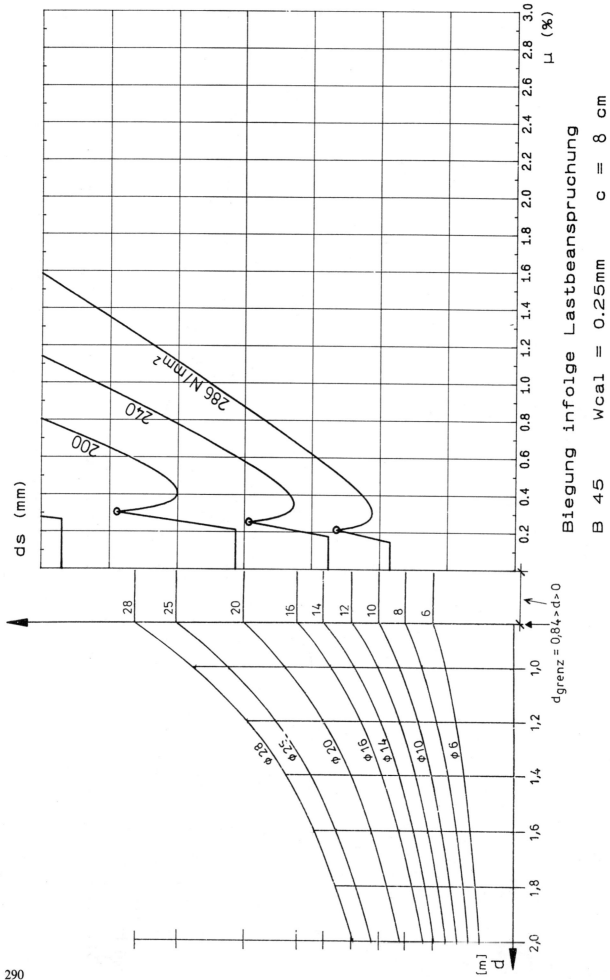

Biegung infolge Lastbeanspruchung

B 45   wcal = 0.25mm   c = 8 cm

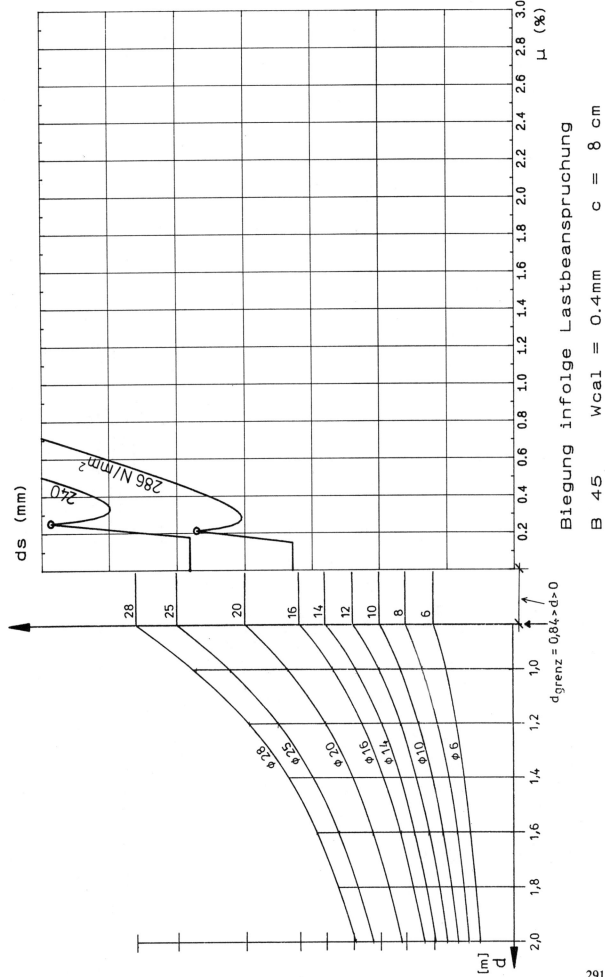

ds (mm)

240 286 N/mm²

Biegung infolge Lastbeanspruchung

B 45   Wcal = 0.4mm   c = 8 cm

$d_{grenz} = 0.84 > d > 0$

28
25
20
16
14
12
10
8
6

φ28
φ25
φ20
φ16
φ14
φ10
φ6

d [m]

μ (%)

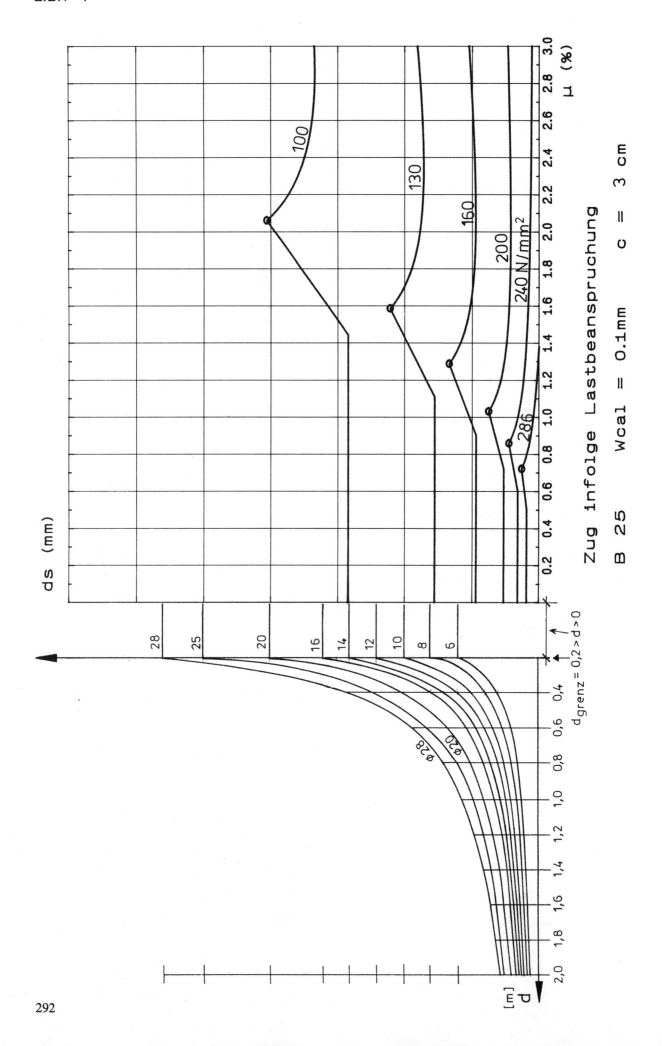

Zug infolge Lastbeanspruchung

B 25   Wcal = 0.1mm   c = 3 cm

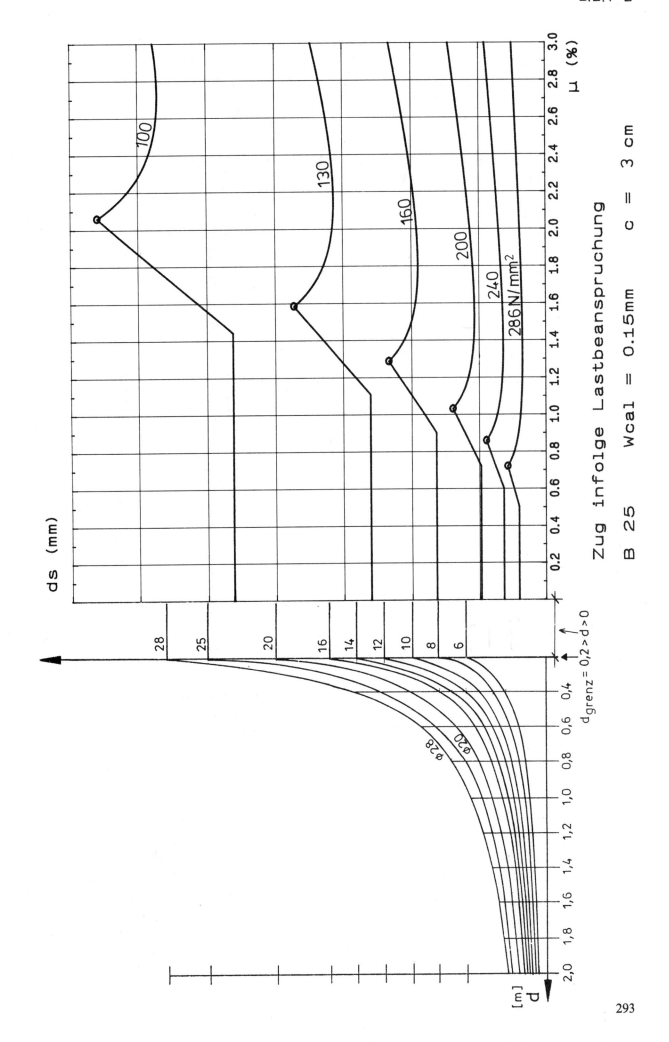

ds (mm)

100

130

160

200

240

286N/mm²

Zug infolge Lastbeanspruchung

B 25   Wcal = 0.15mm   c = 3 cm

28

25

20

16

14

12

10

8

6

$d_{grenz} = 0,2 > d > 0$

Ø28

Ø20

[m]
d

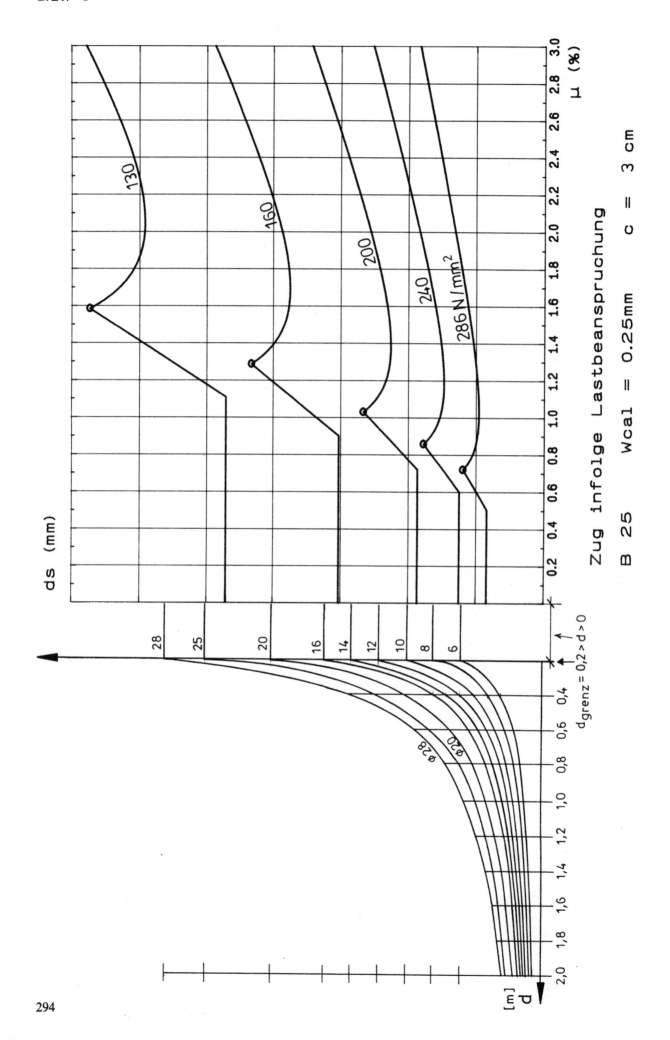

ds (mm)

Zug infolge Lastbeanspruchung

B 25   Wcal = 0.25mm   c = 3 cm

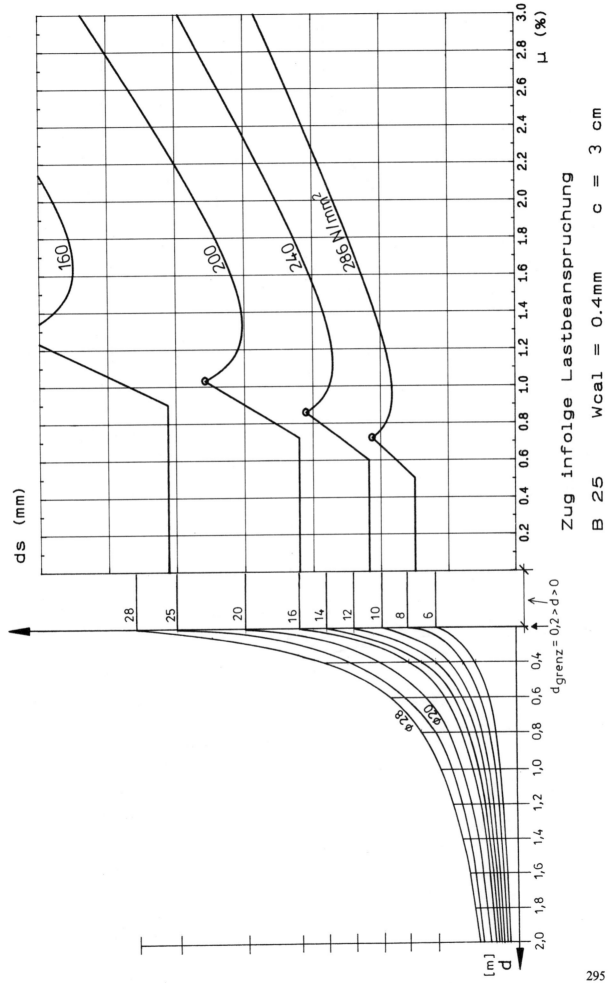

ds (mm)

Zug infolge Lastbeanspruchung

B 25   Wcal = 0.4mm   c = 3 cm

d grenz = 0,2 > d > 0

[m]
d

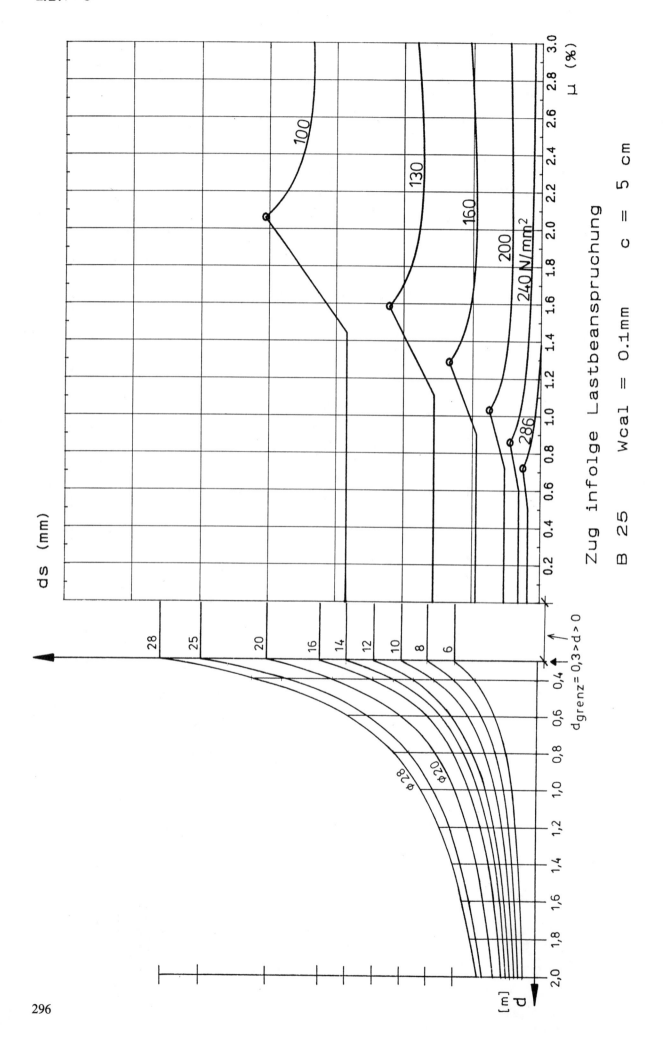

ds (mm)

μ (%)

Zug infolge Lastbeanspruchung

B 25   Wcal = 0.1mm   c = 5 cm

$d_{grenz} = 0{,}3 > d > 0$

[m]

d

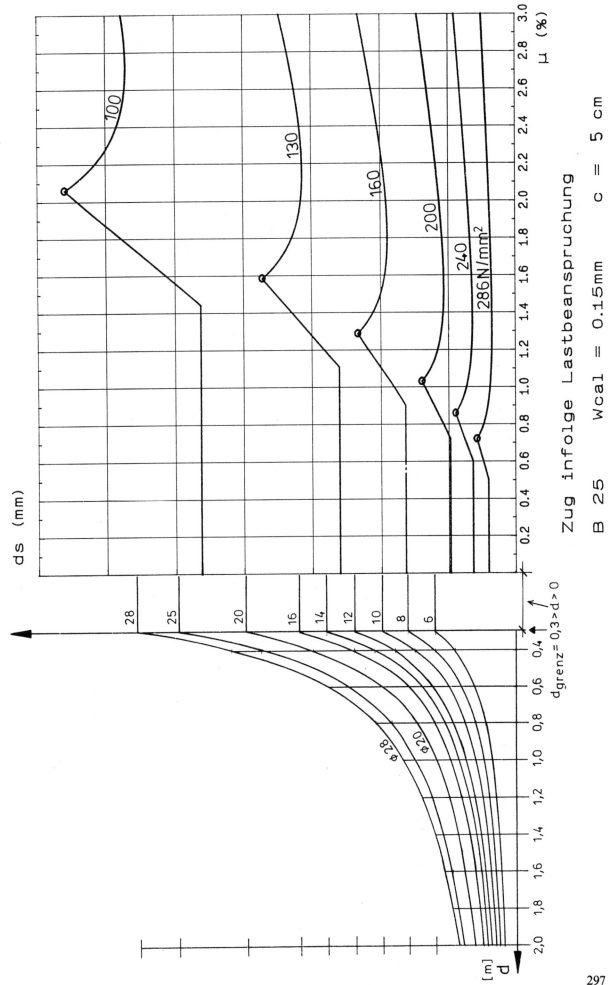

Zug infolge Lastbeanspruchung   c = 5 cm

B 25   Wcal = 0.15mm

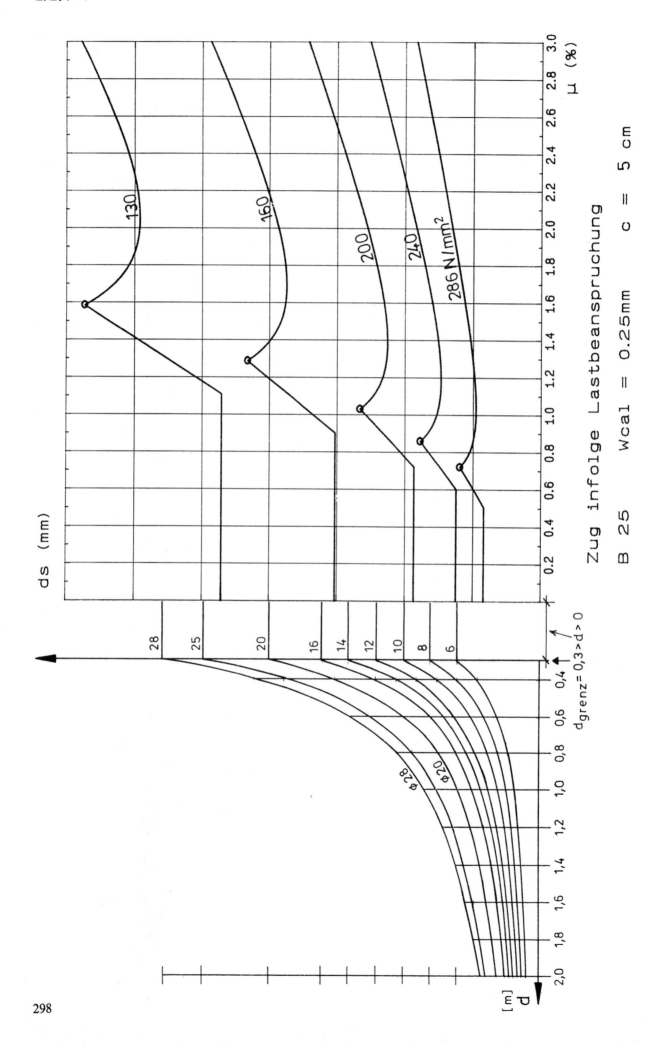

ds (mm)

130

160

200

240

286 N/mm²

Zug infolge Lastbeanspruchung

B 25   Wcal = 0.25mm   c = 5 cm

28

25

20

16

14

12

10

8

6

$d_{grenz} = 0{,}3 > d > 0$

Φ28   Φ20

[m]
d

μ (%)

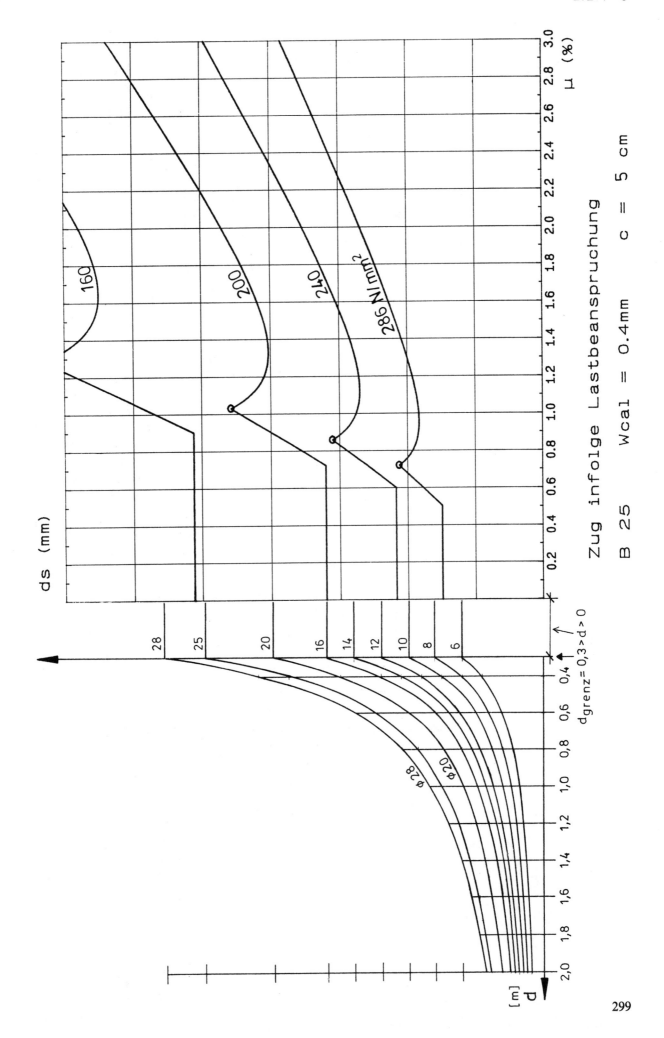

ds (mm)

Zug infolge Lastbeanspruchung

B 25   Wcal = 0.4mm   c = 5 cm

160

200

240

286 N/mm²

μ (%)

d_grenz = 0,3 > d > 0

Φ28 Φ20

[m]
d

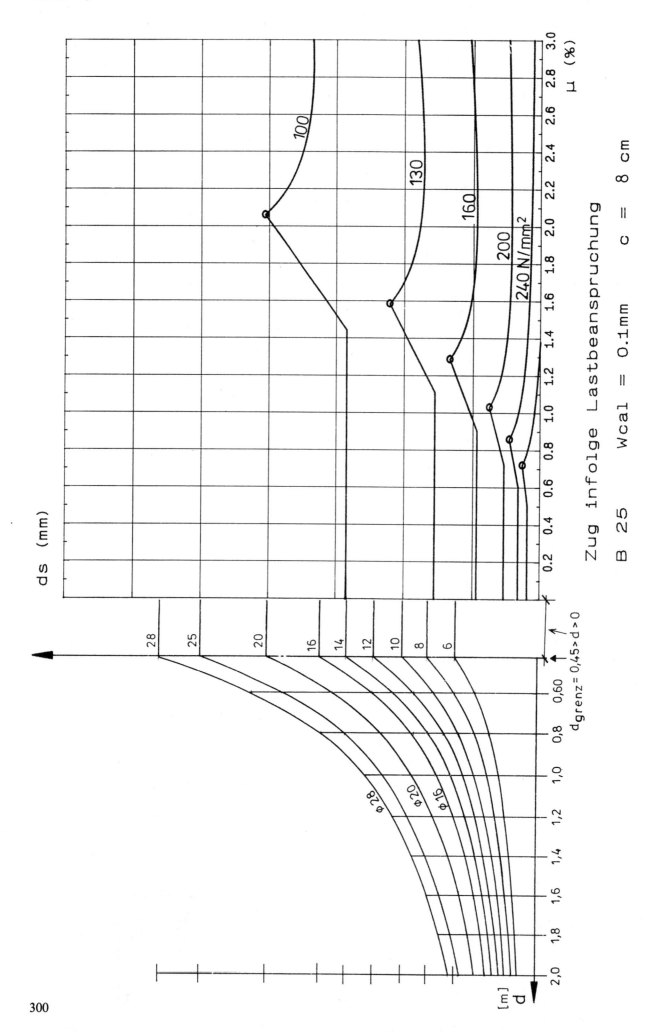

ds (mm)

100

130

160

200

240 N/mm²

μ (%)

Zug infolge Lastbeanspruchung

B 25   Wcal = 0.1mm   c = 8 cm

28

25

20

16

14

12

10

8

6

d$_{grenz}$= 0,45>d>0

0,60

0,8

1,0

Φ28

Φ20

Φ16

1,2

1,4

1,6

1,8

2,0

[m]

d

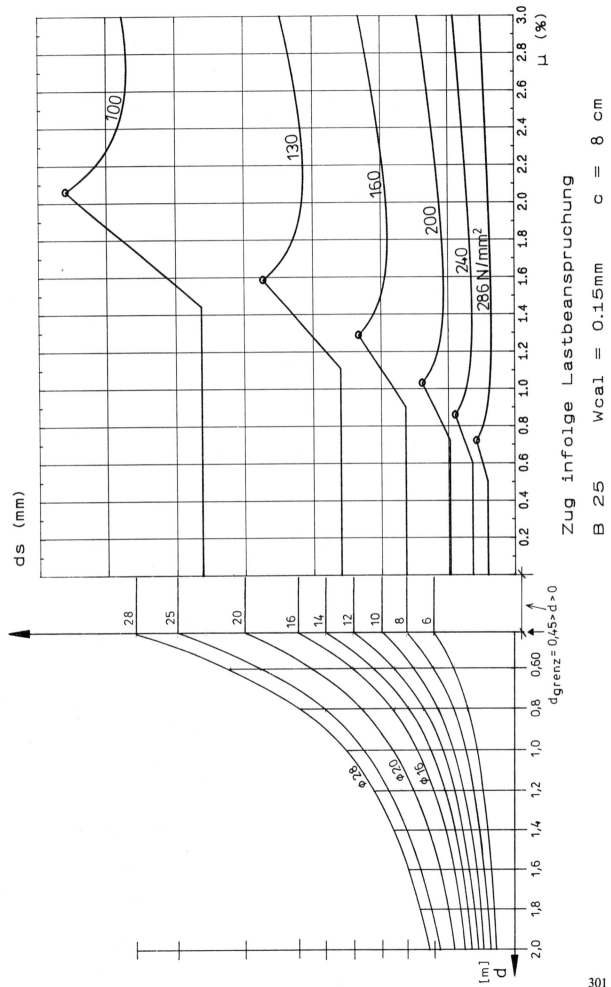

ds (mm)

μ (%)

Zug infolge Lastbeanspruchung   c = 8 cm

B 25   Wcal = 0.15mm

$d_{grenz} = 0,45 > d > 0$

[m] d

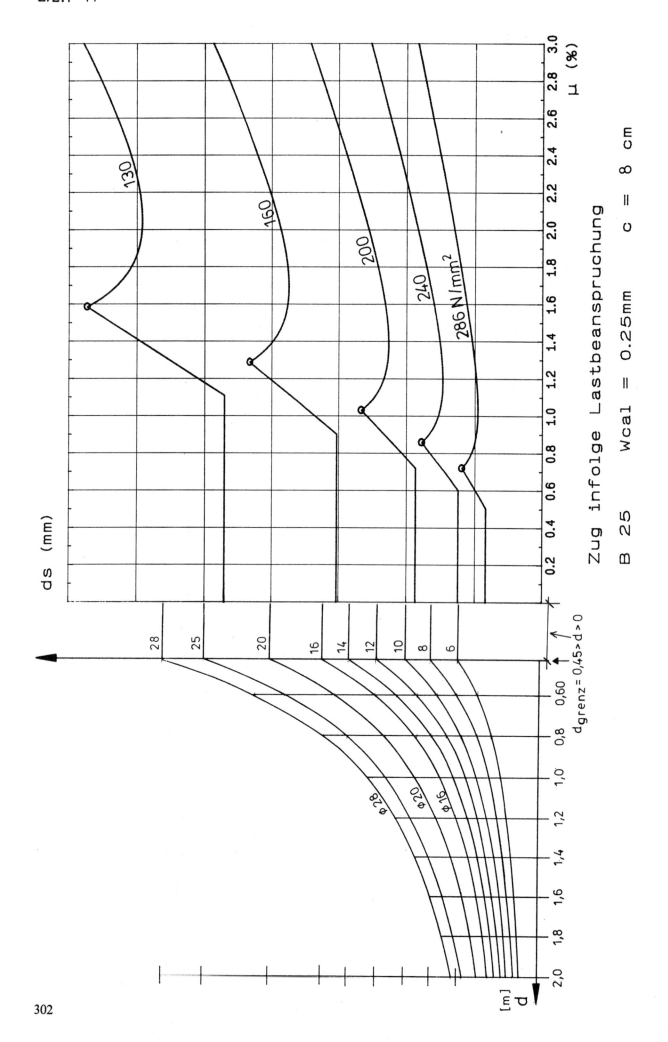

Zug infolge Lastbeanspruchung   c = 8 cm

B 25   Wcal = 0.25mm   c = 8 cm

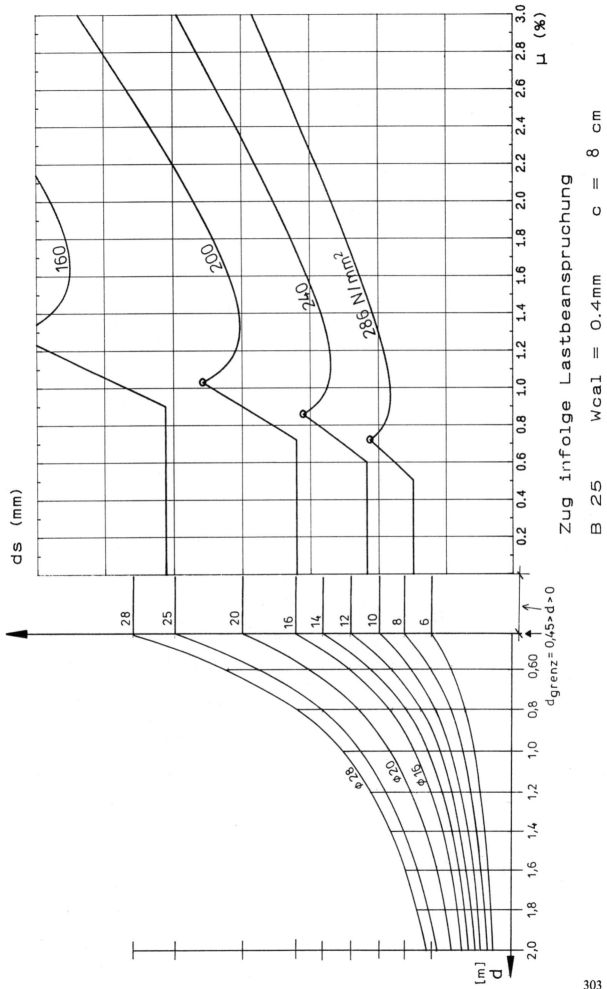

ds (mm)

Zug infolge Lastbeanspruchung   c = 8 cm

B 25   Wcal = 0.4mm

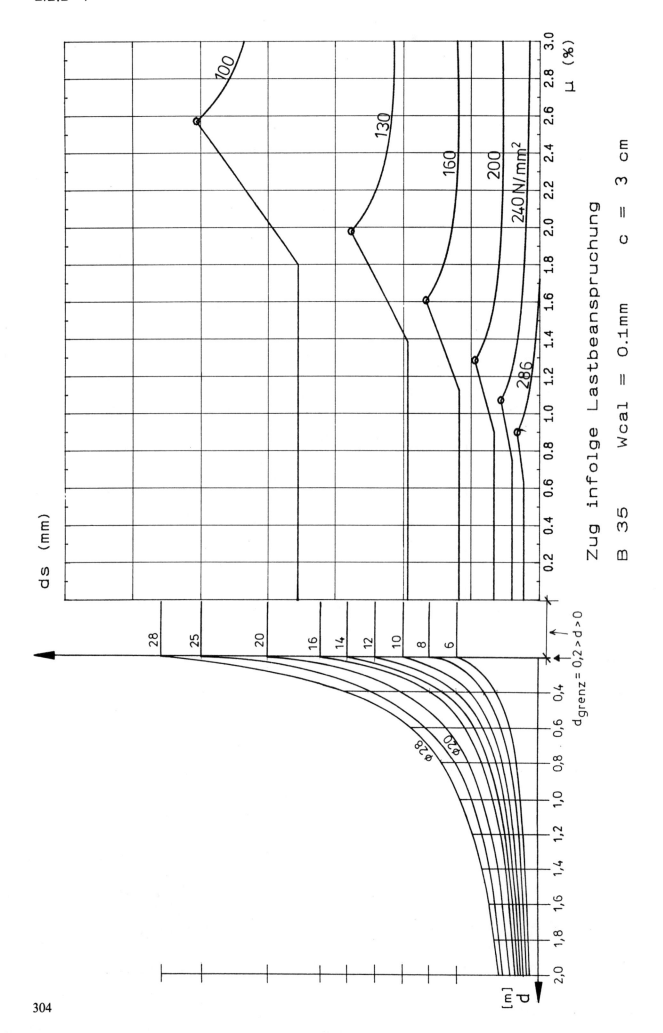

ds (mm)

Zug infolge Lastbeanspruchung

B 35   Wcal = 0.1mm   c = 3 cm

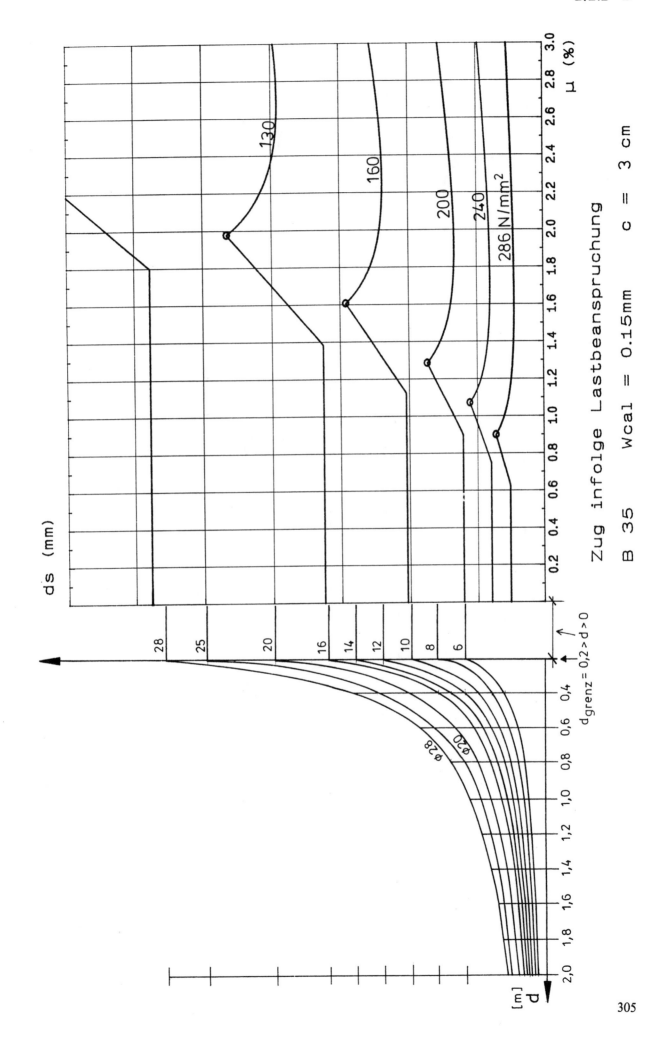

Zug infolge Lastbeanspruchung   c = 3 cm

B 35   Wcal = 0.15mm

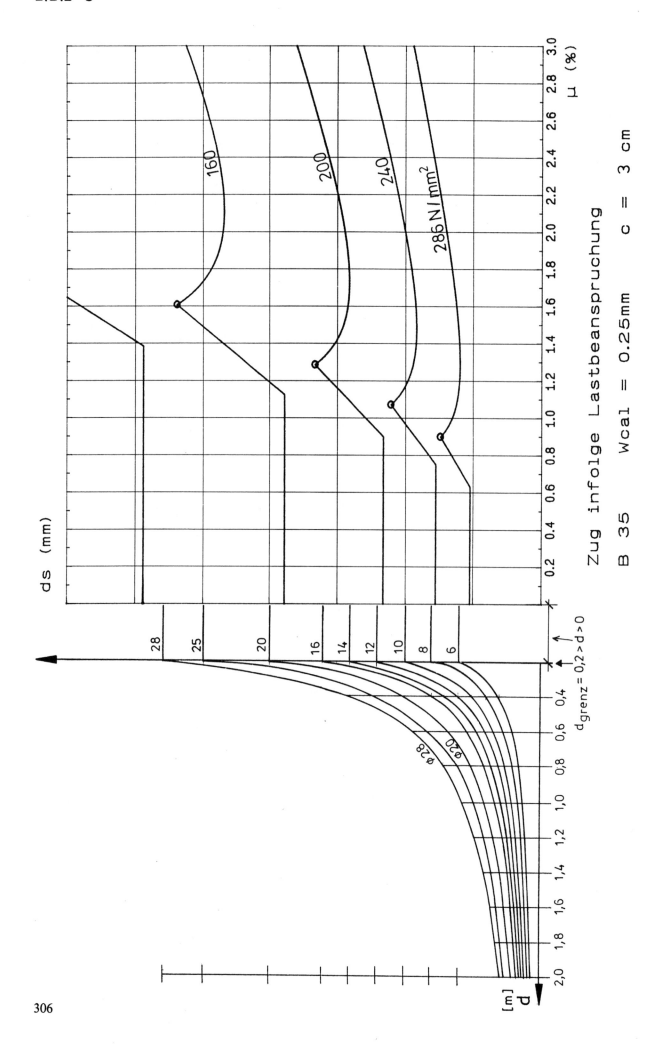

Zug infolge Lastbeanspruchung

B 35   Wcal = 0.25mm   c = 3 cm

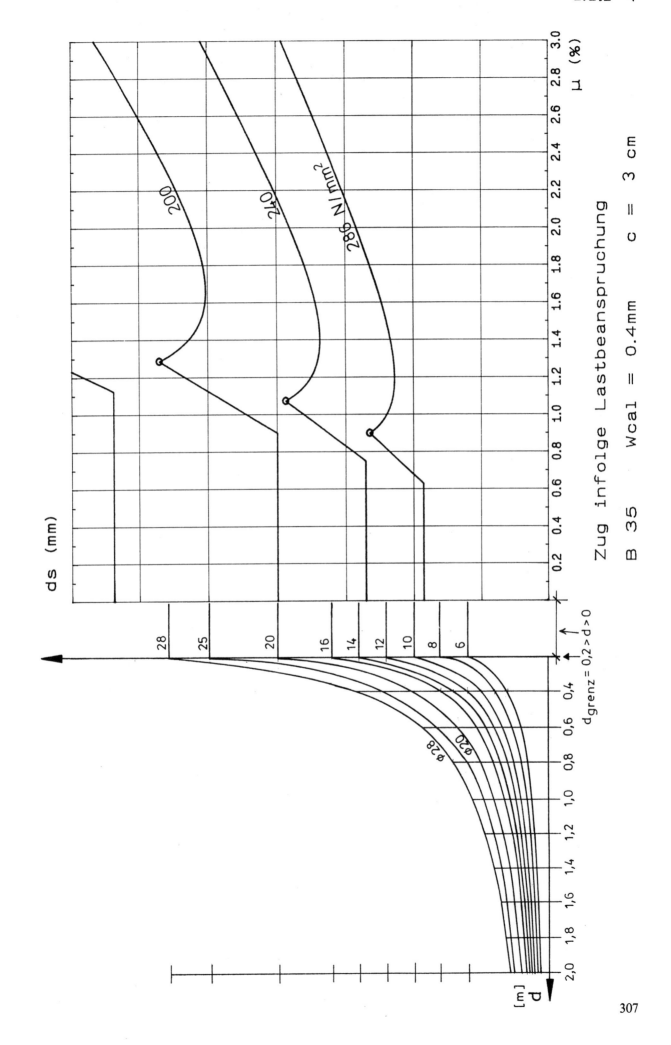

ds (mm)

Zug infolge Lastbeanspruchung   c = 3 cm

B 35   Wcal = 0.4mm

$d_{grenz} = 0.2 > d > 0$

μ (%)

[m]
d

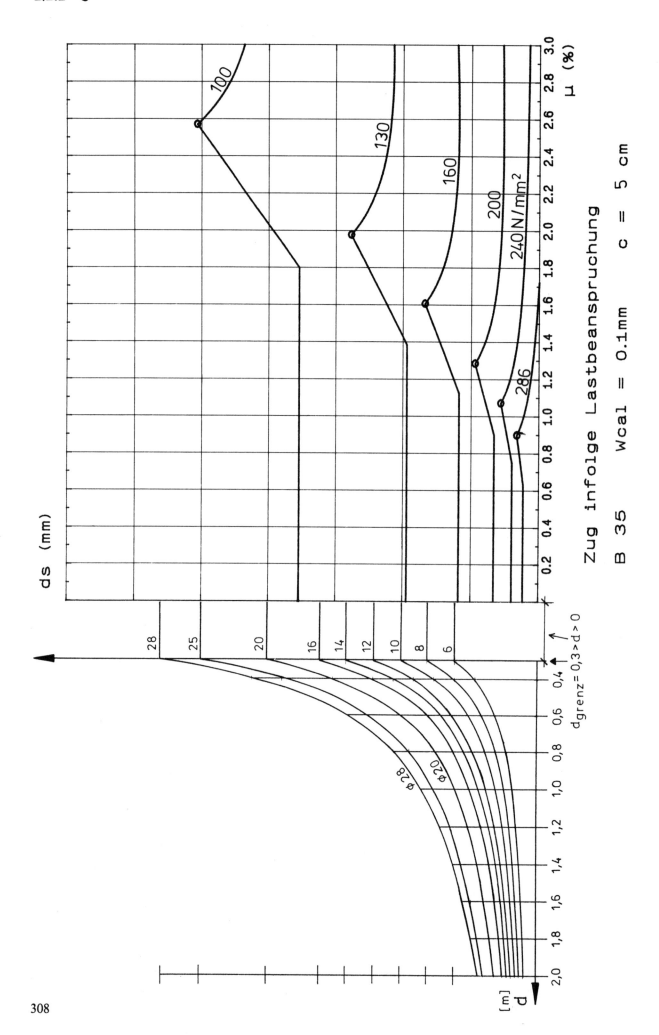

ds (mm)

Zug infolge Lastbeanspruchung

B 35   Wcal = 0.1mm   c = 5 cm

$d_{grenz} = 0,3 > d > 0$

[m]
d

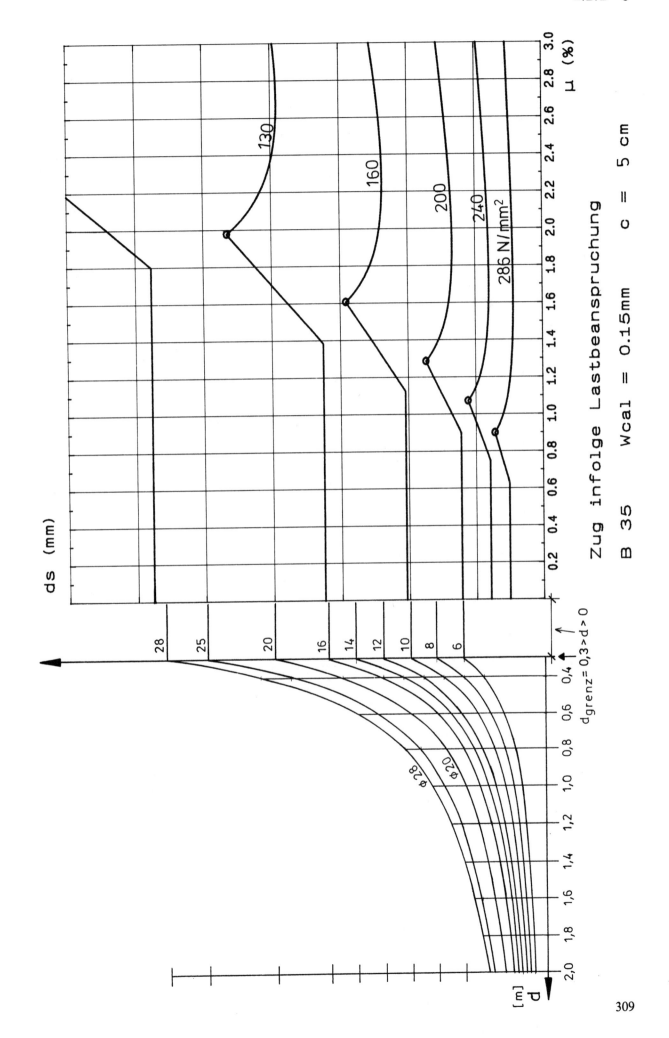

ds (mm)

μ (%)

Zug infolge Lastbeanspruchung

B 35   Wcal = 0.15mm   c = 5 cm

$d_{grenz} = 0,3 > d > 0$

[m]
d

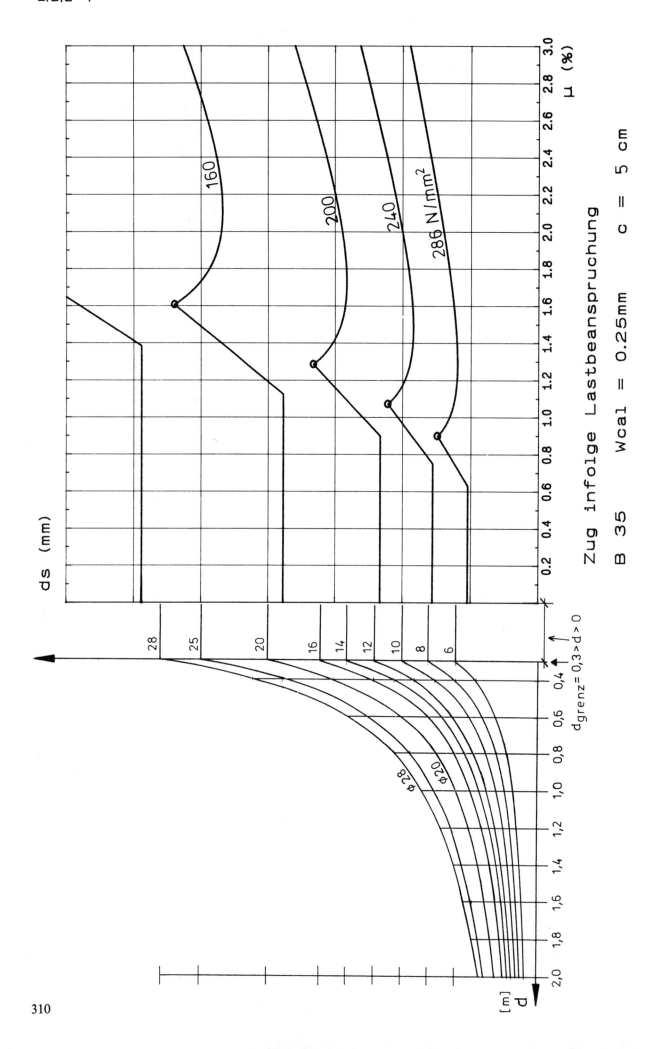

ds (mm)

Zug infolge Lastbeanspruchung

B 35   Wcal = 0.25mm   c = 5 cm

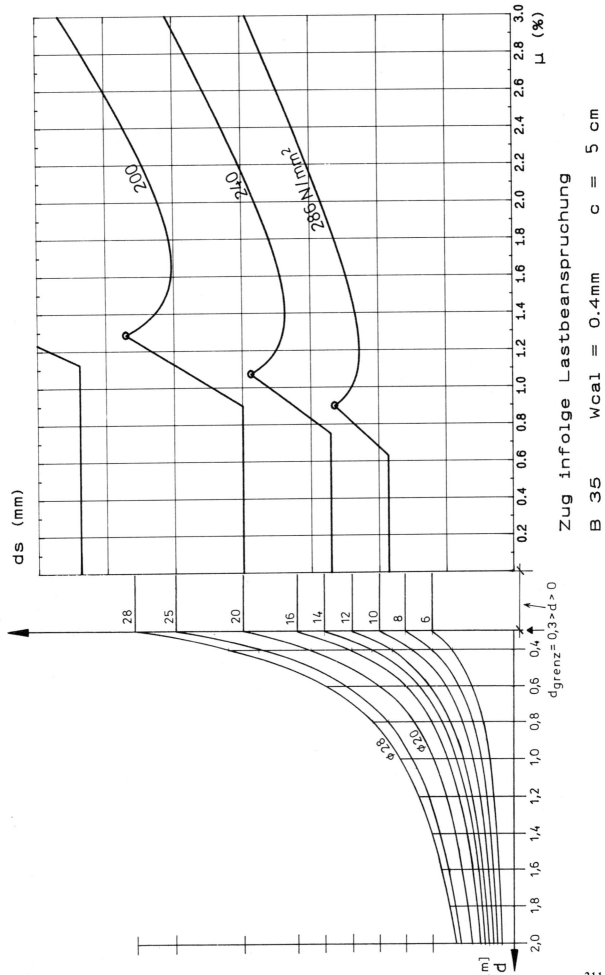

Zug infolge Lastbeanspruchung

B 35   Wcal = 0.4mm   c = 5 cm

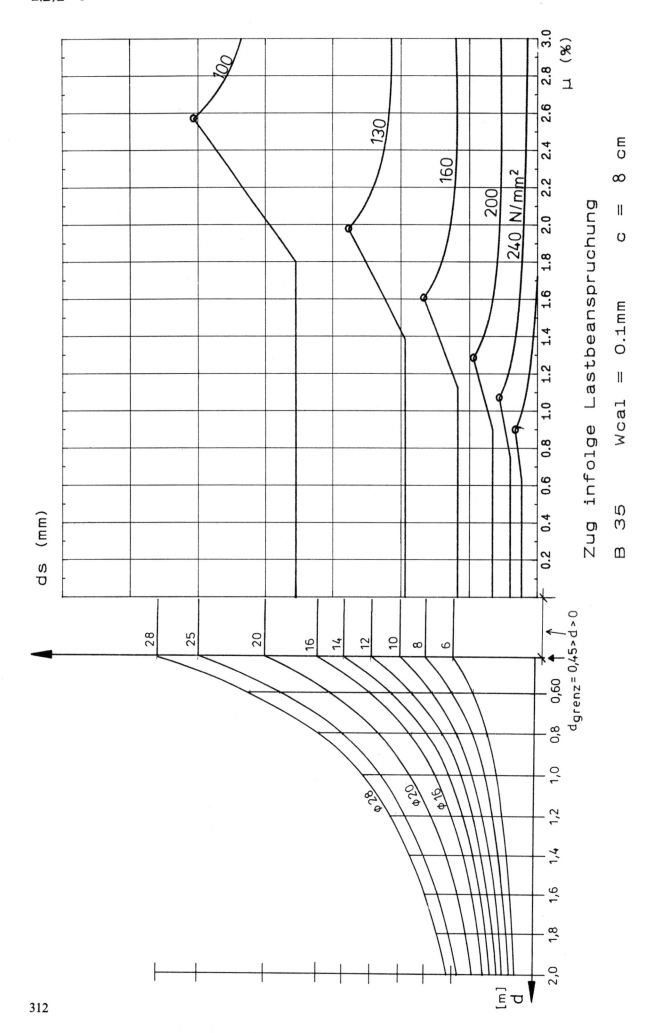

Zug infolge Lastbeanspruchung

B 35   Wcal = 0.1mm   c = 8 cm

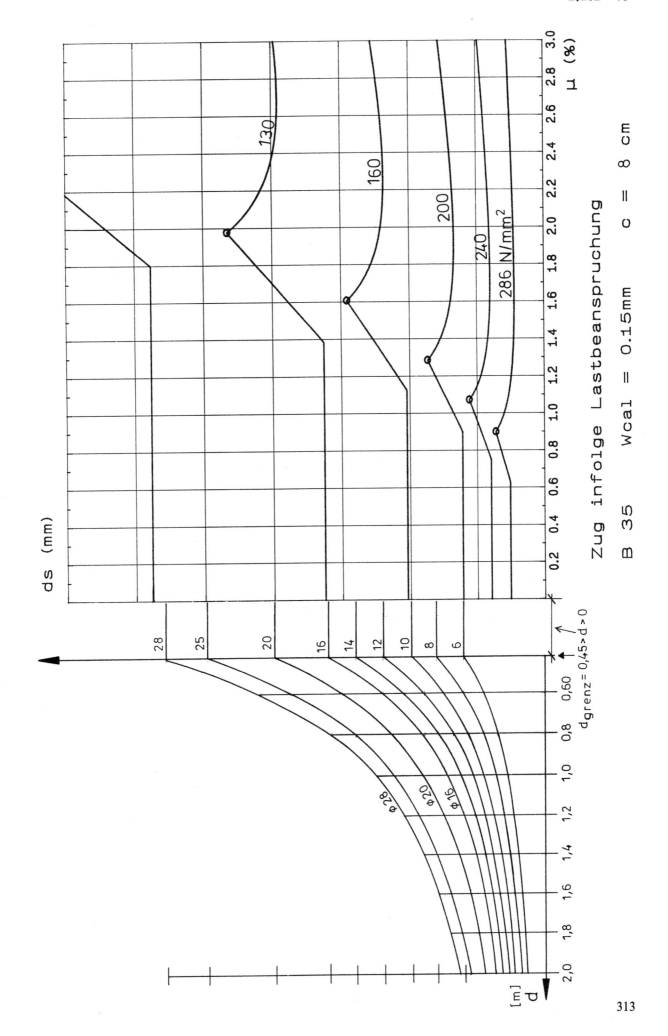

ds (mm)

$d_{grenz} = 0.45 > d > 0$

Zug infolge Lastbeanspruchung

B 35   Wcal = 0.15mm   c = 8 cm

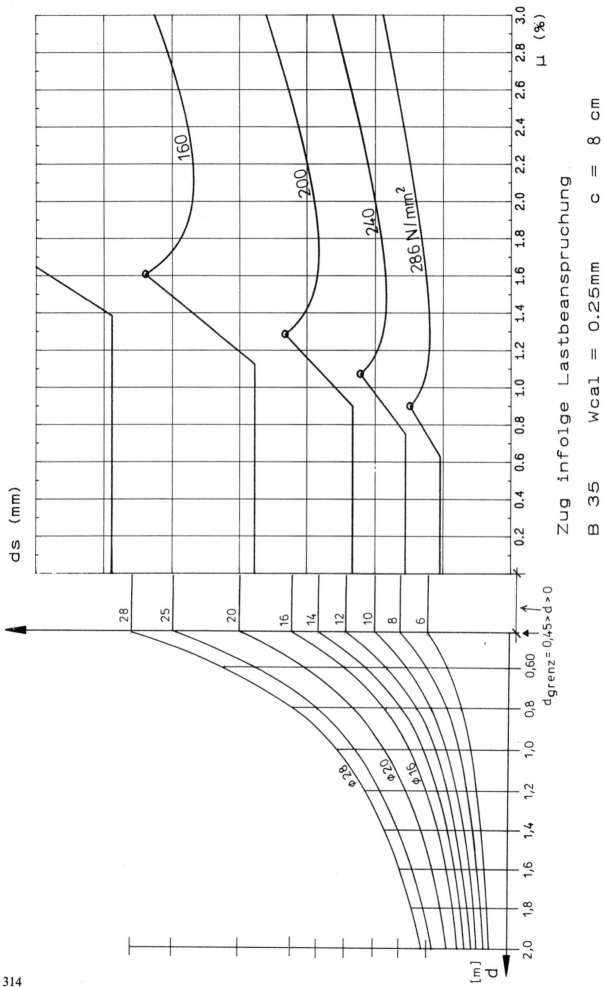

ds (mm)

160

200

240

286 N/mm²

μ (%)

Zug infolge Lastbeanspruchung

B 35   Wcal = 0.25mm   c = 8 cm

28

25

20

16

14

12

10

8

6

d grenz = 0,45 > d > 0

0,60   0,8   1,0   1,2   1,4   1,6   1,8   2,0

Φ 28   Φ 20   Φ 16

[m]
d

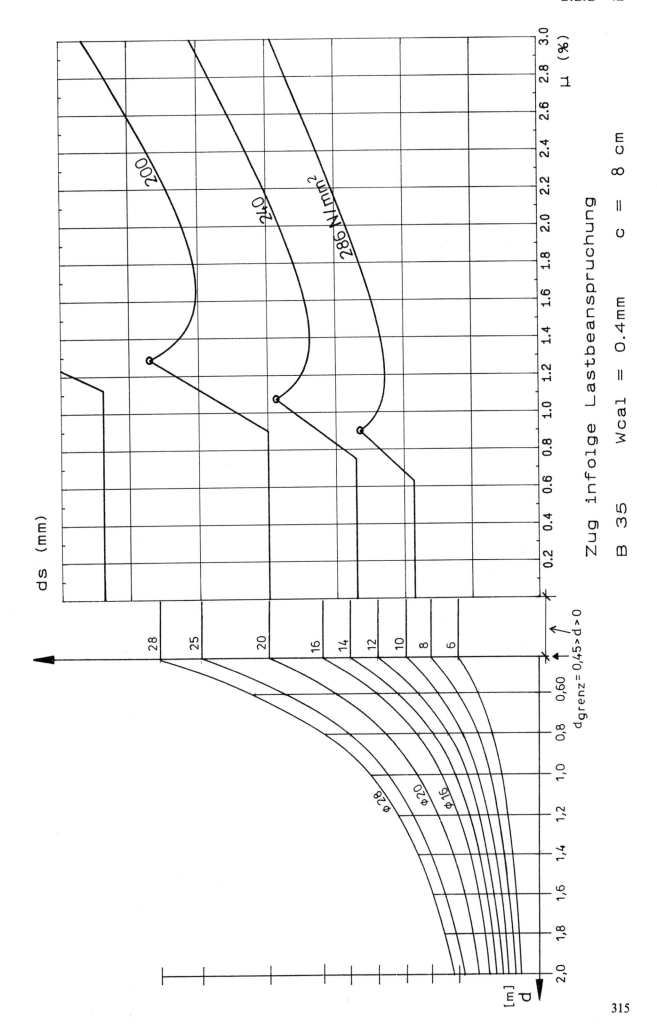

ds (mm)

d$_{grenz}$ = 0,45 > d > 0

Zug infolge Lastbeanspruchung   c = 8 cm

B 35   Wcal = 0.4mm

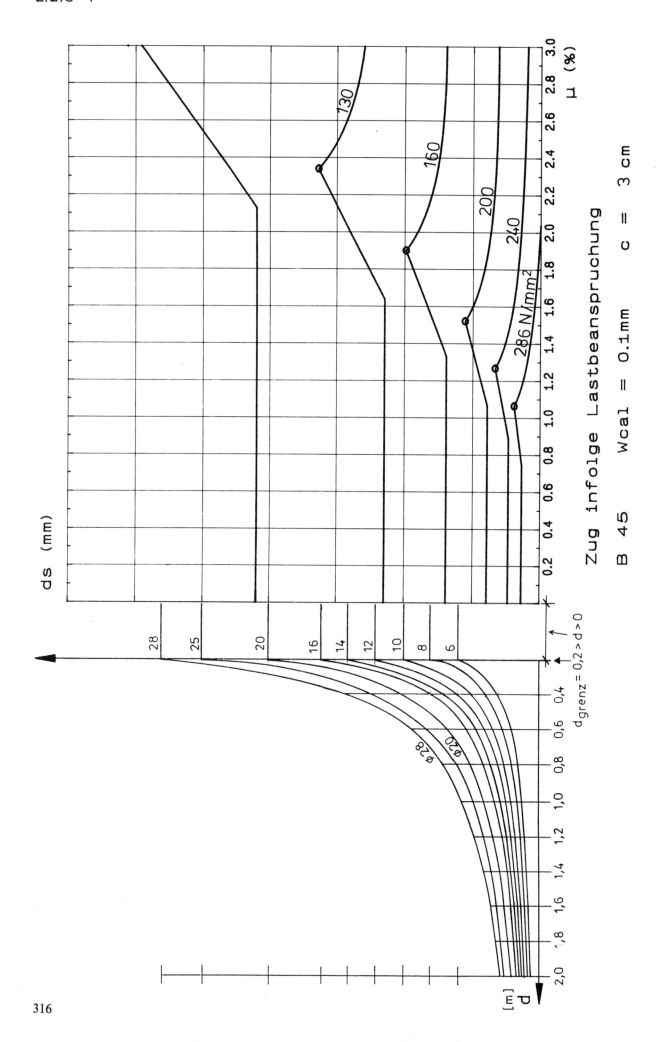

ds (mm)

Zug infolge Lastbeanspruchung

B 45   Wcal = 0.1mm   c = 3 cm

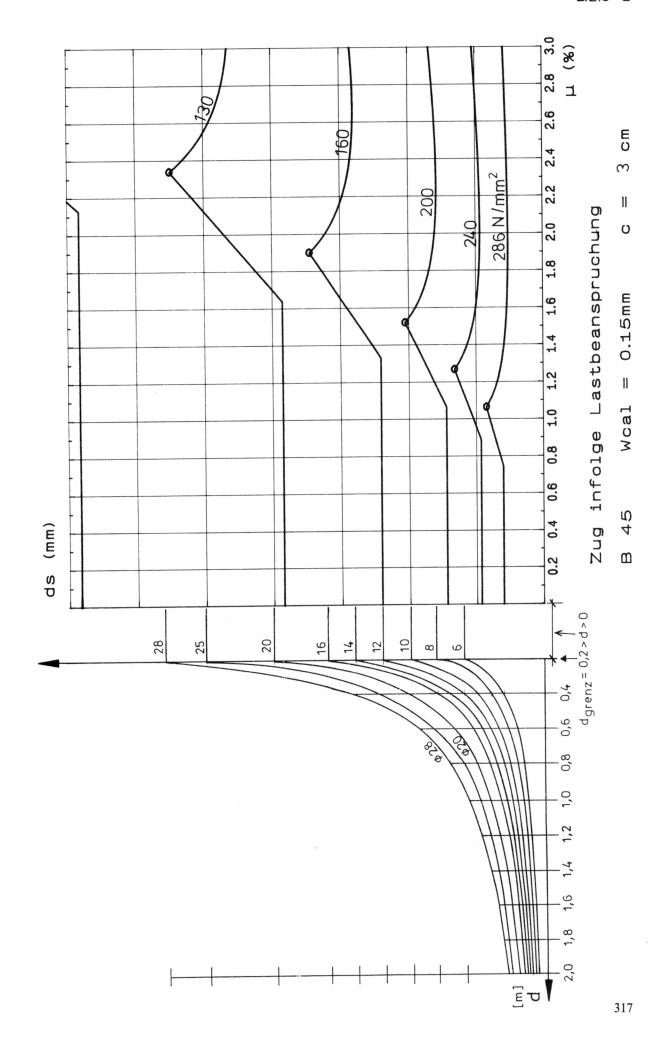

Zug infolge Lastbeanspruchung

B 45   Wcal = 0.15mm   c = 3 cm

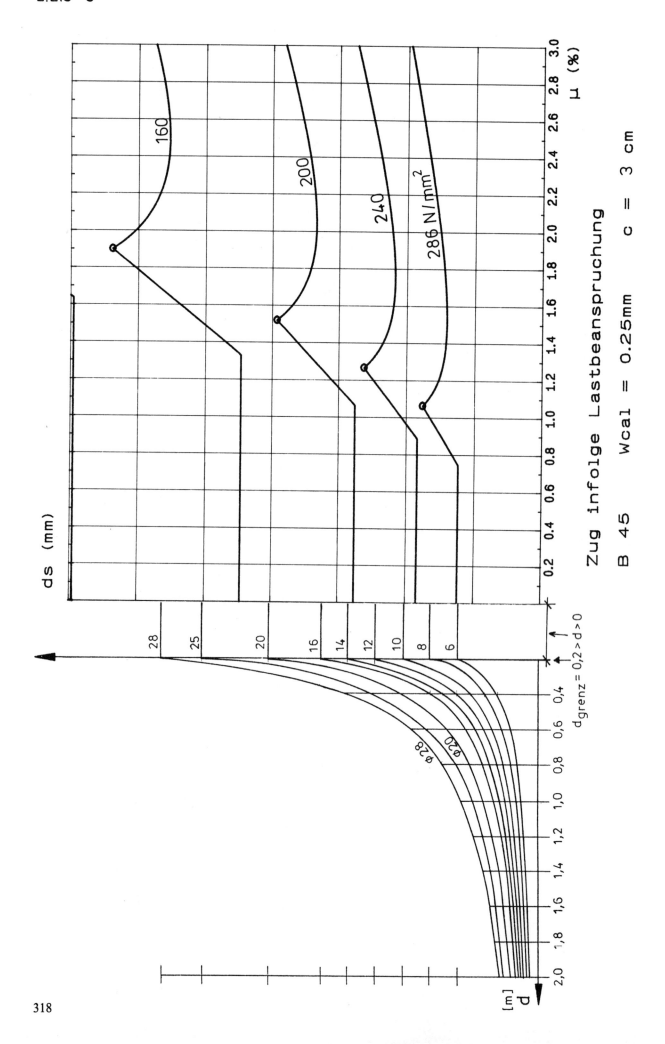

Zug infolge Lastbeanspruchung   c = 3 cm

B 45   Wcal = 0.25mm

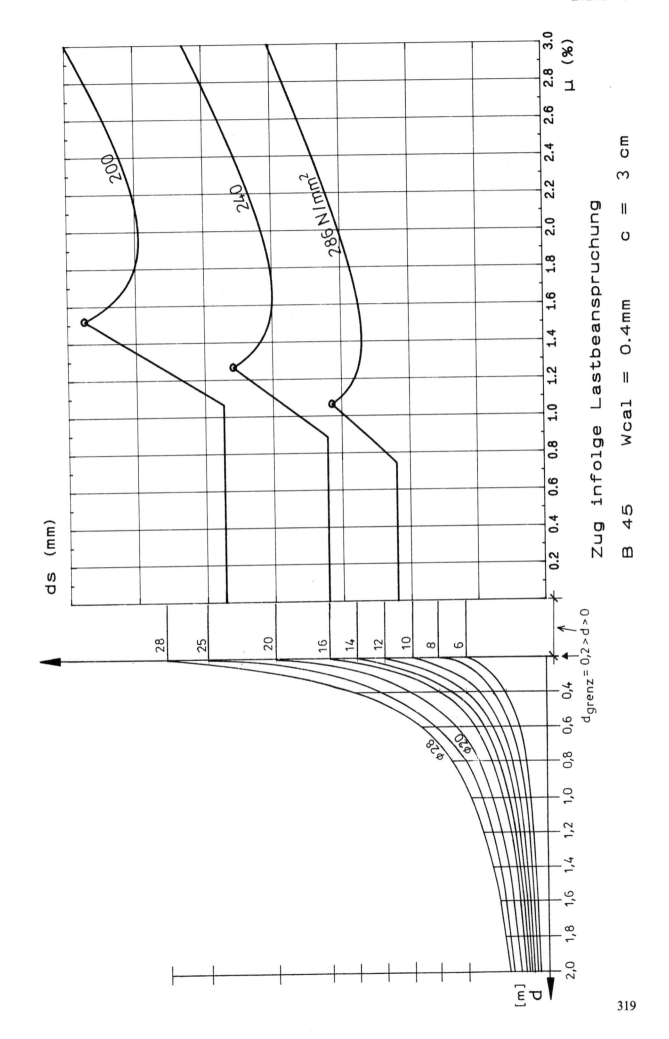

ds (mm)

200

240

286 N/mm²

μ (%)

Zug infolge Lastbeanspruchung

B 45   Wcal = 0.4mm   c = 3 cm

$d_{grenz} = 0,2 > d > 0$

28
25
20
16
14
12
10
8
6

Ø28
Ø20

[m]
d

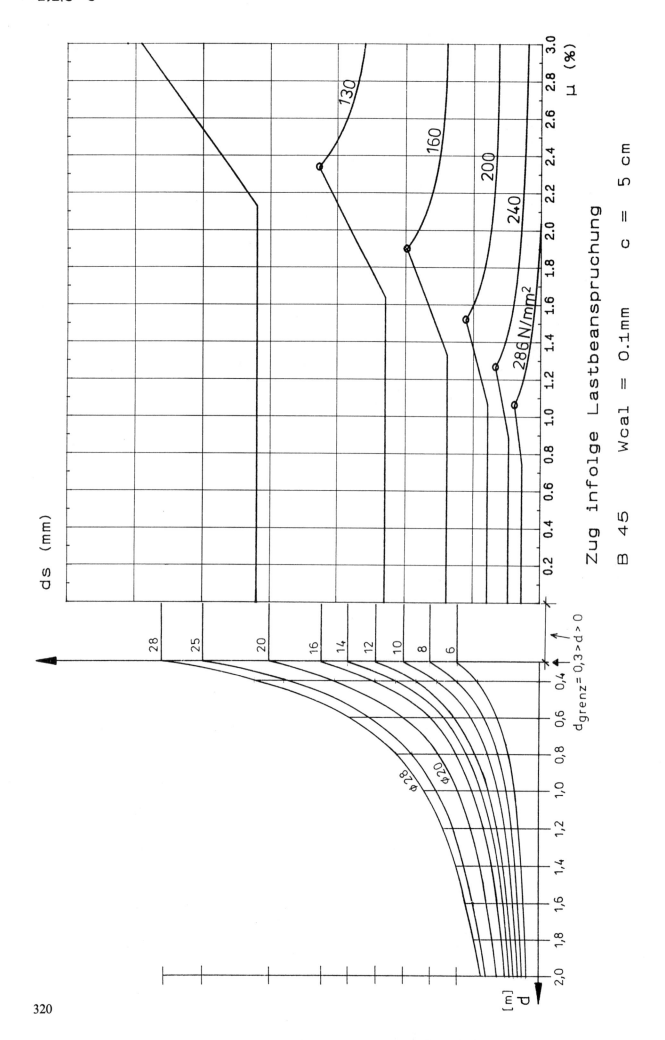

ds (mm)

Zug infolge Lastbeanspruchung   c = 5 cm

B 45   Wcal = 0.1 mm

$d_{grenz} = 0,3 > d > 0$

286 N/mm²

130   160   200   240

28   25   20   16   14   12   10   8   6

Φ 28   Φ 20

[m] d

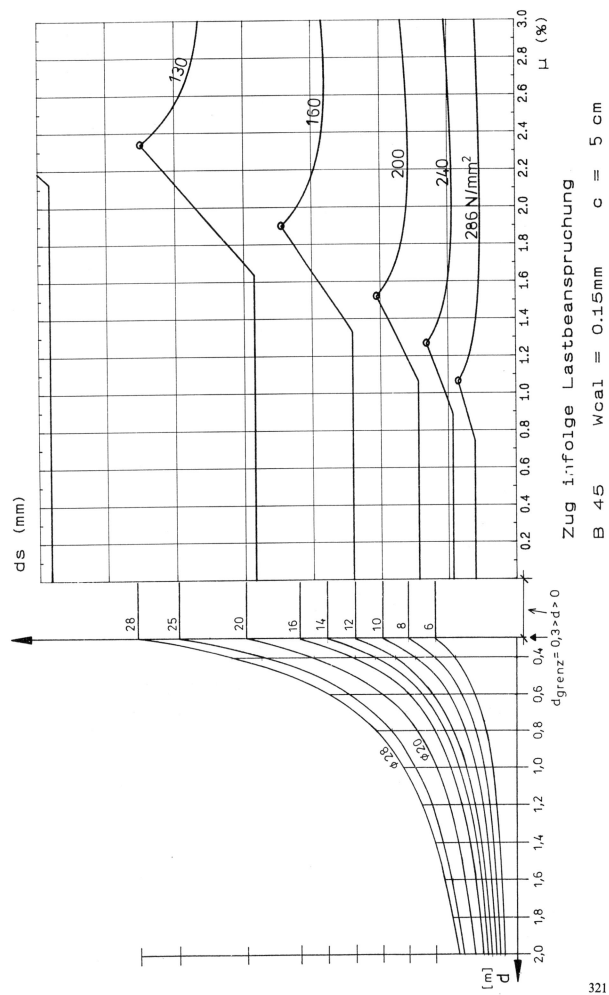

Zug infolge Lastbeanspruchung

B 45   Wcal = 0.15mm   c = 5 cm

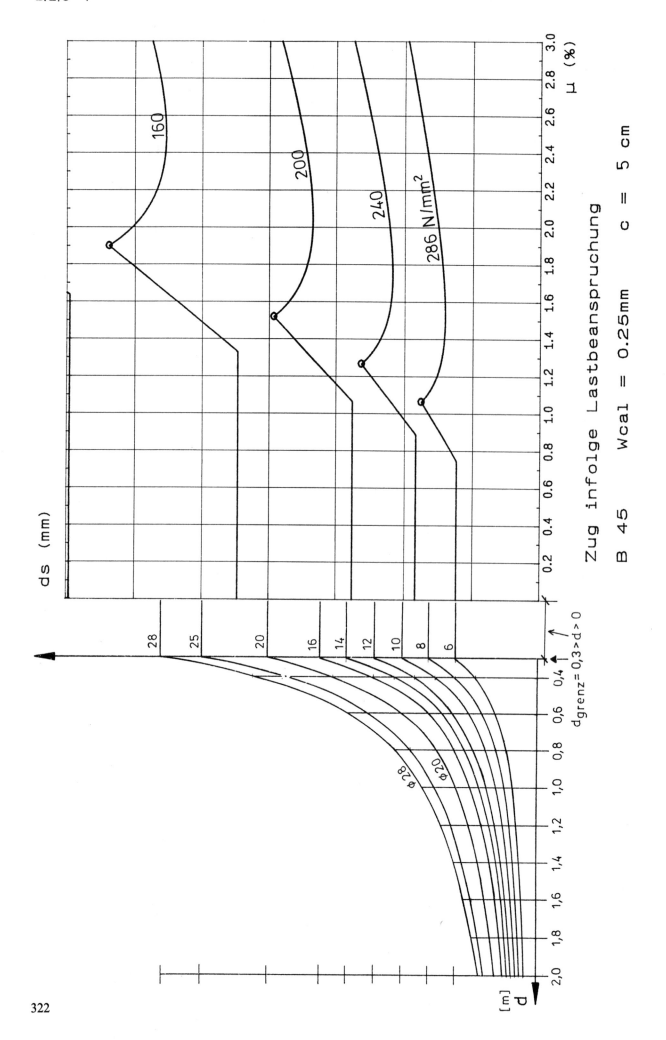

Zug infolge Lastbeanspruchung

B 45   Wcal = 0.25mm   c = 5 cm

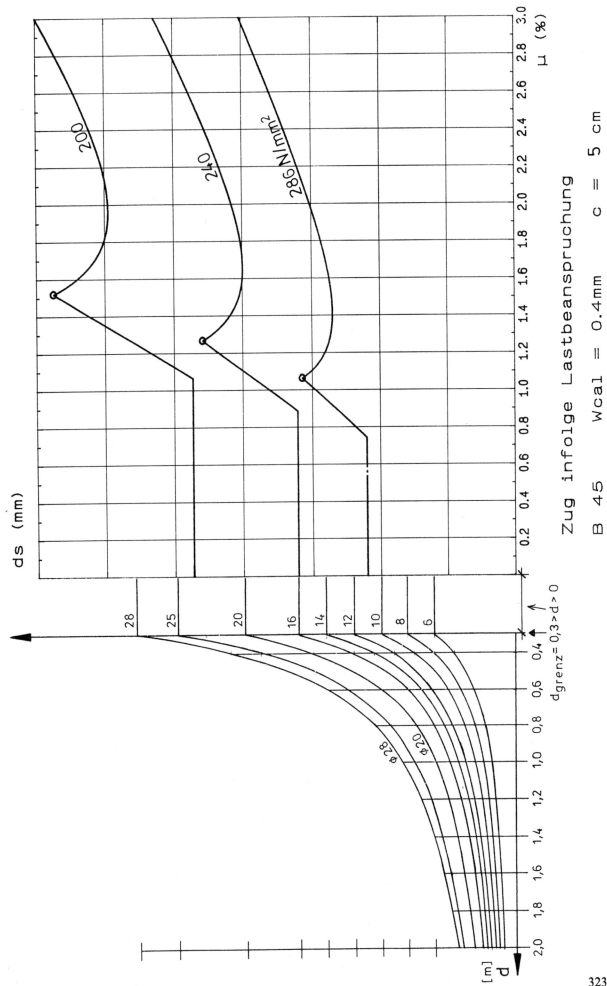

ds (mm)

200

240

286 N/mm²

Zug infolge Lastbeanspruchung

B 45   Wcal = 0.4mm   c = 5 cm

μ (%)

28

25

20

16

14

12

10

8

6

$d_{grenz} = 0,3 > d > 0$

0,4   0,6   0,8   1,0   1,2   1,4   1,6   1,8   2,0

Φ 28   Φ 20

[m]
d

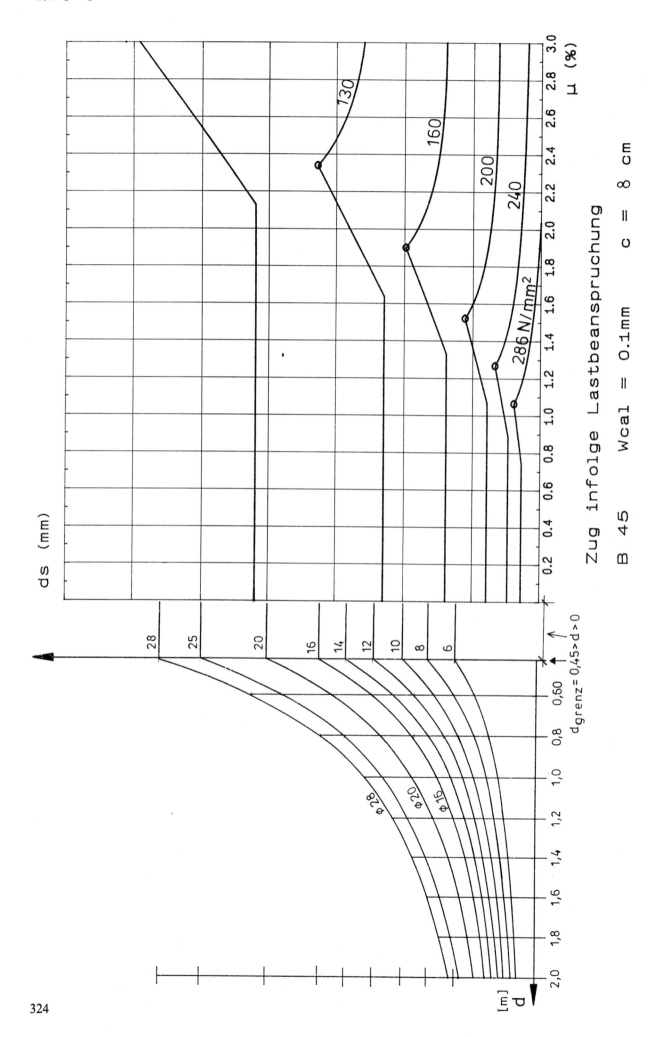

ds (mm)

Zug infolge Lastbeanspruchung

B 45   Wcal = 0.1mm   c = 8 cm

286 N/mm²

130

160

200

240

μ (%)

d_grenz = 0,45 > d > 0

Φ28 Φ20 Φ15

[m]
d

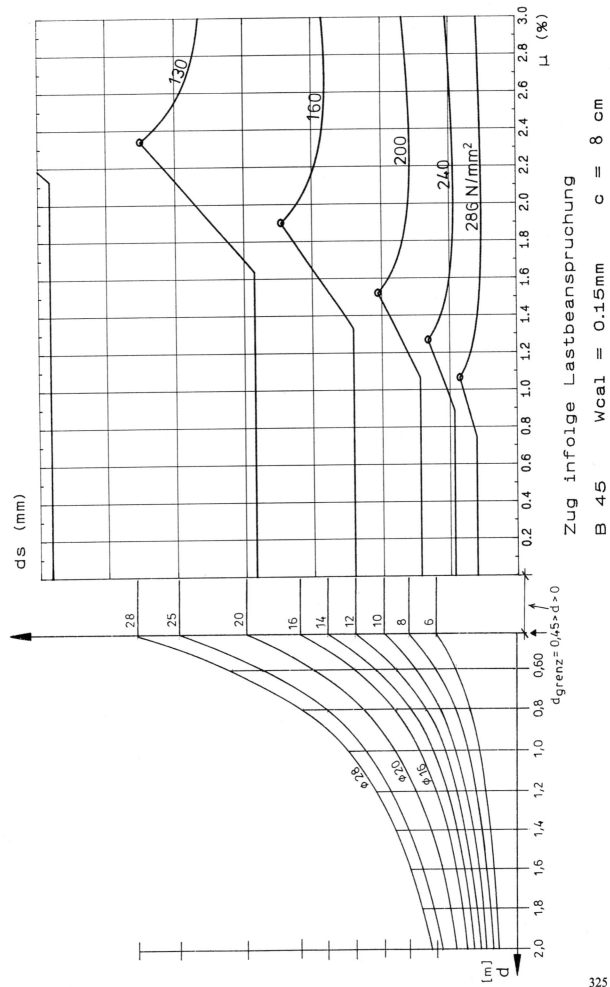

ds (mm)

Zug infolge Lastbeanspruchung

B 45   Wcal = 0.15mm   c = 8 cm

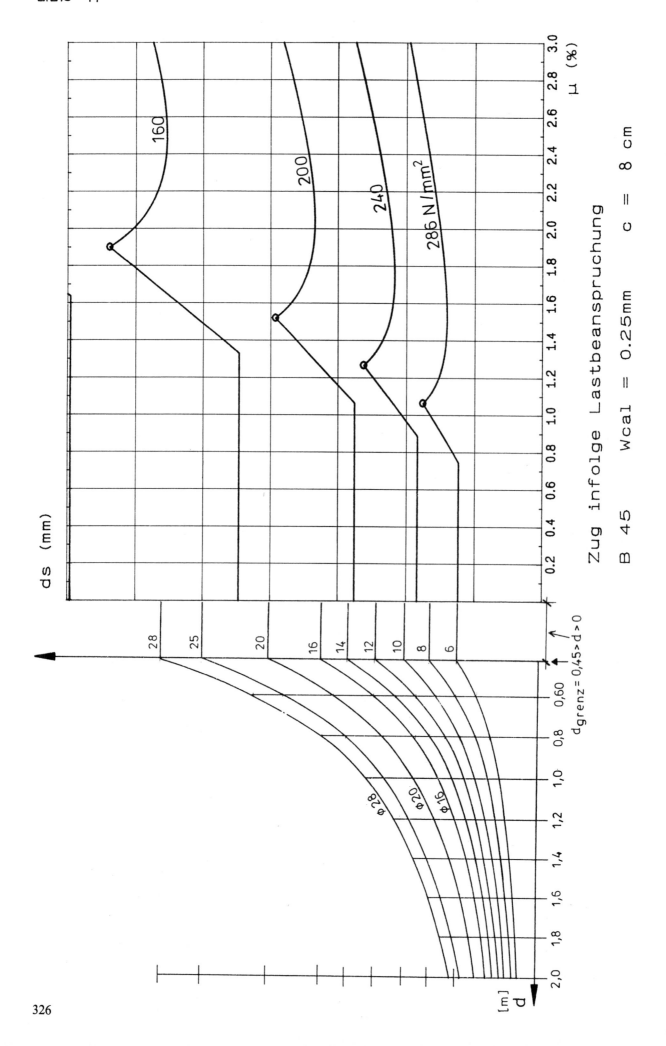

Zug infolge Lastbeanspruchung   c = 8 cm

B 45   Wcal = 0.25mm

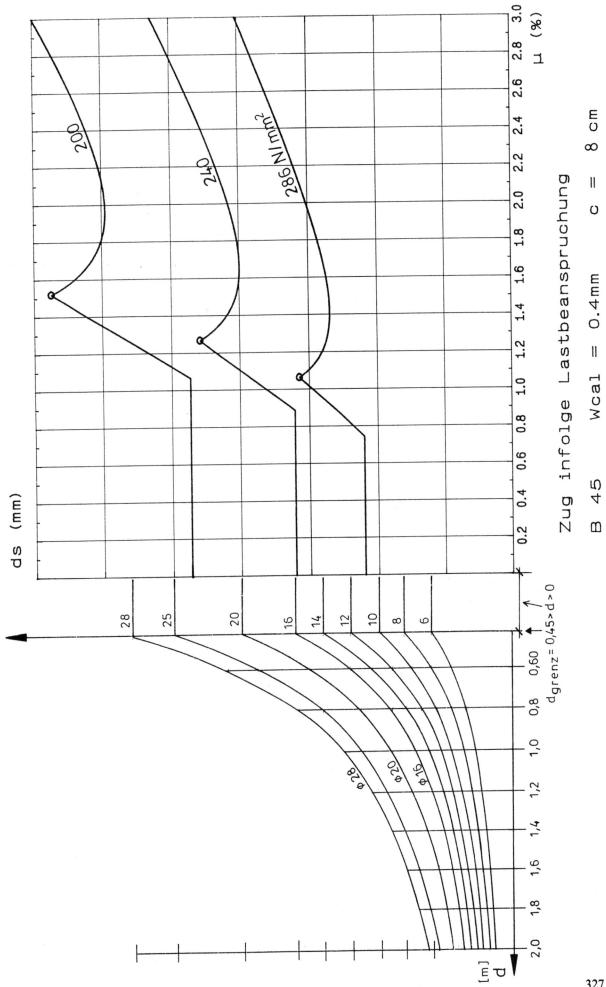

Zug infolge Lastbeanspruchung

B 45   Wcal = 0.4mm   c = 8 cm

4 Beispiele

4.1 Fundament – Vollplatte

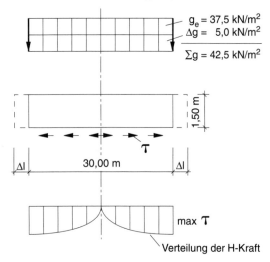

$$g_e = 37,5 \text{ kN/m}^2$$
$$\Delta g = 5,0 \text{ kN/m}^2$$
$$\Sigma g = 42,5 \text{ kN/m}^2$$

1,50 m

30,00 m

max τ

Verteilung der H-Kraft

$\Delta t = 20°$ (Abbindewärme gegenüber Lufttemperatur)

$$\Delta l = 0,2\text{‰} \cdot \frac{30,0 \cdot 10^3}{2} = 3,0 \text{ mm}$$

$$\max \tau = \sigma_o \cdot \tan\varphi = 42,5 \cdot \tan 32,5° = 27,1 \text{ kN/m}^2$$

$\tan \zeta = 32,5°$ für mitteldicht gelagerten Sandboden

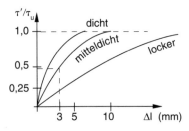

Abminderung von τ nach [11]

$$\tau' = 27,1 \cdot \sim 0,5 \cong 13,5 \text{ kN/m}^2$$

$$Z_y = 13,5 \cdot \frac{2}{3} \cdot 15,0 = 135 \text{ kN/m}$$

$$\sigma_b = \frac{135}{1,0 \cdot 1,5} = 90 \text{ kN/m}^2 = 0,09 \text{ N/mm}^2$$

$$\beta_{bZw} = k_E \cdot 0,3 \cdot \beta_{WN}^{2/3} = 0,6 \cdot 0,3 \cdot 35^{2/3} = 1,93 \text{ N/mm}^2$$

$$\beta_{bZw,t} = k_{z,t} \cdot \beta_{bZw}$$

$$k_{z,t} = \frac{0,09}{1,93} \sim 0,05$$

Für $k_{z,t} = 1,0$ und $c = 5,0$ cm, $d = 1,50$ m und $w_{cal} = 0,15$ mm; B 35 nach [1] erweiterte Tabelle 14 für $\varnothing 25$:

$$A_{si} = A_{sa} = 70,2 \text{ cm}^2/\text{m} \ (\mu = 0,93\%)$$
Stahlverbrauch $\sim 270 \text{ kg/m}^2$

Für $k_{z,t} = 0,05$ nach 1.1.1/30: (nach [2] 17.6.2 (2) c ist dieser Nachweis erlaubt.

Zunächst für $k_{z,t} = 0,2$ und $\varnothing 12$:

$$A_{si} = A_{sa} = 14,6 \text{ cm}^2/\text{m} \ (\mu \sim 0,2\%)$$

Dann gilt für $k_{z,t} = 0,05$:

$$A_{si} = A_{sa} = 14,6 \cdot \sqrt{\frac{0,05}{0,20}} = 14,6 \cdot 0,5 = 7,3 \text{ cm}^2/\text{m}$$
$$(\mu \sim 0,1\%)$$

Stahlverbrauch $\sim 27 \text{ kg/m}^2$

d. h. nur 10% gegenüber erweiterte Tabelle 14 aus [1], wenn ohne weitere Überlegung $k_{z,t} = 1,0$ gesetzt wird.

4.2 π-Platte mit ergänzendem Ortbeton B 35; c = 3,0 cm

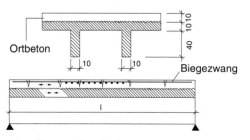

Ortbeton

Biegezwang

10 | 10

40 | 10 10

Bewehrung der Ortbetonplatte

1.) Mittiger Zwang; $k_{z,t} = 1,0$ (wenn keine besonderen Überlegungen angestellt werden).

oben und unten nach 1.1.1/24 $w_{cal} = 0,4$ mm für $\varnothing 8$

$$A_{si} = A_{sa} = 2,8 \text{ cm}^2/\text{m} \ (\mu = 0,56\%)$$
Stahlverbrauch $\sim 10 \text{ kg/m}^2$

$w_{cal} = 0,25$ mm nach 1.1.1/23

$$A_{si} = A_{sa} = 3,7 \text{ cm}^2/\text{m} \ (\mu = 0,74\%)$$
Stahlverbrauch $\sim 14 \text{ kg/m}^2$

2.) Biegezwang aus Hydratation (die rauhe Oberfläche verhindert die Verkürzung des unteren Ortbetonsandes, deshalb entsteht Biegezwang, der nur am oberen Rand eine Bewehrung erfordert.

Bew. nur *oben* nach 1.1.2/12 $w_{cal} = 0,4$ mm

$$A_{sa} = 0,7 \text{ cm}^2/\text{m} \ (\mu = 0,07\%)$$
Stahlverbrauch $\sim 1,4 \text{ kg/m}^2$

$w_{cal} = 0,25$ mm nach 1.1.2/11

$$A_{sa} = 0,9 \text{ cm}^2/\text{m} \ (\mu = 0,09\%)$$
Stahlverbrauch $\sim 1,8 \text{ kg/m}^2$

4.3 Wandscheibe auf Fundament

Nach [1] S. 87 treten nach Erfahrung in obigen Wandscheiben die „vollen" Rißschnittgrößen nicht auf. In der Regel werden Zwangs-Risse dabei gar nicht entstehen. Deshalb kann eine reduzierte Mindestbewehrung eingelegt werden.

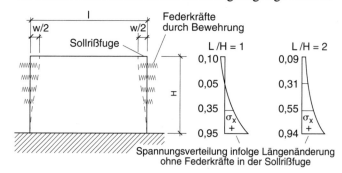

Federkräfte durch Bewehrung

Sollrißfuge

w/2 | w/2

L/H = 1 | L/H = 2
0,10 | 0,09
0,05 | 0,31
0,35 | 0,55
0,95 | 0,94

σ_x

Spannungsverteilung infolge Längenänderung ohne Federkräfte in der Sollrißfuge

Vorschlag für die Bewehrung, die sich für den Lastfall Hydratations-Zwang ergibt:

½ Mindestbew. bei $4,5 \text{ m} \leq L \leq 8,0 \text{ m}$ bei L/H < 1

⅔ Mindestbew.
 bei $1,0 \text{ m} < L/H < 2,0$ bei $6,0 \text{ m} < L < 10,0 \text{ m}$